I0033264

AULA POLITÈCNICA **ENGINYERIA CIVIL** 124

Formigó armat i pretensat

EXERCICIS CURTS DE BASES DE CÀLCUL I ESTATS LÍMIT ADAPTAT A LA INSTRUCCIÓ EHE-08

Antonio R. Marí Bernat
Climent Molins Borrell
Jesús M. Bairán García
Eva M. Oller Ibars

Edicions UPC
UNIVERSITAT POLITÈCNICA DE CATALUNYA

Primera edició: setembre de 2006
Segona edició: desembre de 2009

Aquest llibre s'ha publicat amb la col·laboració
de la Generalitat de Catalunya

En col·laboració amb el Servei de Llengües i Terminologia de la UPC

Disseny de la coberta: Ernest Castelltort

© els autors, 2006

© Edicions UPC, 2006
Edicions de la Universitat Politècnica de Catalunya, SL
Jordi Girona Salgado 1-3, Despatx S207, 08034 Barcelona
Tel.: 934 137 540 Fax: 934 137 541
Edicions Virtuals: www.edicionsupc.es
E-mail: edicions-upc@upc.edu

Producció: LIGHTNING SOURCE

Dipòsit legal: B-47.972-2009
ISBN: 978-84-9880-390-7

Qualsevol forma de reproducció, distribució, comunicació pública o transformació d'aquesta obra només es pot fer amb l'autorització dels seus titulars, llevat de l'excepció prevista a la llei. Si necessiteu fotocopiar o escanejar algun fragment d'aquesta obra, us he d'adreçar al Centre Espanyol de Drets Reprogràfics (CEDRO), <http://www.cedro.org>.

Presentació

Aquest llibre que teniu entre mans és fruit del treball del professorat de l'Àrea d'Estructures de Formigó de l'Escola Tècnica Superior d'Enginyeria de Camins, Canals i Ports de Barcelona (ETSECCPB). D'alguna manera, aquest llibre vol completar el material docent i de consulta ja existent, format pels llibres editats a la sèrie Politext d'Edicions UPC: *Hormigón armado y pretensado* (I i II) i *Hormigón armado y pretensado. Ejercicios*. Els primers constitueixen un autèntic tractat sobre la matèria mentre que el segon presenta una sèrie d'exercicis llargs completament desenvolupats.

Formigó armat i pretensat. Exercicis curts de bases de càlcul i estats límit últims i de servei s'ha concebut bàsicament com a material d'autoaprenentatge per als estudiants d'estructures de formigó d'escoles d'enginyeria de camins, d'obres públiques i d'altres ensenyaments tècnics on es tracten els temes de construcció. Seguint la tradició de l'ETSCCPB, el llibre tracta conjuntament les estructures de formigó armat i les de formigó pretensat. L'objectiu principal d'aquest treball és permetre que l'estudiant autònomament pugui consolidar els coneixements a base d'aplicar-los en diversos casos molt concrets, sovint extrets del context professional. Per aconseguir-ho, es va elaborar aquesta extensa col·lecció d'exercicis, que es poden resoldre sempre en menys de trenta minuts, i es van posar en línia a disposició dels estudiants en l'anomenada *eina d'autoaprenentatge del formigó estructural*, que ha estat disponible al Campus Digital de la UPC durant els cursos 2004-2005 i 2005-2006. Aquest llibre posa a la disposició dels interessats en la matèria pràcticament 150 exercicis, que comprenen molts aspectes de l'aplicació pràctica dels temes tractats (bases de càlcul i estats límit), especialment si tenim en compte que en el llibre *Hormigón armado y pretensado. Ejercicios* els temes tractats són objecte de 35 exercicis. D'altra banda, i amb vista a facilitar el treball de l'estudiant, s'han inclòs en un annex les taules de la Instrucció EHE necessàries per a la resolució dels exercicis i els diagrames d'interacció que s'utilitzen en el capítol d'esgotament de seccions sotmeses a tensions normals.

Esperem, doncs, que aquest llibre ajudi els estudiants en el seu aprenentatge de les estructures de formigó i els permeti conèixer millor com projectar aquestes estructures, especialment en els aspectes de dimensionament i comprovació dels estats límit. Cal dir que esperem poder completar aquest treball amb els temes referents a elements estructurals i al mètode de bieles i tirants.

Finalment, els autors reconeixem que les ajudes per a l'elaboració de material docent i innovació educativa de l'ETSECCPB, de la UPC i de Millora de la Qualitat Docent (MQD) del Departament d'Educació i Universitats de la Generalitat de Catalunya, i les col·laboracions de Marta de la Torre, Caterina Ramos, Roser Valls, Mònica Martínez, Juan Carlos Rosa i Pedro Aguilera, han estat imprescindibles per fer possible aquest llibre. També volem agrair l'encoratjament que hem rebut dels propis estudiants i, per què no dir-ho, la feina de detecció d'errades que han fet durant els dos cursos en què l'"eina d'autoaprenentatge" ha estat al seu abast. A ells, doncs, dediquem aquest llibre.

Índex

1. Bases de càlcul

Exercici BC-01

Amb relació al mètode dels estats límit, indiqueu la resposta falsa:

Respostes possibles:

a) L'estat límit de fissuració és un estat límit de servei.
b) L'estat límit d'equilibri és un estat límit últim.
c) L'estat límit de vibració és un estat límit últim.
d) L'incompliment d'un estat límit de servei implica, tard o d'hora, que l'estructura queda fora de servei.

Solució

La resposta falsa és la *c* ja que l'estat límit de vibració és un estat límit de servei. Segons els articles *8.1.2.Estados Límite Últimos* i *8.1.3.Estados Límite de Servicio* de la Instrucció EHE 2008, l'estat límit de vibració és un estat límit de servei perquè, en cas d'incompliment, l'estructura estarà fora de servei no perquè hagi col·lapsat l'estructura, sinó pels danys produïts en elements constructius, en els equips i/o la inquietud en els usuaris.

Exercici BC-02

Indiqueu la classificació correcta, segons la seva naturalesa i la variació en el temps de l'acció d'un incendi en les estructures de formigó.

Respostes possibles:

a) Segons la seva naturalesa és directa i segons la variació temporal és (A) accidental.
b) Segons la seva naturalesa és directa i segons la variació temporal és (Q) variable.
c) Segons la seva naturalesa és indirecta i segons la variació temporal és (A) accidental.
d) Segons la seva naturalesa és indirecta i segons la variació temporal és (Q) variable.

Solució

La resposta correcta és la *c* ja que l'acció del foc sobre les estructures de formigó és indirecta, pel doble efecte de variacions en les temperatures i degradació dels materials estructurals. Per la seva variació temporal, es tracta d'una acció (A) accidental ja que la seva possibilitat d'actuació és petita però de gran importància (article *9. Clasificación de las acciones* de la Instrucció EHE 2008).

Exercici BC-03

Indiqueu la classificació correcta, segons la seva naturalesa i variació en el temps de l'acció del vent en les estructures de formigó:

Respostes possibles:

a) Segons la seva naturalesa és directa i segons la variació temporal és (A) accidental.
b) Segons la seva naturalesa és directa i segons la variació temporal és (Q) variable.
c) Segons la seva naturalesa és indirecta i segons la variació temporal és (A) accidental.
d) Segons la seva naturalesa és indirecta i segons la variació temporal és (Q) variable.

Solució

La resposta correcta és la *b* ja que l'acció que fa el vent sobre les estructures de formigó és directa, en forma de pressió. Segons la seva variació temporal, es tracta d'una acció (Q) variable perquè pot actuar o no sobre l'estructura i amb tota seguretat actuarà durant la seva vida útil (article *9. Clasificación de las acciones* de la Instrucció EHE 2008).

Exercici BC-04

Indiqueu la classificació correcta, segons la seva naturalesa i variació en el temps de l'acció de l'empenta de terres de les estructures de formigó:

Respostes possibles:

a) Segons la seva naturalesa és directa i segons la variació temporal és (G) permanent.
b) Segons la seva naturalesa és directa i segons la variació temporal és (G*) permanent de valor no constant.
c) Segons la seva naturalesa és directa i segons la variació temporal és (Q) variable.
d) Segons la seva naturalesa és directa i segons la variació temporal és (A) accidental.

Solució

La resposta correcta és la *b* ja que l'acció de l'empenta del terreny, sobre els paraments en contacte, és directa. Per la seva variació temporal, es tracta d'una acció (G*) permanent de valor no constant ja que el valor exacte de les empentes que actuen el desconeixem, encara que sí que en coneixem el valor límit (article *9. Clasificación de las acciones* de la Instrucció EHE 2008).

Exercici BC-05

Indiqueu la classificació correcta, segons la seva naturalesa i la variació en el temps del pretensatge en les estructures de formigó:

Respostes possibles:

a) Segons la seva naturalesa és directa i segons la variació temporal és (G) permanent.
b) Segons la seva naturalesa és directa i segons la variació temporal és (G*) permanent de valor no constant.
c) Segons la seva naturalesa és directa i segons la variació temporal és (Q) variable.
d) Segons la seva naturalesa és directa i segons la variació temporal és (A) accidental.

Solució

La resposta correcta és la *b* ja que l'acció del pretensatge és directa sobre l'estructura. Segons la variació temporal es tracta d'una acció (G*) permanent de valor no constant ja que el valor de la força de pretensatge varia amb el temps a causa de les pèrdues diferides (article *9. Clasificación de las acciones* de la Instrucció EHE 2008).

Exercici BC-06

Obteniu per al pescant de la figura 1.1, a les seccions A i B indicades, els esforços de dimensionament en estat límit últim en situacions permanents o transitòries.

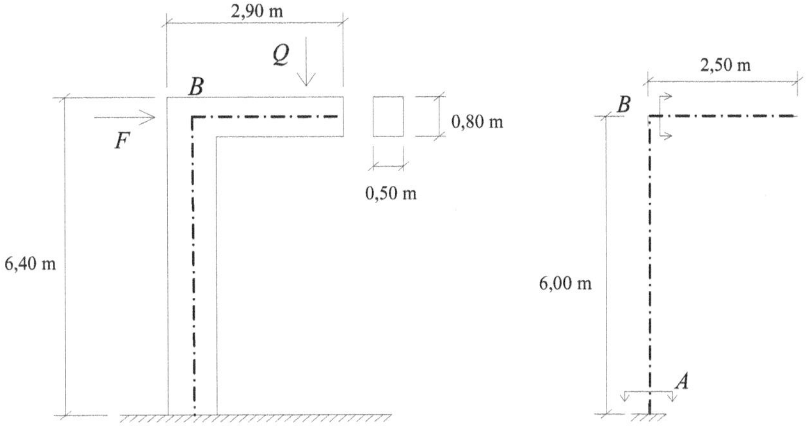

Fig. 1.1 Esquema del pescant

Accions sobre l'estructura:

- Pes propi
- Impacte accidental, força horitzontal aplicada en B: $F = 60$ KN
- Sobrecàrrega variable puntual vertical, que actua en qualsevol punt del dintell: $Q = 200$ kN; ($\Psi_0 = 0,7$; $\Psi_1 = 0,4$; $\Psi_2 = 0,2$)

Nota 1. D'acord amb l'article *18.Idealización de la estructura* (EHE 2008), s'utilitza la idealització a eixos que s'indica a la figura.
Nota 2. Considereu que en tots els casos l'efecte de les accions és desfavorable.

Respostes possibles:

a) $M_{dA} = 846,9$ kN·m $N_{dA} = 447,5$ kN $V_{dA} = 0$ kN
$M_{dB} = 846,9$ kN·m $N_{dB} = 0$ kN $V_{dB} = 357,5$ kN

b) $M_{dA} = 792,2$ kN·m $N_{dA} = 333,75$ kN $V_{dA} = 0$ kN
$M_{dB} = 792,2$ kN·m $N_{dB} = 0$ kN $V_{dB} = 333,75$ kN

c) $M_{dA} = 792,2$ kN·m $N_{dA} = 414,75$ kN $V_{dA} = 0$ kN
$M_{dB} = 792,2$ kN·m $N_{dB} = 0$ kN $V_{dB} = 333,75$ kN

d) $M_{dA} = 792,2$ kN·m $N_{dA} = 414,75$ kN $V_{dA} = 0$ kN
$M_{dB} = 792,2$ kN·m $N_{dB} = 0$ kN $V_{dB} = 414,75$ kN

Solució

La combinació d'accions en estat límit últim per a situacions permanents o transitòries, particularitzant per a aquest cas concret, és:

$$\gamma_G \cdot G_k + \gamma_{Q,1} \cdot Q_{k,l} \text{ amb } \gamma_G = 1{,}35 \text{ i } \gamma_{Q,1} = 1{,}50 \text{ (Taula 12.1.a)}$$

Per a la secció A, es té:

$$M_{kGA} = \frac{2{,}5^2}{2} \cdot (0{,}8 \cdot 0{,}5 \cdot 25) = 31{,}25 \text{ kN·m}$$
$$M_{kQ_1A} = 2{,}5 \cdot 200 = 500 \text{ kN·m}$$
$$M_{dA} = 1{,}35 \cdot 31{,}25 + 1{,}5 \cdot 500 = 792{,}2 \text{ kN·m}$$
$$N_{kGA} = (2{,}5 + 6) \cdot (0{,}8 \cdot 0{,}5 \cdot 25) = 85 \text{ kN}$$
$$N_{kQ_1A} = 200 \text{ kN}$$
$$N_{dA} = 1{,}35 \cdot 85 + 1{,}5 \cdot 200 = 414{,}75 \text{ kN}$$
$$V_{dA} = 0 \text{ kN (no hi ha accions horitzontals)}$$

Per a la secció B:

$$M_{kG\,B} = \frac{2{,}5^2}{2} \cdot (0{,}8 \cdot 0{,}5 \cdot 25) = 31{,}25 \text{ kN·m}$$
$$M_{kQ_1\,B} = 2{,}5 \cdot 200 = 500 \text{ kN·m}$$
$$M_{d\,B} = 1{,}35 \cdot 31{,}25 + 1{,}5 \cdot 500 = 792{,}2 \text{ kN·m}$$
$$N_{d\,B} = 0 \text{ kN (no hi ha accions horitzontals)}$$
$$V_{kGB} = 2{,}5 \cdot (0{,}8 \cdot 0{,}5 \cdot 25) = 25 \text{ kN}$$
$$V_{kQ_1B} = 200 \text{ kN}$$
$$V_{dB} = 1{,}35 \cdot 25 + 1{,}5 \cdot 200 = 333{,}75 \text{ kN}$$

A partir dels valors obtinguts, podem comprovar que la resposta correcta és la *c*.

Exercici BC-07

Obteniu per al pescant de la figura 1.2, en les seccions A i B indicades, els esforços de dimensionament en ELU en situacions accidentals.

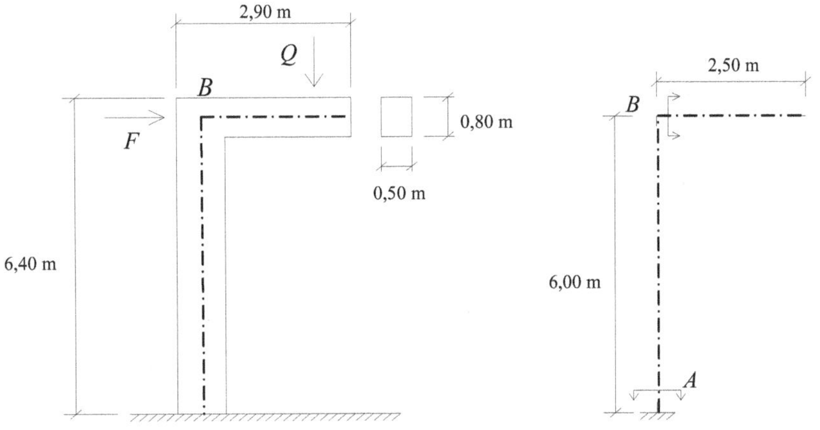

Fig. 1.2 Esquema del pescant

Accions sobre l'estructura:

- Pes propi
- Impacte accidental, força horitzontal aplicada en B: F = 60 kN
- Sobrecàrrega variable puntual vertical, que actua en qualsevol punt del dintell

$$Q = 200 \text{ kN}; (\Psi_0 = 0{,}7; \Psi_1 = 0{,}4; \Psi_2 = 0{,}2)$$

Nota 1. D'acord amb l'article *18.Idealización de la estructura* (EHE 2008), s'utilitza la idealització a eixos que s'indica a la figura.
Nota 2. Considereu que en tots els casos l'efecte de les accions és desfavorable.

Respostes possibles:

a) M_{dA} = 891,25 kN·m $\quad N_{dA}$ = 285 kN $\quad V_{dA}$ = 60 kN
M_{dB} = 531,25 kN·m $\quad N_{dB}$ = 60 kN $\quad V_{dB}$ =225 kN

b) M_{dA} =591,25 kN·m $\quad N_{dA}$ = 165 kN $\quad V_{dA}$ = 60 kN
M_{dB} = 231,25 kN·m $\quad N_{dB}$ = 60 kN $\quad V_{dB}$ =105 kN

c) M_{dA} = 792,2 kN·m $\quad N_{dA}$ =414,75 kN $\quad V_{dA}$ = 0 kN
M_{dB} = 792,2 kN·m $\quad N_{dB}$ =0 kN $\quad V_{dB}$ = 333,75 kN

d) M_{dA} = 531,25 kN·m $\quad N_{dA}$ = 285 kN $\quad V_{dA}$ = 60 kN
M_{dB} = 891,25 kN·m $\quad N_{dB}$ = 60 kN $\quad V_{dB}$ = 225 kN

Solució

La combinació d'accions en estat límit últim per a situacions accidentals, particularitzant en aquest cas, és:

$\gamma_G \cdot G_k + \gamma_A \cdot A_k + \gamma_{Q,1} \cdot \psi_{1,1} \cdot Q_{k,1}$, amb $\gamma_G = \gamma_A = \gamma_{Q,1} = 1,00$ (Taula 12.1.a)

Per a la secció *A* es té :

$$M_{kGA} = \frac{2,5^2}{2} \cdot (0,8 \cdot 0,5 \cdot 25) = 31,25 \text{ kN·m}$$
$$M_{kAA} = 6,00 \cdot 60 = 360 \text{ kN·m}$$
$$M_{kQ_1A} = 2,5 \cdot 200 = 500 \text{ kN·m}$$
$$M_{dA} = 1,00 \cdot 31,25 + 1,00 \cdot 360 + 1,00 \cdot 0,4 \cdot 500 = 591,25 \text{ kN·m}$$
$$N_{kGA} = (2,5 + 6) \cdot (0,8 \cdot 0,5 \cdot 25) = 85 \text{ kN}$$
$$N_{kAA} = 0 \text{ kN (la força accidental actua paral·lela a la secció A)}$$
$$N_{kQ_1A} = 200 \text{ kN}$$
$$N_{dA} = 1,00 \cdot 85 + 1,00 \cdot 0,4 \cdot 200 = 165 \text{ kN}$$
$$V_{dA} = 1,00 \cdot V_{kAA} = 60 \text{ kN (l'única força paral·lela a la secció A és l'accidental)}$$

Per a la secció *B*:

$$M_{kGB} = \frac{2,5^2}{2} \cdot (0,8 \cdot 0,5 \cdot 25) = 31,25 \; kN{\cdot}m$$
$$M_{kQ_1B} = 2,5 \cdot 200 = 500 \; kN{\cdot}m$$
$$M_{dB} = 1,00 \cdot 31,25 + 1,00 \cdot 0,4 \cdot 500 = 231,25 \; kN{\cdot}m$$
$$N_{dB} = 0 \; kN \text{ (la força accidental actua després de la secció B)}$$
$$V_{kGB} = 2,5 \cdot (0,8 \cdot 0,5 \cdot 25) = 25 \; kN$$
$$V_{kAB} = 0 \; kN \text{ (la força accidental és perpendicular a la secció B)}$$
$$V_{kQ_1B} = 200 \; kN$$
$$V_{dB} = 1,00 \cdot 25 + 1,00 \cdot 0,4 \cdot 200 = 105 \; kN$$

A partir dels valors obtinguts, es pot comprovar que la resposta correcta és la *b*..

Exercici BC-08

Obteniu per a la biga contínua de dos trams de la figura els esforços de dimensionament en estat límit últim en situacions permanents o transitòries, a la secció del recolzament central.

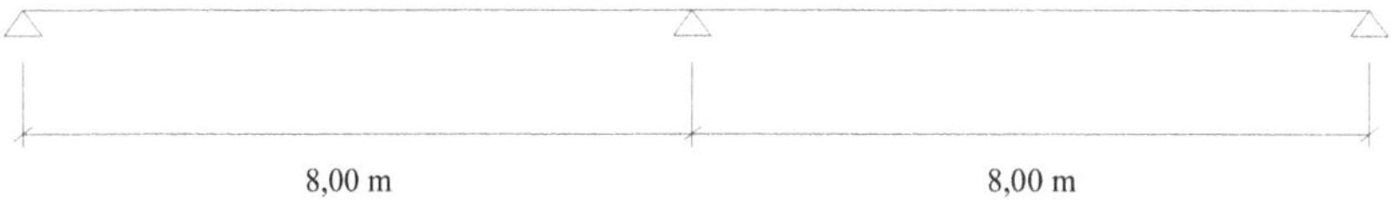

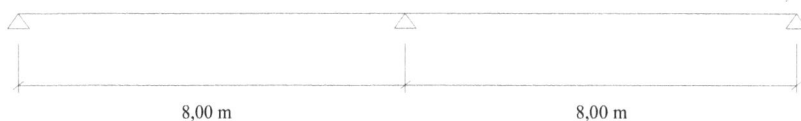

Fig. 1.3 Esquema de la biga

Accions que cal considerar:

- Càrrega permanent (inclòs el pes propi), de 50 kN/m

- Sobrecàrrega d'ús $(\Psi_0 = 0,7; \Psi_1 = 0,4; \Psi_2 = 0,2)$, de 60 kN/m
- Gradient de temperatura $(\Psi_0 = 0,6; \Psi_1 = 0,5; \Psi_2 = 0,2)$, de ± 15ºC (pot tractar-se tant d'escalfament com de refredament de la cara superior)

Nota 1. Les lleis de moments flexors i tallants generades per la sobrecàrrega d'ús en un sol tram i el gradient de temperatura són els següents:

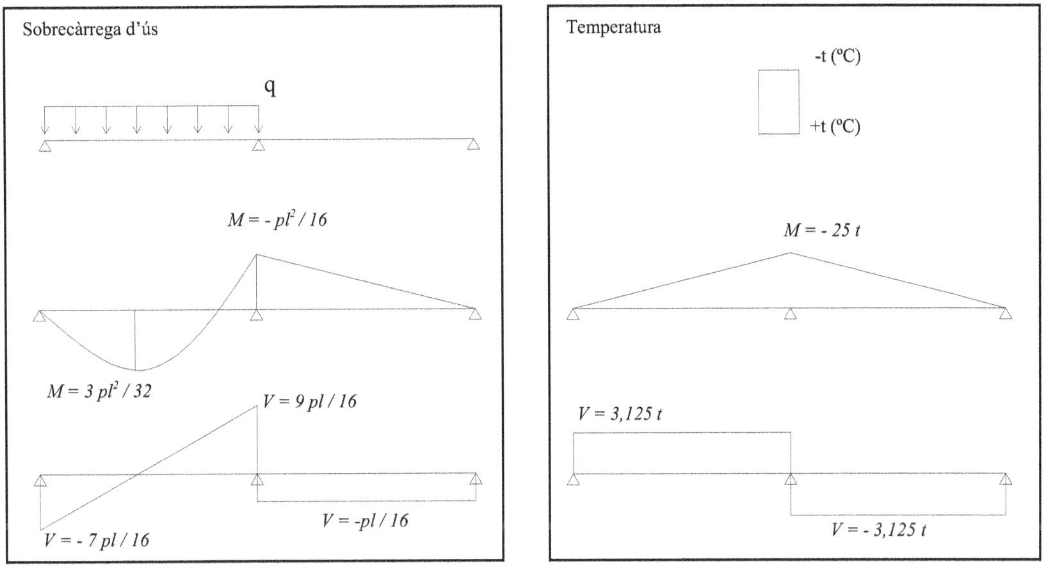

Fig. 1.4 Lleis d'esforços

Respostes possibles:

a) $Md = 1.728$ kN · m $\quad Vd =$ 945 kN
b) $Md = 1.584$ kN · m $\quad Vd =$ 1.380 kN
c) $Md = 1.607$ kN · m $\quad Vd =$ 751 kN
d) $Md = 1.738$ kN · m $\quad Vd =$ 861 kN

Solució

Les accions que cal considerar en aquest cas són les següents:

- Càrrega permanent (pes propi inclòs): $g = 50$ kN/ml
- Sobrecàrrega d'ús: $q = 60$ KN/ml
- Gradient de temperatura: $t = \pm 15$ºC

En estat límit últim i en situacions permanents o transitòries la combinació d'accions es defineix segons aquest criteri:

$$\gamma_G \cdot G_k + \gamma_{Q,1} \cdot Q_{k,1} + \gamma_{Q,2} \cdot \psi_{0,2} \cdot Q_{k,2}, \quad \text{amb} \quad \gamma_G = 1,35 \quad \text{i} \quad \gamma_Q = 1,5 \text{ (Taula 12.1.a)}$$

Per a les acciones variables, tenim dos casos:

a) El valor característic de l'acció variable determinant correspon a la sobrecàrrega d'ús; en canvi, el gradient de temperatura representa el valor de l'acció variable concomitant:

$$1,35 \cdot G_k + 1,5 \cdot Q_{k,sc} + 1,5 \cdot 0,6 \cdot Q_{k,t}$$

b) El valor característic de l'acció variable determinant correspon al gradient de temperatura i la sobrecàrrega d'ús representa el valor de l'acció variable concomitant:

$$1{,}35 \cdot G_k + 1{,}5 \cdot Q_{k,t} + 1{,}5 \cdot 0{,}7 \cdot Q_{k,sc}$$

Per a la secció del recolzament central, es calculen els valors característics de les diferents accions, s'apliquen les combinacions citades anteriorment i es determina quina d'elles és la més desfavorable.

- Càrrega permanent, distribuïda uniformement a tota la biga:

$$g = 50 \text{ kN / ml}$$
$$M_k = 2(-\frac{1}{16}\text{gl}^2) = -\frac{1}{8} \cdot 50 \cdot 8^2 = -400 \text{ kN·m}$$
$$V_k = \frac{9}{16}\text{gl} = \frac{9}{16} \cdot 50 \cdot 8 = 225 \text{ kN}$$

- Sobrecàrrega d'ús, distribuïda uniformement en els dos trams (cas més desfavorable):

$$sc = 60 \text{ kN / ml}$$
$$M_k = 2(-\frac{\text{sc} \cdot \text{l}^2}{16}) = -\frac{60 \cdot 8^2}{8} = -480 \text{ kN·m}$$
$$V_k = \frac{9}{16}\text{sc} \cdot \text{l} = \frac{9 \cdot 60 \cdot 8}{16} = 270 \text{ kN}$$

- Gradient de temperatura, amb refredament de la cara superior (cas més desfavorable):

$$t = -15\,^{o}C$$
$$M_k = 25(-15) = -375 \; kN \cdot m$$
$$V_k = 3{,}125(15) = 46{,}875 \; kN$$

- Combinació d'accions:

a) sobrecàrrega, acció variable determinant:

$$1{,}35 \cdot \text{G}_\text{k} + 1{,}5 \cdot \text{Q}_\text{k,sc} + 1{,}5 \cdot 0{,}6 \cdot \text{Q}_\text{k,t}$$
$$\text{M}_\text{d} = 1{,}35(-400) + 1{,}5(-480) + 1{,}5 \cdot 0{,}6(-375) = -1597{,}5 \text{ kN·m}$$
$$\text{V}_\text{d} = 1{,}35(225) + 1{,}5(270) + 1{,}5 \cdot 0{,}6(46{,}875) = 750{,}9375 \text{ kN}$$

b) gradient tèrmic, acció variable determinant:

$$1{,}35 \cdot \text{G}_\text{k} + 1{,}5 \cdot \text{Q}_\text{k,t} + 1{,}5 \cdot 0{,}7 \cdot \text{Q}_\text{k,sc}$$
$$\text{M}_\text{d} = 1{,}35(-400) + 1{,}5(-375) + 1{,}5 \cdot 0{,}7 \cdot (-480) = -1606{,}5 \text{ kN·m}$$
$$\text{V}_\text{d} = 1{,}35(225) + 1{,}5(46{,}875) + 1{,}5 \cdot 0{,}7 \cdot (270) = 657{,}5625 \text{kN}$$

Es pot observar que, a efectes del moment flexor, és més desfavorable la combinació on el gradient tèrmic és determinant; en canvi, és més desfavorable considerar la sobrecàrrega d'ús com acció variable determinant per trobar el tallant de càlcul.

Exercici BC-09

Al dipòsit elevat d'abastament d'aigua de 180 m^3 de capacitat que trobem a la figura 1.5, indiqueu quines accions s'han de considerar en el disseny del fust, tenint en compte que es construirà a Planoles (El Ripollès). L'escala i les conduccions d'aigua s'allotgen a l'interior del fust. No és necessari considerar el pes d'equips ni d'instal·lacions.

Respostes possibles:

a) Pes propi del formigó, pes de l'aigua i pes de la neu
b) Pes propi del formigó, pes i empenta de l'aigua, pes de la neu i sisme
c) Pes propi del formigó, pes i empenta de l'aigua, pes de la neu, sisme, vent, retracció, temperatura i fluència
d) Pes propi del formigó, pes de l'aigua, pes de la neu, vent i sisme

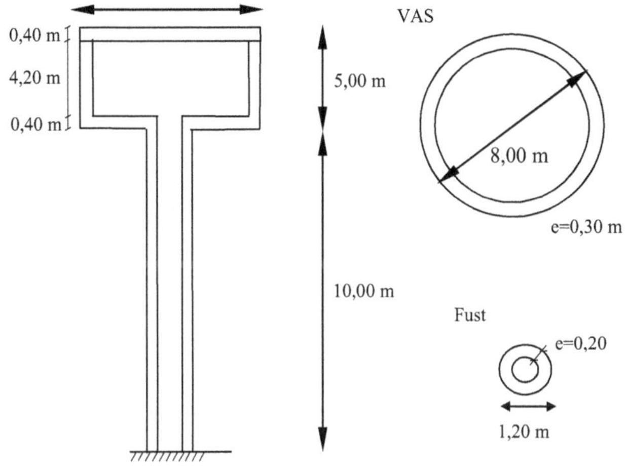

Fig. 1.5. Esquema del dipòsit

Solució

La resposta correcta és la *d*, perquè considera totes les accions gravitatòries possibles: el pes propi del formigó, de l'aigua i de la neu; l'acció del vent sobre els paraments del formigó, i l'acció del sisme (Planoles es troba en zona sísmica).

Per dimensionar el fust, no és necessari tenir en compte l'empenta de l'aigua. La retracció, la temperatura i la fluència no generaran esforços al fust, ja que es tracta d'una estructura isostàtica, però sí que generaran moviments verticals.

Exercici BC-10

Obteniu els esforços màxims (N_d, V_d, M_d) en estat límit últim en el cas de situacions permanents o transitòries en la secció de la base del fust del dipòsit d'abastament d'aigua de 180 m^3 de capacitat que trobem a la figura, que es construirà a Planoles (El Ripollès).

Accions que cal considerar:

- Pes propi del formigó (el pes dels equips i les instal·lacions és, en aquest cas, negligible)

- Pes de l'aigua (ψ_0=0,9, ψ_1=0,8, ψ_2=0,8).
- Pes de la neu. S'ha de considerar una sobrecàrrega de 5 kN/m^2 (ψ_0=0,6, ψ_1=0,5, ψ_2=0).
- Acció del vent. Es considera com una càrrega repartida a l'eix de l'estructura, amb valor d'1,2 kN/m al fust i 7,2 kN/m al vas (vegeu la figura) (ψ_0=0,6, ψ_1=0,2, ψ_2=0).
- Acció sísmica. Es pot considerar de forma simplificada com una càrrega horitzontal al baricentre del vas, de valor 350 kN (vegeu les figures 1.7 i 1.8).

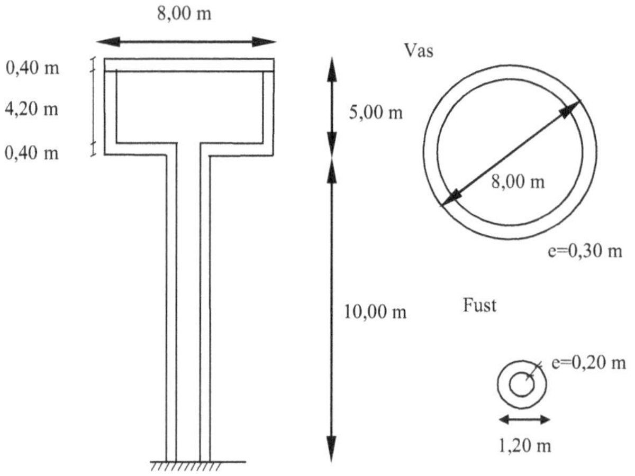

Fig. 1.6 Esquema del dipòsit

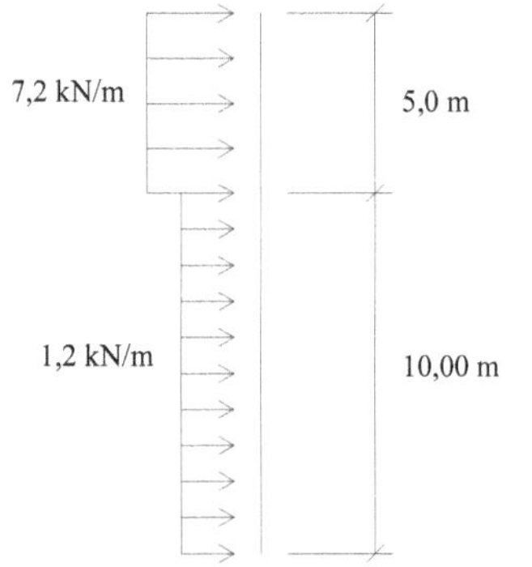

Fig. 1.7 Acció del vent característica

Fig. 1.8 Acció sísmica característica

Respostes possibles:

a) N_d = 5.522,9 kN V_d = 43,2 kN M_d = 459,0 kN·m

b) $N_d = 6.006{,}1$ kN $V_d = 46{,}1$ kN $M_d = 489{,}6$ kN·m
c) $N_d = 5.673{,}7$ kN $V_d = 72{,}0$ kN $M_d = 765{,}0$ kN·m
d) $N_d = 5.526{,}7$ kN $V_d = 72{,}0$ kN $M_d = 765{,}0$ kN·m

Solució

En primer lloc, s'avaluen els esforços característics a la base del fust generats per les diferents accions:

- Avaluació del pes propi:

$$\text{Tapa}: P_T = 25 \cdot \frac{\pi \cdot 8^2}{4} \cdot 0{,}4 = 502{,}6 \text{ kN}$$
$$\text{Fons}: P_F = 25 \cdot \frac{\pi \cdot \left(8^2 - 0{,}8^2\right)}{4} \cdot 0{,}4 = 497{,}6 \text{ kN}$$
$$\text{Parets}: P_P = 25 \cdot \pi \cdot 7{,}7 \cdot 4{,}2 \cdot 0{,}3 = 762 \text{ kN}$$
$$\text{Total del vas}: P_V = 502{,}6 + 497{,}6 + 762 = 1.762{,}2 \text{ kN}$$
$$\text{Fust}: P_F = 25 \cdot \frac{\pi \cdot \left(1{,}2^2 - 0{,}8^2\right)}{4} \cdot 10 = 157{,}1 \text{ kN}$$
$$\text{Total de pes propi}: P_{pp} = 1.762{,}2 + 157{,}1 = 1.919{,}3 \text{ kN}$$

- Avaluació del pes de l'aigua:

$$\text{Aigua:} \quad P_w = 180 \text{ m}^3 \cdot 9.81 \text{ kN/m}^3 = 1806{,}3 \text{ kN}$$

- Avaluació del pes de la neu:

$$\text{Neu a la tapa}: \quad P_N = 5 \cdot \frac{8^2}{4} \cdot \pi = 251{,}3 \text{ kN}$$

Amb aquestes càrregues aplicades, els esforços característics a la base del fust seran:

$$N_{kP_{pp}} = 1919{,}3 \text{ kN}$$
$$N_{kP_w} = 1806{,}3 \text{ kN}$$
$$N_{kP_N} = 251{,}3 \text{ kN}$$
$$V_{kV} = 10 \cdot 1.2 + 5 \cdot 7.2 = 48 \text{ kN}$$
$$V_{kS} = 350 \text{ kN}$$
$$M_{kV} = \frac{10^2}{2} \cdot 1.2 + 5 \cdot 7.2 \cdot 12.5 = 510 \text{ kN·m}$$
$$M_{kS} = 12.5 \cdot 350 = 4375 \text{ kN·m}$$

La combinació en estat límit últim per a situacions permanents o transitòries serà:

$$\gamma_G \cdot G_k + \gamma_{Q,1} \cdot Q_{k,1} + \sum_{i>1} \gamma_{Q,i} \cdot \psi_{0,i} \cdot Q_{k,i}, \quad \text{amb} \quad \gamma_G = 1{,}35, \quad \gamma_{Q,1} = 1{,}50 \quad \text{(Taula 12.1.a)}$$

En aquest cas, on tenim axial i moment flexor, els màxims esforços poden no produir-se per a la mateixa acció determinant.

Així doncs, és convenient calcular més combinacions, considerant diferents accions determinants.

Considerant com a acció determinant el pes de l'aigua:

N_d=1,35·1919,3+1,50·1806,3+1,50·0,6·251,3=5.526,7 kN
V_d=1,50·0,6·48=43,2 kN
M_d=1,50·0,6·510=459 kN·m

Considerant ara el vent com a acció determinant:

N_d=1,35·1919,3+1,50·0,9·1806,3+1,50·0,6×251,3=5201,1 kN
V_d=1,50·48=72 kN
M_d=1,50·510=765 kN·m

S'observa que el màxim axial en estat límit últim s'obté considerant el pes de l'aigua com a acció determinant, mentre que els màxims flexors i tallants resulten de prendre el vent com a acció determinant. Per tant, la resposta correcta és la *d*:

N_d=5526,7 kN
V_d=72 kN
M_d=765 kN·m

Exercici BC-11

Obteniu els esforços de dimensionament per la situació sísmica a la secció de la base del fust del dipòsit d'abastament d'aigua de 180 m^3 de capacitat que trobem a la figura. Es considera que l'escala i les conduccions d'aigua que s'allotgen a l'interior del fust tenen un pes negligible.

Accions que cal considerar:

- Pes propi del formigó (el pes dels equips i les instal·lacions és, en aquest cas, negligible)
- Pes de l'aigua (ψ_0=0,9, ψ_1=0,8, ψ_2=0,8)
- Pes de la neu. Tal com diu la instrucció d'accions NBE-AE-88, s'ha de considerar una sobrecàrrega de neu de 5 kN/m^2 (ψ_0=0,6, ψ_1=0,5, ψ_2=0).
- Acció del vent. Es considera com una càrrega repartida a l'eix de l'estructura, amb un valor d'1,2 kN/m al fust i 7,2 kN/m al vas (vegeu la figura) (ψ_0=0,6, ψ_1=0,2, ψ_2=0).
- Acció sísmica. Es pot considerar de forma simplificada com una càrrega horitzontal al baricentre del dipòsit, de valor 350 kN (vegeu la figura).

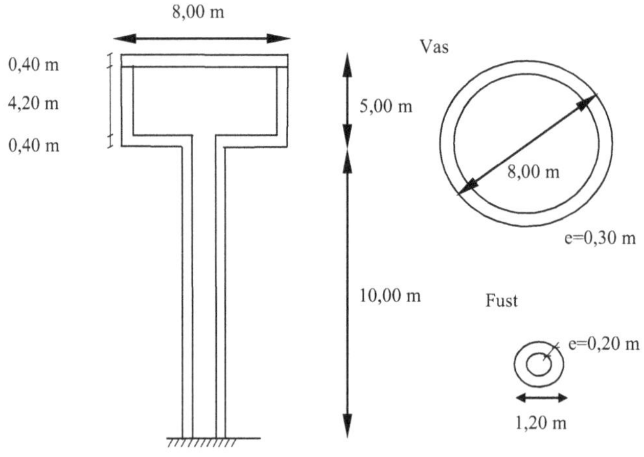

Fig. 1.9 Esquema del dipòsit

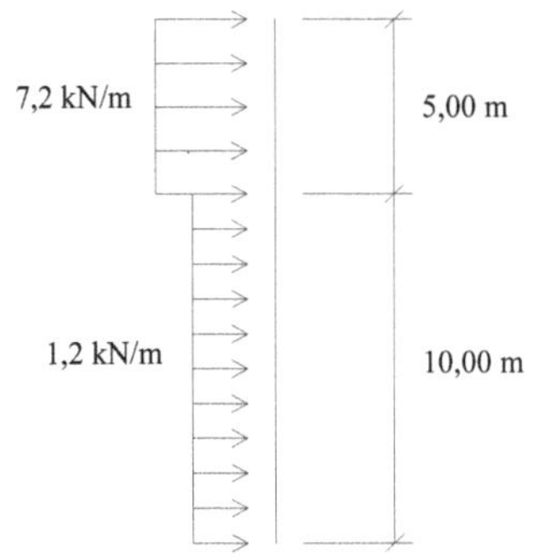

Fig. 1.10 Acció del vent característica

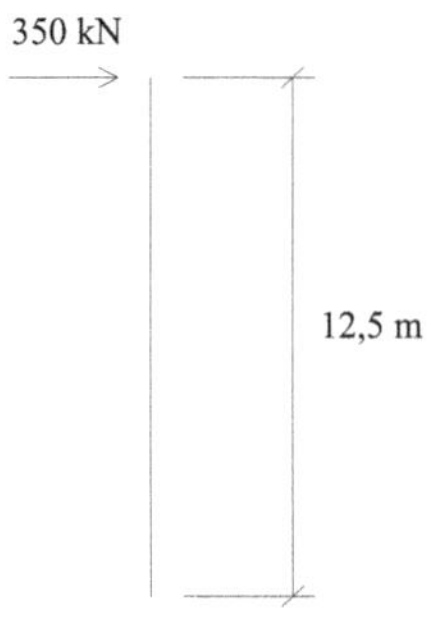

Fig. 1.11 Acció sísmica característica

Respostes possibles:

a) $N_d = 3.974,1$ kN	$V_d = 398$ kN	$M_d = 4.885$ kN·m
b) $N_d = 3.364,34$ kN	$V_d = 350$ kN	$M_d = 4.375$ kN·m
c) $N_d = 3.693$ kN	$V_d = 378,8$ kN	$M_d = 4.681$ kN·m
d) $N_d = 3.411,8$ kN	$V_d = 374$ kN	$M_d = 4.630$ kN·m

Solució

En primer lloc, s'avaluen els esforços característics a la base del fust generats per les diferents accions:

- Avaluació del pes propi:

$$\text{Tapa}: \quad P_T = 25 \cdot \frac{\pi \cdot 8^2}{4} \cdot 0,4 = 502,6 \text{ kN}$$

$$\text{Fons}: \quad P_F = 25 \cdot \frac{\pi \cdot \left(8^2 - 0,8^2\right)}{4} \cdot 0,4 = 497,6 \text{ kN}$$

$$\text{Parets}: \quad P_P = 25 \cdot \pi \cdot 7,7 \cdot 4,2 \cdot 0,3 = 762 \text{ kN}$$

$$\text{Total Vas}: \quad P_V = 502,6 + 497,6 + 762 = 1.762,2 \text{ kN}$$

$$\text{Fust}: \quad P_F = 25 \cdot \frac{\pi \cdot \left(1,2^2 - 0,8^2\right)}{4} \cdot 10 = 157,1 \text{ kN}$$

$$\text{Total Pes Propi}: \quad P_{pp} = 1.762,2 + 157,1 = 1.919,3 \text{ kN}$$

- Avaluació del pes de l'aigua:

$$\text{Aigua:} \quad P_w = 180\,\text{m}^3 \cdot 9.81\ \text{kN/m}^3 = 1806,3\ \text{kN}$$

- Avaluació del pes de la neu:

$$\text{Neu a la tapa}: \quad P_N = 5 \cdot \frac{8^2}{4} \cdot \pi = 251,3 \text{ kN}$$

- Esforços característics a la base del fust:

$N_{kP_{pp}} = 1919.3\ \text{kN}$

$N_{kP_w} = 1806{,}3\ \text{kN}$

$N_{kP_N} = 251.3\ \text{kN}$

$V_{kV} = 10 \cdot 1.2 + 5 \cdot 7.2 = 48\ \text{kN}$

$V_{kS} = 350\ \text{kN}$

$M_{kV} = \dfrac{10^2}{2} \cdot 1.2 + 5 \cdot 7.2 \cdot 12.5 = 510\ \text{kN·m}$

$M_{kS} = 12.5 \cdot 350 = 4375\ \text{kN·m}$

La combinació en ELU per a la situació sísmica serà:

$$\gamma_G \cdot G_k + \gamma_A \cdot A_{E,k} + \sum_{i>1} \gamma_{Q,i} \cdot \psi_{2,i} \cdot Q_{k,i} \quad \text{amb} \quad \gamma_G = \gamma_A = \gamma_{Q,i} = 1{,}00 \text{ (Taula 12.1 a)}$$

Els esforços obtinguts són els següents:

$N_d = 1.00 \cdot 1919.3 + 0.8 \cdot 1806{,}3 + 0 \cdot 251.3 = 3364{,}34\ \text{kN}$

$V_d = 1.00 \cdot 350 + 0 \cdot 48 = 350\ \text{kN}$

$M_d = 1.00 \cdot 4375 + 0 \cdot 510 = 4375\ \text{kN}$

Així doncs la resposta correcta és la *b*.

2. Anàlisi estructural

Exercici AE-01

Un forjat unidireccional continu de cinc trams de 6 m cadascun té 30 cm de cantell total i està constituït per una llosa de compressió de 7 cm de gruix i nervis rectangulars de 10 cm d'ample, separats 80 cm entre eixos, tal com s'indica a la figura adjunta. Les càrregues que s'han considerar són uniformement repartides.

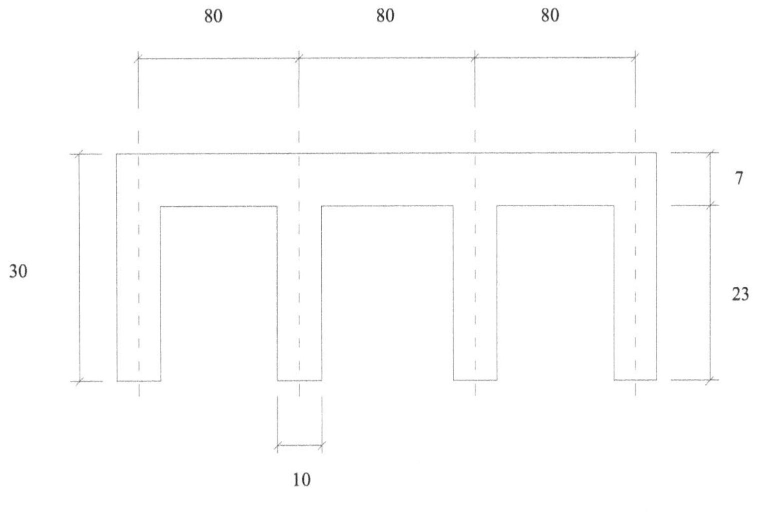

Fig. 2.1 Esquema del forjat

Quin és l'ample eficaç de l'ala que es pot considerar en els càlculs resistents de la secció en T davant de moments positius? Calculeu tant per als nervis interiors com per als nervis de vora.

Respostes possibles:

a) Nervi interior: $b_e = 240$ cm; nervi de vora: $b_e = 120$ cm
b) Nervi interior: $b_e = 82$ cm; nervi de vora: $b_e = 41$ cm
c) Nervi interior: $b_e = 80$ cm; nervi de vora: $b_e = 45$ cm
d) Nervi interior: $b_e = 80$ cm; nervi de vora: $b_e = 80$ cm

Solució

Segons l'article 18.*2.1 Ancho eficaz del ala en piezas lineales* de la Instrucció EHE 2008, l'ample eficaç de l'ala en seccions T es pot considerar igual a l'amplada del nervi (b_0) més 1/5 de la distància entre punts de moment nul (l_0), sense sobrepassar l'ample real de l'ala. Per a bigues de vora, se suma a l'amplada del nervi 1/10 de la distància entre punts de moment nul, i també s'ha de tenir en compte que no es pot sobrepassar l'ample real de l'ala. En una biga contínua de nombrosos trams, la llei de moments flexors davant càrregues uniformement distribuïdes té punts de moment nul a distància dels recolzaments entre 1/10 i 1/4 de la llum, depenent de la hipòtesi de càrrega. La més desfavorable, per al càlcul de l'amplada eficaç, és la hipòtesi que considera la càrrega aplicada a tota la longitud de la biga, per la qual la distància entre punts de moment nul és de l'ordre de $l_0 = 0{,}6 \cdot l = 0{,}6 \cdot 6 = 3{,}6$ m. Per tant, l'ample eficaç b_e valdrà:

$$b_e = b_0 + \frac{l_0}{5} = 10 + \frac{360}{5} = 82 \text{ cm}$$

En no poder-se superar l'ample real de l'ala, l'ample eficaç serà $b_e = 80$ cm.

En el cas dels nervis de vora, l'expressió que s'ha d'utilitzar és:

$$b_e = b_0 + \frac{l_0}{10} = 10 + \frac{360}{10} = 46 \text{ cm}$$

En no poder-se superar l'ample real de l'ala, l'ample eficaç per al nervi de vora serà $b_e = 45$ cm.

Exercici AE-02

Considereu una biga de pont amb secció transversal tipus caixó, tal com s'indica a la figura adjunta:

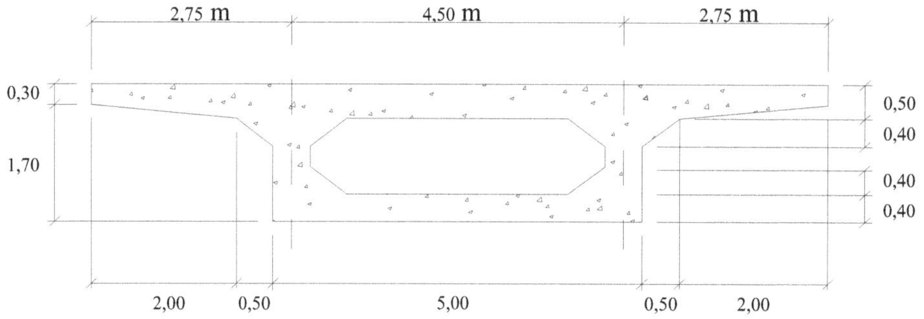

Fig. 2.2 Esquema de la biga

Calculeu l'ample eficaç de l'ala superior que podem considerar a l'hora de calcular la resistència a flexió de la secció simplificada a TT, suposant que el pont està doblement recolzat i que té una llum de 20 m.

Respostes possibles:

a) $b_e = 2{,}50$ m
b) $b_e = 3{,}50$ m
c) $b_e = 5{,}00$ m
d) $b_e = 5{,}30$ m

Solució

Segons els comentaris de l'article 18.2.1 *Ancho eficaz del ala en piezas lineales*, en una secció en T, l'ample eficaç es calcula mitjançant l'expressió $b_e = b_0 + \frac{l_0}{5}$, sent b_0 l'amplada del nervi i l_0 la distància entre punts de moment nul. Aquest valor ha de ser sempre inferior a l'ample real de l'ala.

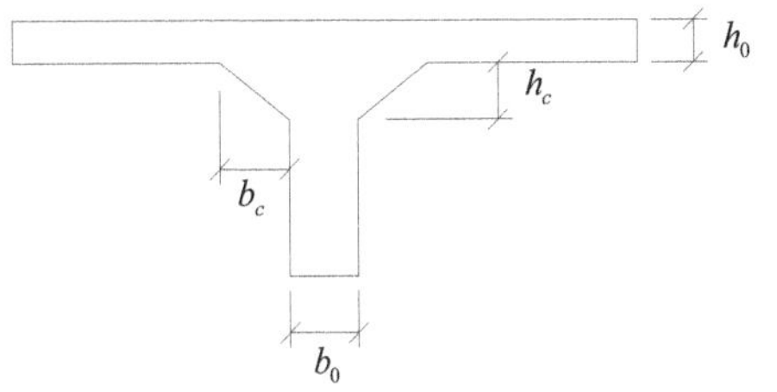

Quan hi ha cartabons d'amplada b_c i alçada h_c, es pot substituir el valor b_0 per b_0', que ve donat generalment per l'expressió $b_0' = b_0 + 2b_c$ o bé, $b_0' = b_0 + 2h_c$.

En aquest cas, b_c = 0,50 i h_c = 0,40, per tant b_0' = 0,50 + 2·0,40 = 1,30 m.

Com que es tracta d'una biga doblement recolzada, la distància entre punts de moment nul coincideix amb la llum entre recolzaments i, per tant, tenim l_0 = 20 m. Aplicant l'expressió indicada anteriorment:

$$b_e = b_0' + \frac{l_0}{5} = 1,30 + \frac{20}{5} = 5,30 \text{ m}$$

En no poder-se superar l'ample real de l'ala, l'ample eficaç serà: b_e =5,00 m.

Exercici AE-03

Considereu el dintell de la figura, que en un extrem està encastat en un mur i en l'altre extrem està encastat en un pilar quadrat. En funció de les dimensions de les peces, quina serà la llum de càlcul que s'ha de considerar en el dintell?

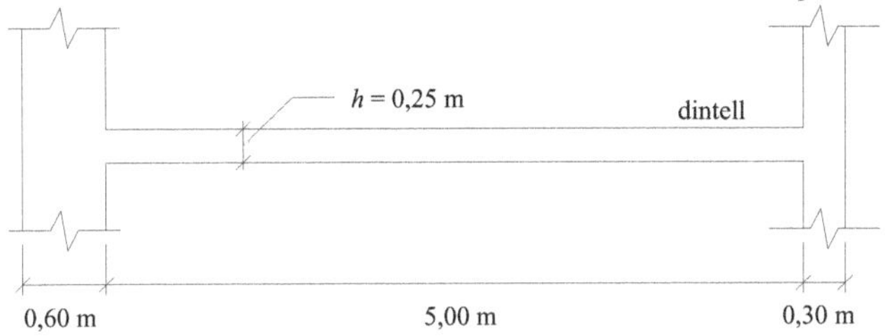

Fig. 2.3 Esquema del dintell

Respostes possibles:

a) 5,00 m
b) 5,40 m
c) 5,45 m
d) 5,90 m

Solució

Aplicant els comentaris de l'article *18.2.2 Luces de cálculo*, com que el gruix del mur és e_{mur} = 0,60 m > $2h$ = 0,50 m, la llum de càlcul serà la llum lliure, més el cantell (per la part del mur), més la distància fins a l'eix del pilar, tal com s'indica a la figura adjunta:

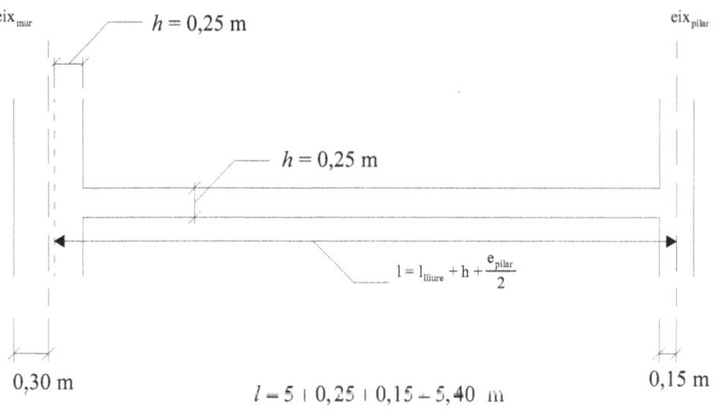

Exercici AE-04

Una secció en T té les dimensions i armadures que s'indiquen a la figura adjunta. El recobriment és de 40 mm, l'armadura transversal està formada per cèrcols de Ø10 mm separats cada 200 mm, l'armadura passiva longitudinal és armadura de pell i de muntatge, i existeix un tendó de postesat constituït per 12 Ø0,6'' (àrea total A_{total} = 12 · 140 = 1.680 mm^2) dins una beina de 100 mm de diàmetre que s'injecta l'endemà d'haver tesat.

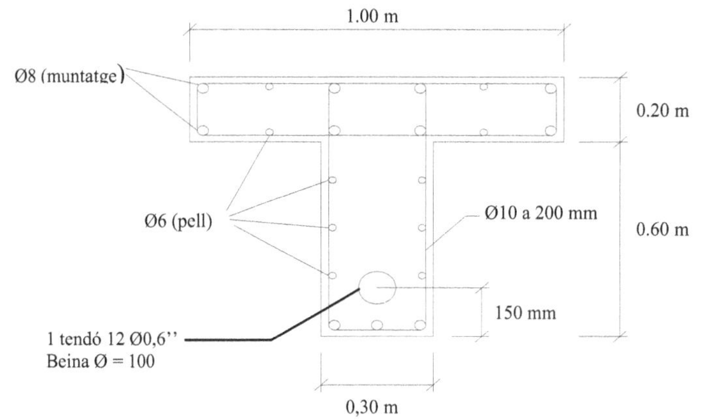

Fig. 2.4 Secció en T

Essent els mòduls de deformació de l'armadura passiva $E_s = 2 \cdot 10^5$ N/mm^2, de la activa $E_p = 1,9 \cdot 10^5$ N/mm^2 i del formigó $E_c = 28571$ N/mm^2, calculeu la inèrcia de la secció neta en posttesar i de la secció homogeneïtzada després d'injectar.

La contribució de l'armadura passiva es considera negligible.

Respostes possibles:

a) I_{neta} = 2.122.389,5 cm^4 $I_{homog.}$ = 2.442.825,6 cm^4
b) I_{neta} = 2.017.740,4 cm^4 $I_{homog.}$ = 2.242.825,78 cm^4
c) I_{neta} = 2.122.389,5 cm^4 $I_{homog.}$ = 2.017.673,4 cm^4
d) I_{neta} = 2.242.825,6 cm^4 $I_{homog.}$ = 2.122.389,5 cm^4

Solució

L'article 18.2.3 *Secciones transversales* de la Instrucció EHE 2008 estableix diferents tipus de seccions, segons el càlcul que s'hagi de realitzar. Aquestes seccions són:

- Secció bruta: la que resulta de les dimensions reals de la peça, sense deduir els espais corresponents a les armadures.
- Secció neta: l'obtinguda a partir de la bruta, deduint-ne els forats longitudinals realitzats al formigó per permetre el pas de les armadures actives o els ancoratges i l'àrea de les armadures.
- Secció homogeneïtzada: la calculada a partir de la secció neta, considerant l'efecte de solidarització de les armadures longitudinals adherents i els diferents tipus de formigó existents.

A continuació es calculen les inèrcies corresponents a les diferents seccions considerades.

Secció bruta:

$$A_b = 1{,}00 \cdot 0{,}20 + 0{,}60 \cdot 0{,}30 = 0{,}38 \text{ m}^2$$

$$x_b = \frac{0{,}20 \cdot 0{,}10 + 0{,}18 \cdot 0{,}50}{0{,}38} = 0{,}2895 \text{ m}$$

$$I_b = \frac{1{,}00 \cdot (0{,}20)^3}{12} + 0{,}2 \cdot (0{,}2895 - 0{,}1)^2 + \frac{0{,}3 \cdot (0{,}60)^3}{12} + 0{,}18 \cdot (0{,}5 - 0{,}2895)^2 =$$
$$= 0{,}021224562 \text{ m}^4 = 2.122.456{,}2 \text{ cm}^4$$

Secció neta:

$$A_n = 0{,}38 - \frac{\pi(0{,}10)^2}{4} = 0{,}38 - 0{,}007854 = 0{,}3721 \text{ m}^2$$

$$x_n = \frac{0{,}38 \cdot 0{,}2895 - 0{,}007854 \cdot (0{,}8 - 0{,}15)}{0{,}3721} = 0{,}2819 \text{ m}$$

$$I_n = 0{,}021224562 + 0{,}38 \cdot (0{,}2895 - 0{,}2819)^2 - \frac{\pi \cdot (0{,}05)^4}{4} - 0{,}007854 \cdot (0{,}65 - 0{,}2819)^2 =$$
$$= 0{,}0201774035 = 2.017.740{,}35 \text{ cm}^4$$

Secció homogeneïtzada:

$$A_h = A_b + A_p(n-1)$$

$$n = \frac{190.000}{28.571} = 6{,}65$$

$$A_h = 0{,}38 + 1.680 \cdot 10^{-6} \cdot (6{,}65 - 1) = 0{,}389492 m^2$$

$$x_h = \frac{0{,}20 \cdot 1 \cdot 0{,}10 + 0{,}60 \cdot 0{,}30 \cdot 0{,}50 + 1680 \cdot 10^{-6} \cdot (6{,}65 - 1) \cdot 0{,}65}{0{,}389492} = 0{,}2983 m$$

$$I_h = \frac{1 \cdot (0{,}2)^3}{12} + 1 \cdot 0{,}2 \cdot (0{,}2983 - 0{,}1)^2 + \frac{0{,}3 \cdot (0{,}6)^3}{12} + 0{,}6 \cdot 0{,}3 \cdot (0{,}5 - 0{,}2983)^2 +$$
$$+ 1.680 \cdot 10^{-6} \cdot (0{,}65 - 0{,}2983)^2 \cdot (6{,}65 - 1) = 0{,}051411 m^4 = 2.242.825{,}78 cm^4$$

On s'ha tingut en compte que la inercia del tendó de posttessat respecte als eixos principals és:
$I'_{tendó} = I_{tendó} + A \cdot y^2$, on desconeixem i depreciem $I_{tendó}$

Dels resultats obtinguts es dedueix que la resposta correcta és la *b*.

Exercici AE-05

Els moments flexors de càlcul en un dintell d'un pòrtic de formigó armat, per a una determinada hipòtesi de càrrega, són els que es mostren a la figura adjunta:

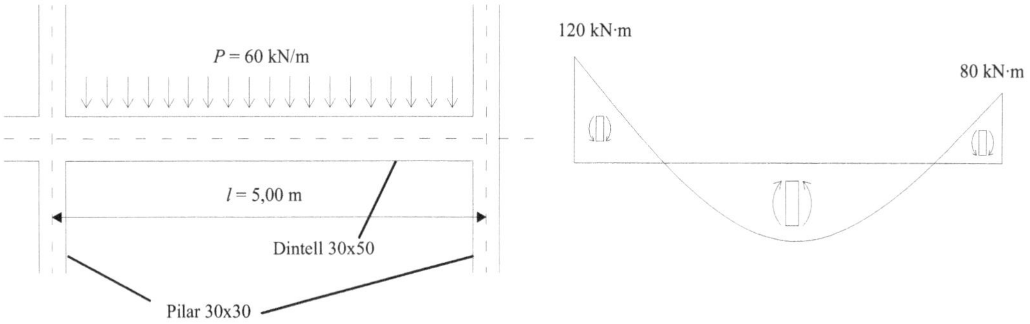

Fig. 2.5 Moments flexors

Suposant que els moments màxims negatius es redistribueixen un 15%, obteniu el moment màxim positiu i el tallant màxim després de la redistribució.

Respostes possibles:

a) M = 106 kN·m V = 150 kN
b) M = 88 kN·m V = 158 kN
c) M = 100 kN·m V = 158 kN
d) M = 103 kN·m V = 157 kN

Solució

Segons indica la normativa EHE 2008 a l'article *19.2.3 Análisis lineal con redistribución limitada*, es podrà realitzar una reducció limitada a l'anàlisi lineal per a comprobacions de l'ELU. Aquesta redistribució bé motivada pel fet que els encastaments en obra no són perfectes i per tant no es comportaran totalment com a tals.

Les lleis d'esforços tallants abans de la redistribució són:

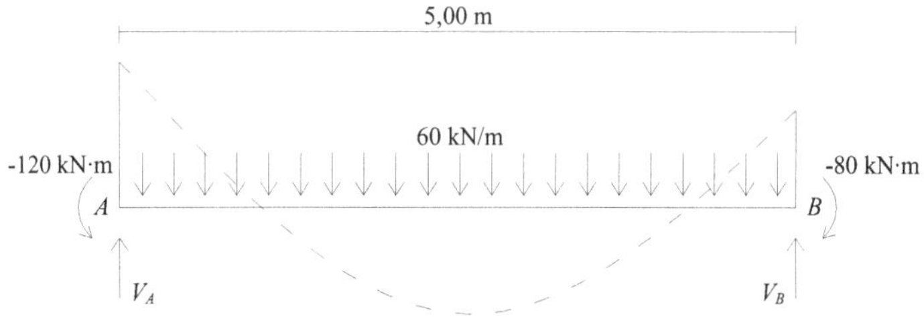

$$\left.\begin{array}{l}\sum V_i = V_A + V_B - 60\cdot 5 = 0 \\ \sum M_i = V_A\cdot 5 + 80 - 120 - 60\cdot 5\cdot 2{,}5 = 0\end{array}\right\} \Rightarrow \left\{\begin{array}{l} V_A = 158 \text{ kN} \\ V_B = 142 \text{ kN}\end{array}\right.$$

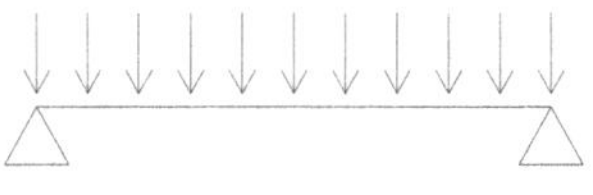

$$M(x) = \frac{p}{2}x(l-x) = 30x(5-x) = 150x - 30x^2$$

$$M(x) = -\frac{M_A}{l}(l-x) - \frac{M_B}{l}x =$$
$$= -\frac{120}{5}(5-x) - \frac{80}{5}x = -120 + 8x$$

La unió d'ambdues lleis serà:

$$M(x) = 150x - 30x^2 - 120 + 8x = -30x^2 + 158x - 120$$

Per trobar el moment màxim positiu:

$$M'(x) = 158 - 60x = 0 \quad \Rightarrow \quad x = 2{,}63 \text{ m}$$
$$M^+_{\max} = M^+(2{,}63) = -120 + 158\cdot(2{,}63) - 30\cdot(2{,}63)^2 = 88{,}03 \text{ kN·m}$$

Aplicant la redistribució del 15 %:

$$\Delta M_A = 0{,}15\cdot 120 = 18 \text{ kN·m} \quad \Rightarrow \quad M_A^- = -120 + 18 = -102 \text{ kN·m}$$
$$\Delta M_B = 0{,}15\cdot 80 = 12 \text{ kN·m} \quad \Rightarrow \quad M_B^- = -80 + 12 = -68 \text{ kN·m}$$

Les lleis dels esforços finals seran:

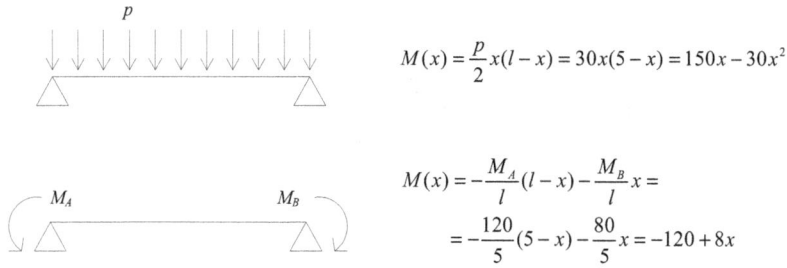

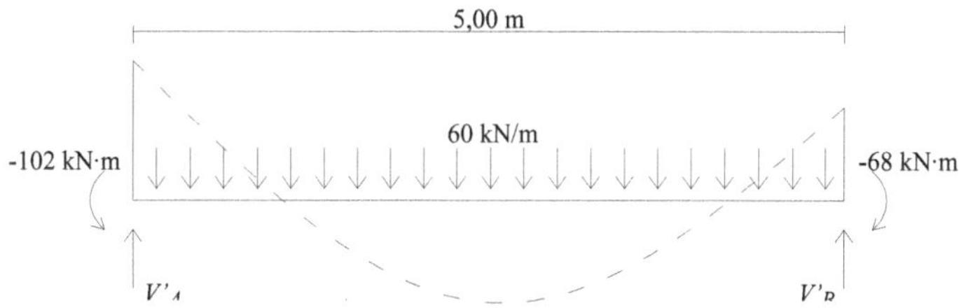

$$\left.\begin{array}{l} \sum V_i = V_A' + V_B' - 60\cdot 5 = 0 \\ \sum M_i = V_A'\cdot 5 + 68 - 102 - 60\cdot 5\cdot 2{,}5 = 0 \end{array}\right\} \Rightarrow \left\{\begin{array}{l} V_A' = 156{,}8 \text{ kN} \\ V_B' = 143{,}2 \text{ kN} \end{array}\right.$$

Operant de forma anàloga, s'obté la llei de moments redistribuïda:

$$M(x) = -102 + 156{,}8x - 30\cdot x^2$$
$$M'(x) = 156{,}8 - 60\cdot x = 0 \quad \Rightarrow \quad x = 2{,}61 \text{ m}$$
$$M^+_{\max} = M^+(2{,}61) = 156{,}8 - 60\cdot(2{,}61) = 102{,}88 \text{ kN·m}$$

Per tant, la resposta correcta és la *d*:

$$M^+_{\max} = 102{,}88 \text{ kN·m} \approx 102{,}9 \text{ kN·m}$$
$$V_{\max} = V_A' = 156{,}8 \text{ kN} \approx 157 \text{ kN}$$

Exercici AE-06

Una jàssera plana d'un pòrtic de formigó està armada a la zona de moments negatius segons s'indica a la figura adjunta. El formigó és HA25/B/20/IIa i les armadures són barres d'acer B500-SD. El control d'execució és normal i la seva vida útil nominal és de t_d=100 anys.

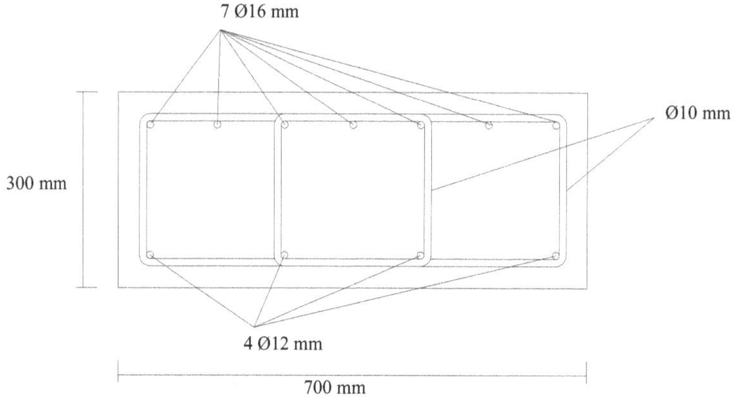

Fig. 2.6 Jàssera

Calculeu la profunditat de la fibra neutra en ruptura i indiqueu si l'armat proposat pot procedir d'un càlcul amb redistribució d'esforços.

Respostes possibles:

a) x/d = 0,219; sí que s'ha pogut redistribuir.

b) x/d = 0,209; sí que s'ha pogut redistribuir.

c) x/d = 0,45; sí que s'ha pogut redistribuir.

d) x/d = 0,61; no s'ha pogut redistribuir.

Solució

La secció està en un ambient IIa, és de formigó HA25, té una vida útil td=100 anys i el control d'execució és normal. Així doncs, el recobriment de l'armadura (segons l'EHE 2008, taula 37.2.4.1a) serà: $r = r_{min} + \Delta r = 25 + 10 = 35$ mm (vegen annex).

L'àrea de les armadures és:

$$A_s = 7 \cdot 201 = 1.407 \text{ mm}^2 \text{ i } A_s' = 4 \cdot 113{,}1 = 452{,}4 \text{ mm}^2$$

El cantell útil és (distància entre armadura a tracció i aresta oposada a l'aresta comprimida. Article 42.1.3 *Dominios de deformación*):

$$d = 300 - (35 + 10 + 8) = 247 \text{ mm}$$

Les resistències de càlcul de cadascun dels materials són:

$$f_{cd} = \frac{25}{1{,}5} = 16{,}6 \text{ N/mm}^2; \qquad f_{yd} = \frac{500}{1{,}15} = 435 \text{ N/mm}^2$$

Les quanties són:

$$w = \frac{A_s \cdot f_{yd}}{f_{cd} \cdot b \cdot d} = \frac{1.407 \cdot 435}{16{,}6 \cdot 700 \cdot 247} = 0{,}213$$

$$w' = \frac{A_s' \cdot f_{yd}}{f_{cd} \cdot b \cdot d} = \frac{452,4 \cdot 435}{16,6 \cdot 700 \cdot 247} = 0,0685$$

Segons l'article 21. *Estructuras reticulares planas, forjados y placas* unidireccionales de la Instrucció EHE, com que $w - w' = 0,1445$ compleix la condició $0,10 \leq w - w' \leq 0,18$, i es pot calcular la profunditat relativa de la fibra neutra:

$$\frac{x}{d} = 1,1 \cdot (w - w') + 0,06 = 1,1 \cdot 0,1445 + 0,06 = 0,219$$

La redistribució en tant per cent (%) que podrem aplicar vindrà donada per:

$$r = 56 - 125 \cdot \frac{x}{d}$$

Pel fet que l'acer és d'alta ductilitat (SD) podrem aplicar una redistribució màxima del 30%:

$$r = 56 - 125 \cdot 0,219 = 28,625\%$$

Per tant sí que pot haver-se efectuat una redistribució d'esforços de fins al 28,625%.

Exercici AE-07

Considereu la biga de formigó pretensat amb armadures postteses, el traçat de les quals es mostra a la figura adjunta. S'introdueix una força de pretensatge de 1000 kN i es considera que no hi ha cap tipus de pèrdua.

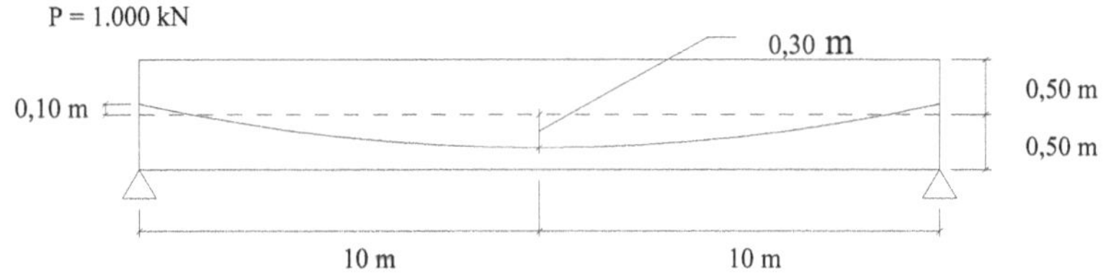

Fig. 2.7 Esquema de la biga

Obteniu les càrregues de pretensatge.

Respostes possibles:

a)

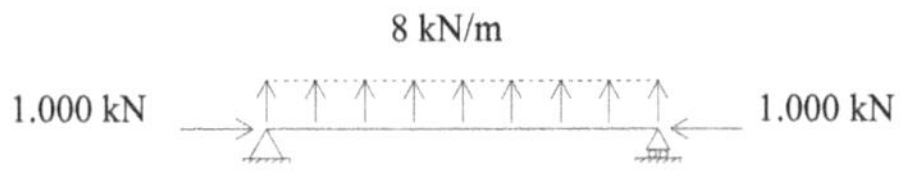

b)

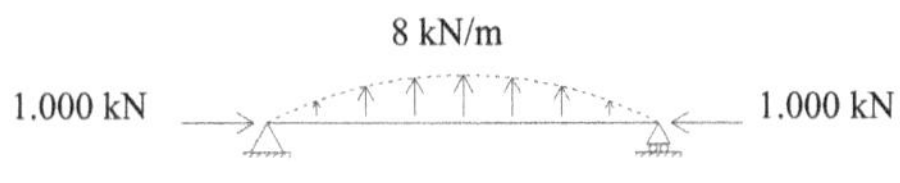

c)

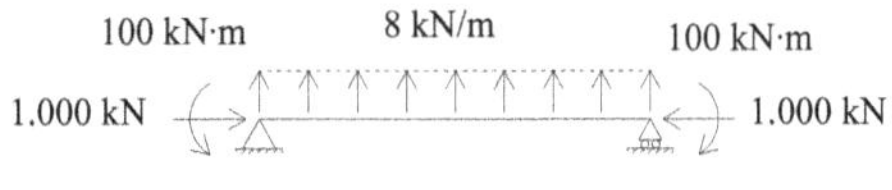

d)

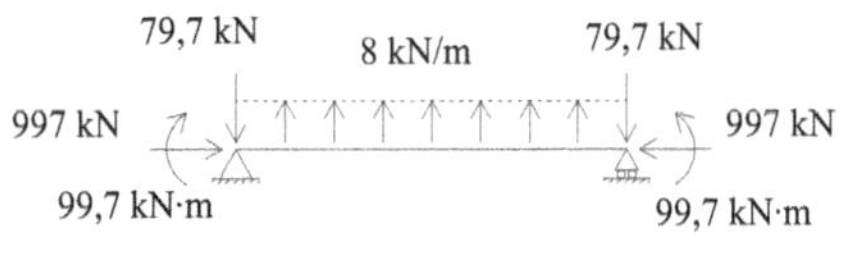

Solució

Les càrregues de pretensatge consisteixen en càrregues concentrades als ancoratges i repartides per tot el traçat, perquè és parabòlic.

La càrrega repartida val $n = P \cdot y''$, essent $y(x)$ l'equació de la paràbola que segueix el traçat del tendó.

Col·locant l'eix d'abscisses a la directriu de la peça:

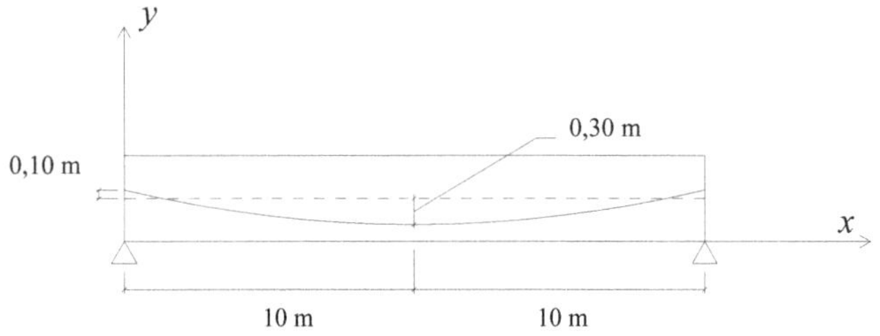

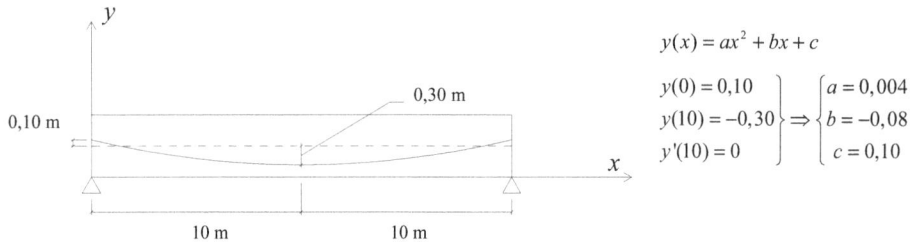

$$y(x) = ax^2 + bx + c$$

$$\left.\begin{array}{l} y(0) = 0,10 \\ y(10) = -0,30 \\ y'(10) = 0 \end{array}\right\} \Rightarrow \left\{\begin{array}{l} a = 0,004 \\ b = -0,08 \\ c = 0,10 \end{array}\right.$$

$n = P \cdot y'' = P \cdot 2a = 1.000 \cdot 2 \cdot 0,004 = 8$ kN/ml

El pendent als extrems val $y'(0) = b = -0,08$

$\text{tg}\ \alpha = -0,08$ $\alpha = 4,57°$ ($\alpha = 0,0798$ rad)
$\sin \alpha = 0,0797$ $\cos \alpha = 0,997$

Així doncs, les càrregues als extrems són:

$N = P \cdot \cos \alpha = 1.000 \cdot 0,997 = 997$ kN
$V = P \cdot \sin \alpha = 1.000 \cdot 0,0797 = 79,7$ kN
$M = P \cdot e \cdot \cos \alpha = 1.000 \cdot 0,1 \cdot 0,997 = 99,7$ kN·m

Per tant, la resposta correcta és la *d*.

Exercici AE-08

Obteniu la llei d'esforços tallants de pretensatge de la biga de la figura adjunta suposant que no hi ha pèrdues de cap tipus i que la força de pretensatge introduïda als ancoratges de $P = 1.000$ kN.

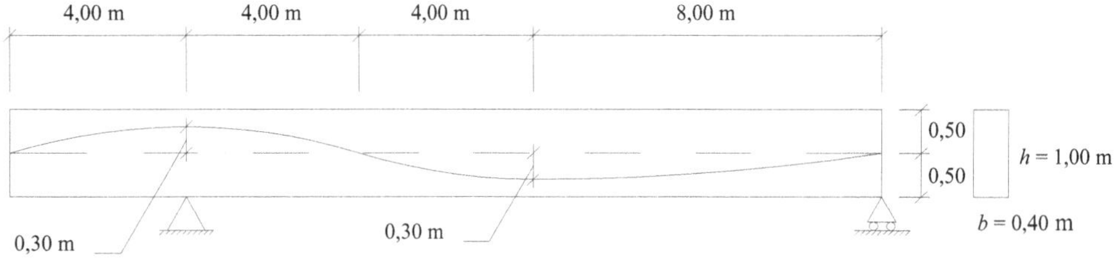

Fig. 2.8 Esquema de la biga

Nota. Per a angles petits d'inclinació del tendó es pot suposar que *sin* $\alpha \approx$ *tg* α

Respostes possibles:

a)

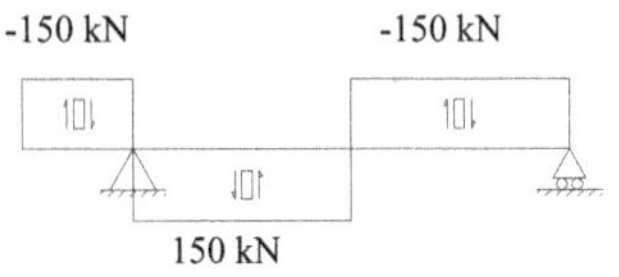

b)

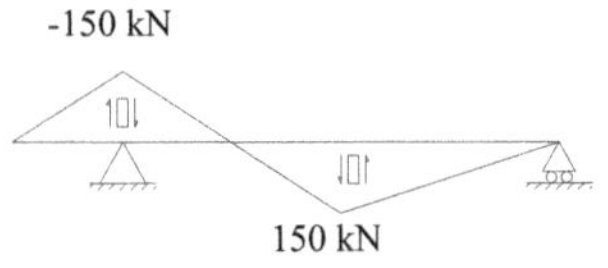

c)

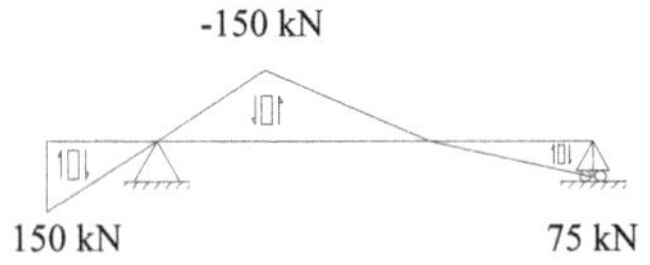

d)

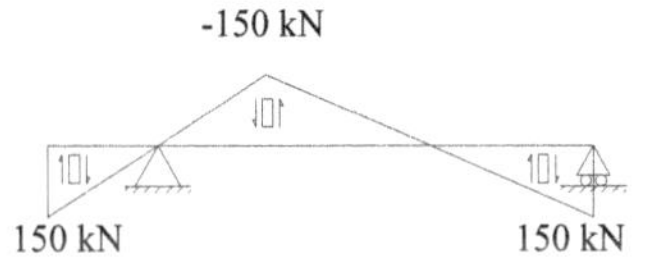

Solució

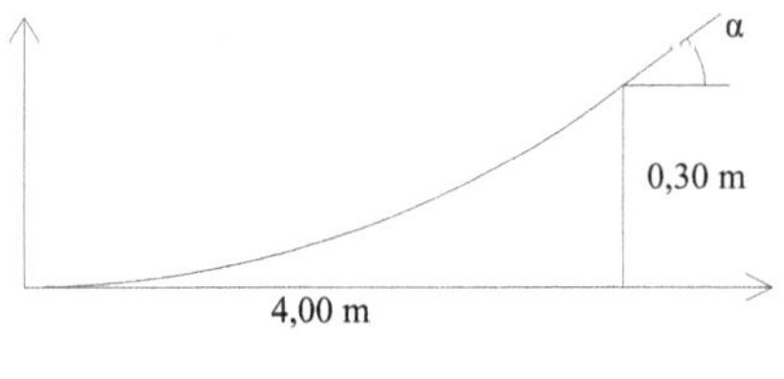

Les paràboles *AB*, *BC* i *CD* són idèntiques. La paràbola de totes elles, en uns eixos locals, és: $y(x) = kx^2$, on $k = \dfrac{0,30}{4^2} = 0,01875$.

$$y'(4) = 2 \cdot k \cdot x = 2 \cdot 0,01875 \cdot 4 = 0,15 = \text{tg}\ \alpha; \ \sin \alpha = 0,148$$

$$y'' = 2 \cdot k = 2 \cdot 0,01875 = 0,0375$$

La força de desviació uniformement distribuïda que introdueix el tendó als trams *AB*, *BC* i *CD* és $n = P \cdot y''$, el valor de la qual és $n_{AC} = 1.000 \cdot 0,0375 = 37,5$ kN/m. Per simetria, s'obté que $n_{CD} = -37,5$ kN/m.

La paràbola *DE* té per equació $y(x) = kx^2$, on $k = \dfrac{0,30}{8^2} = 0,0046875$.

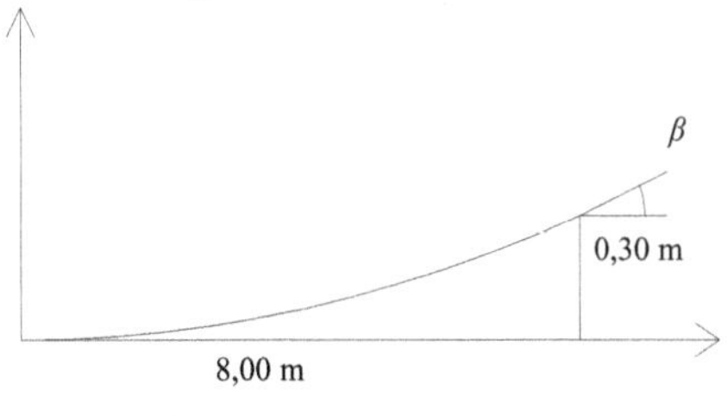

$$y'(8) = 2 \cdot k \cdot x = 2 \cdot 0{,}0046875 \cdot 8 = 0{,}075 = \text{tg}\,\beta; \;\; \sin\beta = 0{,}0748$$

$$y'' = 2 \cdot k = 2 \cdot 0{,}0046875 = 0{,}009375$$

La força de desviació uniformement distribuïda al tram DE és $n = P \cdot y''$, i val n_{DE} = 1.000 · 0,009375 = 9,375 kN/m

L'esforç tallant en A val $V_A = P \cdot \sin\alpha$ = 1.000 · 0,148 = 148,43 kN. Entre A i B varia linealment, $V(x) = V_A - n \cdot x$, fins que s'anul·la en B, on el pendent del traçat és nul. Entre B i C, continua variant segons la mateixa equació lineal fins que a C el tallant val $V_C = P \cdot \sin\alpha$ = -148,43 kN. En el punt C, el signe del pendent de la llei de tallants canvia, però continua essent lineal fins arribar a D, on s'anul·la. De D a E la llei continua essent lineal, encara que canvia tant de signe com de valor del pendent, fins que arriba a l'extrem amb $V_E = P \cdot \sin\beta$ = 74,8 kN.

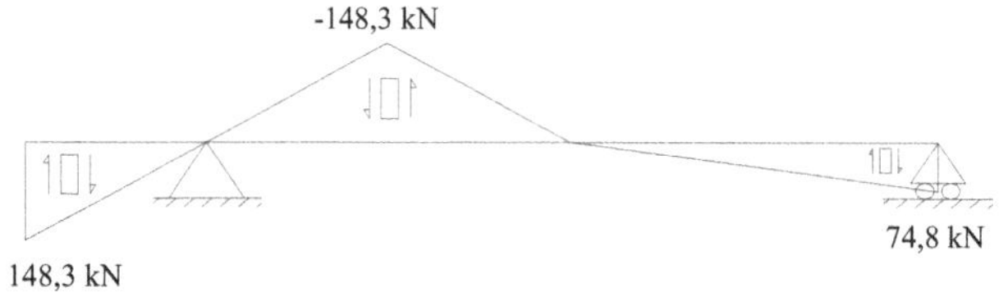

La llei de moments flexors s'obté observant directament el traçat del tendó (ja que és homotètica a aquest):

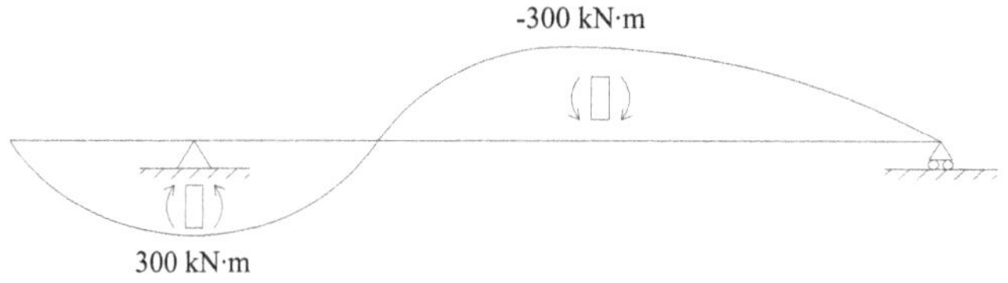

La llei d'esforços axials és:

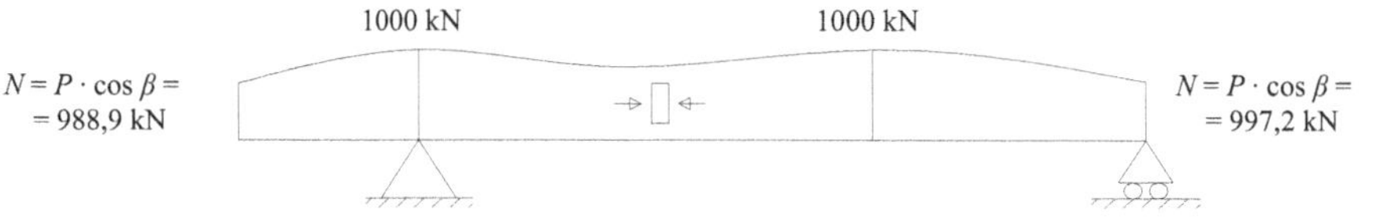

Les càrregues de pretensatge són:

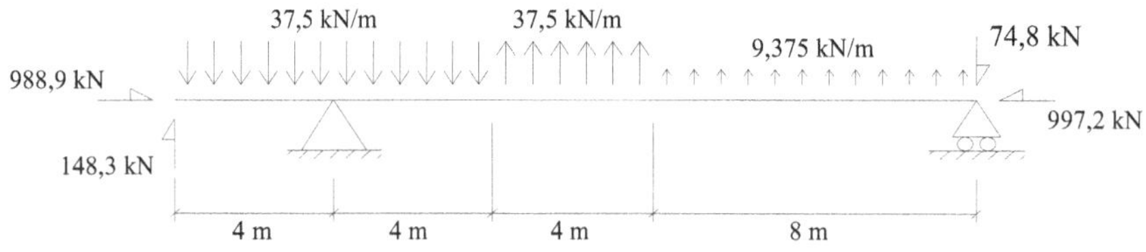

Si es fa l'equilibri de forces verticals i de moments, es comprova que es tracta d'un sistema de càrregues autoequilibrat, que no produeix reaccions a l'estructura ja que aquesta és isostàtica. L'equilibri de forces horitzontals no es compleix estrictament. Això passa perquè no s'ha considerat la component horitzontal de les forces n de desviació (que realment són una mica inclinades i no completament verticals).

Si es fa $\sin\alpha \approx \text{tg}\,\alpha$, la llei de tallants queda:

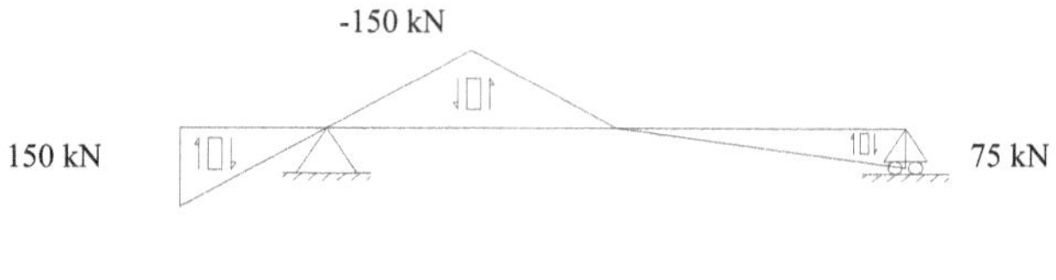

Exercici AE-09

Obteniu les càrregues de pretensatge de la biga de la figura adjunta, on se suposa que no hi ha pèrdues de cap tipus i que la força de pretensatge introduïda val 1.000 kN. S'admet que sin $\alpha \approx$ tg α.

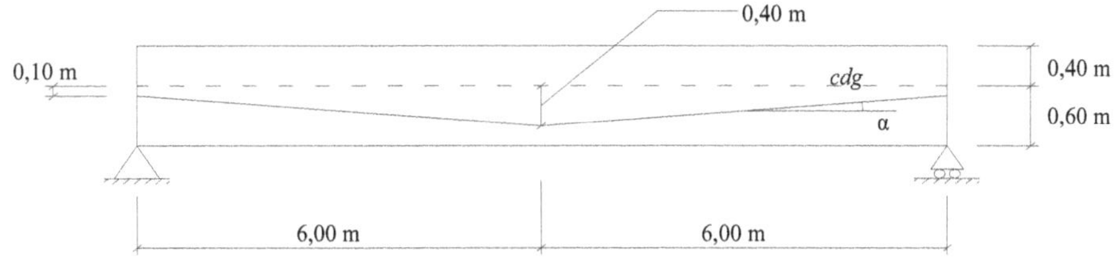

Fig. 2.9 Esquema de la biga

Respostes possibles:

a)

b)

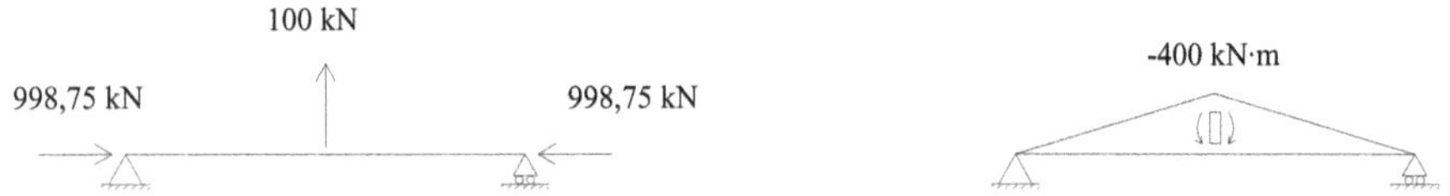

c)

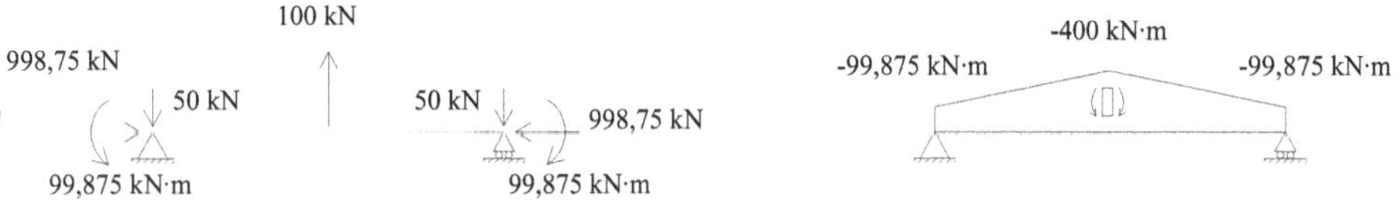

d)

Solució

Les càrregues de pretensatge s'obtenen aïllant i equilibrant el tendó:

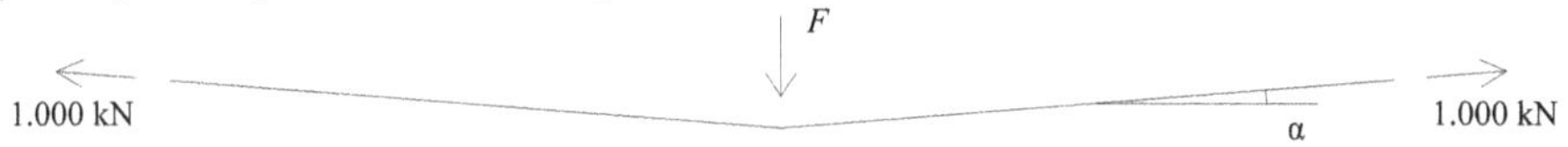

$$\text{tg}\,\alpha = \frac{0,3}{6} = 0,05 \approx \sin\alpha$$

$$F = 2 \cdot P \cdot \sin\alpha = 2 \cdot 1.000 \cdot 0,05 = 100 \text{ kN}$$

Introduint aquestes càrregues amb el signe canviat sobre la biga i tenint en compte la posició del tendó respecte del centre de gravetat, s'obté:

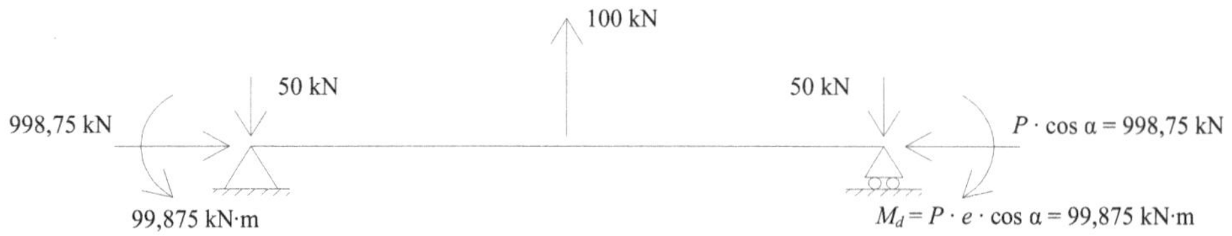

La llei de moments flexors s'obté observant directament el traçat del tendó (ja que és homotètica a aquest) i val: $M_p(x) = P \cdot \cos \alpha \cdot e(x)$:

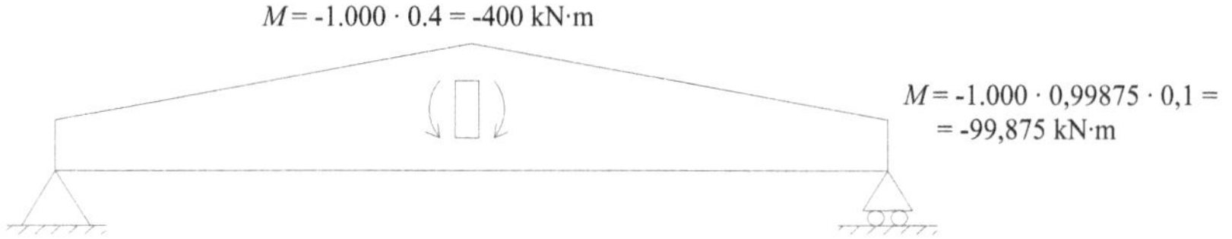

Al centre de la biga trobem una singularitat com a causa de la discontinuïtat del pendent del tendó, que passa de –0.05 a +0.05. Per tant, es considera $\alpha = 0$.

En realitat, no existeix un canvi brusc en el traçat, sinó una forta curvatura en una zona molt localitzada:

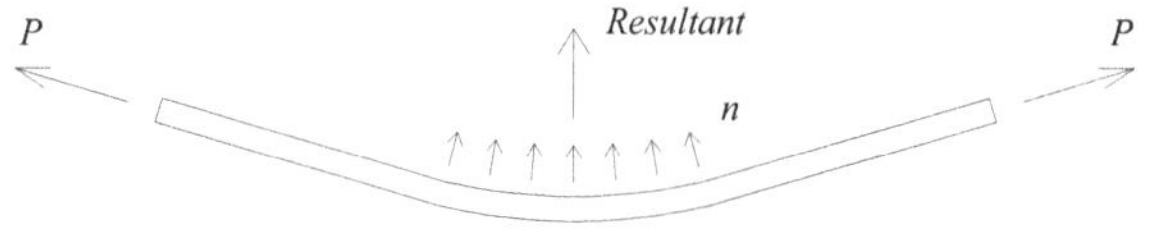

Exercici AE-10

Una biga doblement recolzada amb dos voladissos ha de resistir una càrrega puntual a cadascun dels extrems de valor 200 kN.

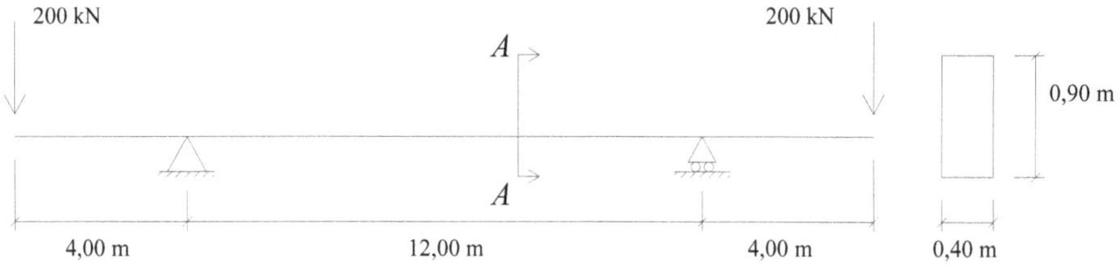

Fig. 2.10 Esquema de la biga

Proposeu un traçat i una força de pretensatge adequats per a resistir aquestes càrregues. Suposeu negligible el pes propi de la biga i considereu que no hi ha cap tipus de pèrdua de pretensatge. S'accepta considerar $\sin \alpha \approx \text{tg}\ \alpha$ per a angles α petits. Es considera que, per raons de durabilitat, el *cdg* del tendó ha d'estar, com a mínim, a 0,15 m del parament superior.

Respostes possibles:

a)

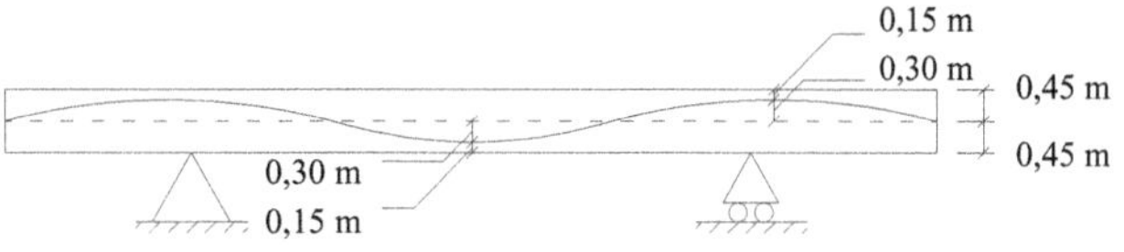

b)

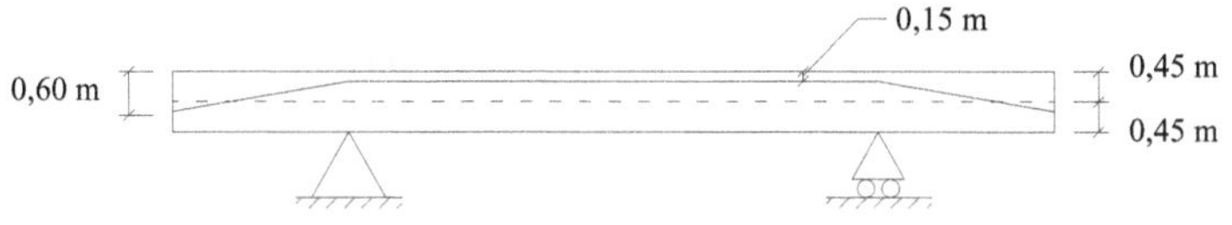

c)

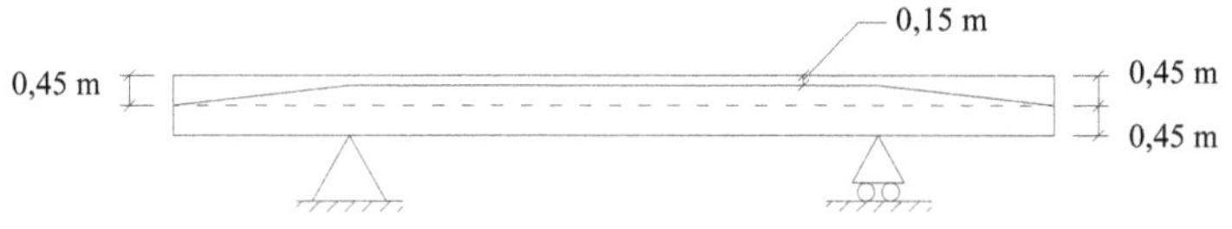

d)

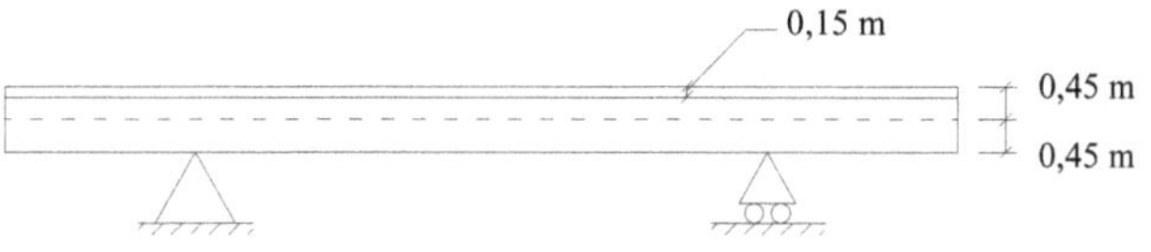

Solució

La biga està en equilibri amb les càrregues i les reaccions. Per tant, el sistema de càrregues de pretensatge ha d'introduir unes càrregues iguals i de sentit contrari a les càrregues externes:

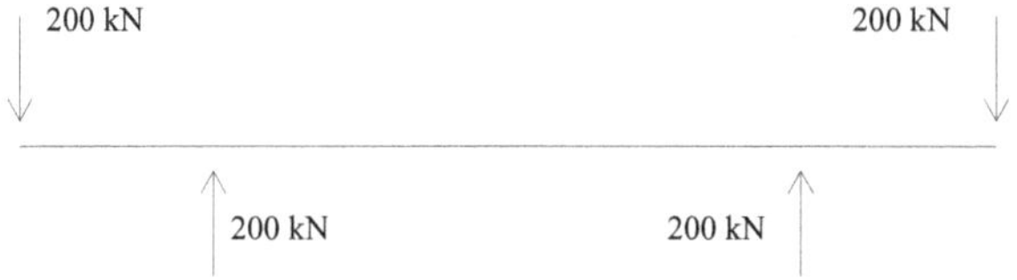

El traçat més adequat per tal de generar càrregues puntuals és un traçat poligonal, amb canvis de pendent als punts d'aplicació de les càrregues:

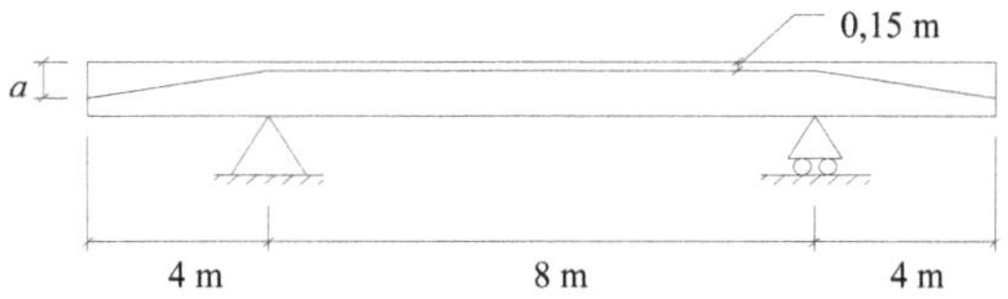

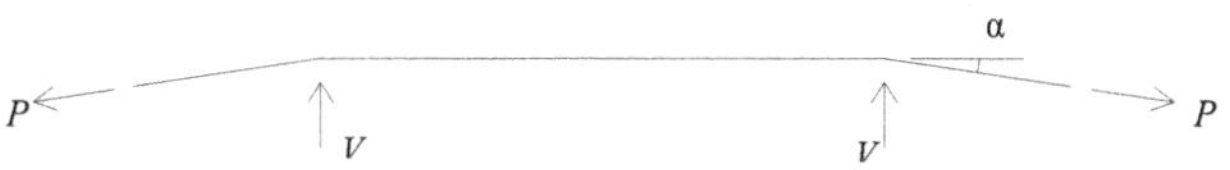

$$V = P \cdot \sin\alpha \approx P\cdot tg\,\alpha = 200\text{ kN} = P \cdot \frac{a-0,15}{4} \quad \Rightarrow \quad tg\,\alpha = \frac{a-0,15}{4}$$

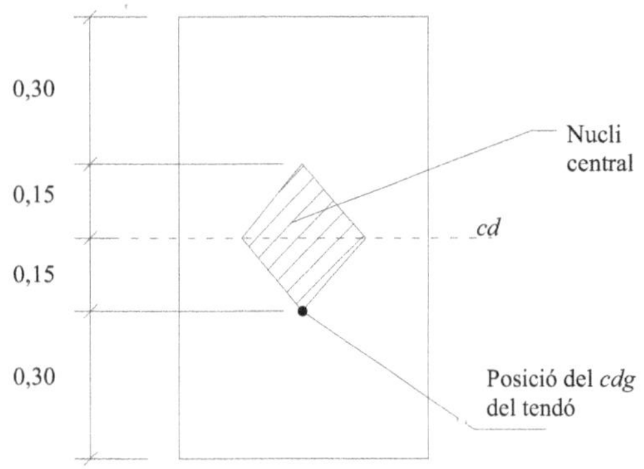

El valor de a, és a dir, la posició del tendó a l'extrem, ha d'estar dins el nucli central de la secció, per evitar generar-hi traccions. Com que es tracta d'una secció rectangular, el nucli central val $c = - c' = 0,15$.

Per tal de minimitzar la força del pretensatge necessària cal que el valor de a sigui el més gran possible. Així doncs, $a = 0,45 + 0,15 = 0,60$ m

Per tant,

$$\text{tg } \alpha = \frac{0,60 - 0,15}{4} = 0,1125 \approx \sin \alpha$$

$$P = \frac{200}{tg\ \alpha} = \frac{200}{0,1125} = 1.777,78 \text{ kN}$$

El sistema de càrregues de pretensatge generades és:

Als punts on canvia el pendent del traçat es produeix una singularitat que generaria una càrrega inclinada i no perfectament vertical que no s'ha tingut en compte per tal de no afectar els resultats d'aquest exemple en concret.

Exercici AE-11

Una peça de cantell variable es postesa mitjançant un tendó recte, tal com es mostra a la figura adjunta:

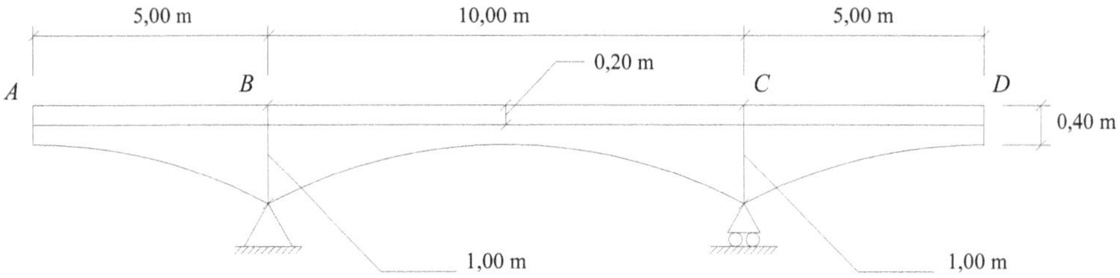

Fig. 2.11 Esquema de la biga

La secció és rectangular d'un ample constant b = 0,40 m i un cantell que varia parabòlicament, de valor 0,40 m en els extrems A, E i al centre C, i 1,00 m als recolzaments (punts B i D).

La força de pretensatge introduïda és de 1.000 kN i no hi ha pèrdues de cap tipus. Obteniu la llei de moments flexors com a resultat del pretensatge.

Respostes possibles:

a)

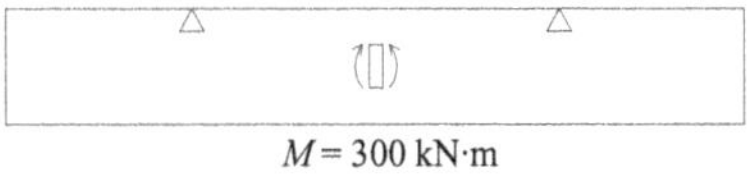

b)

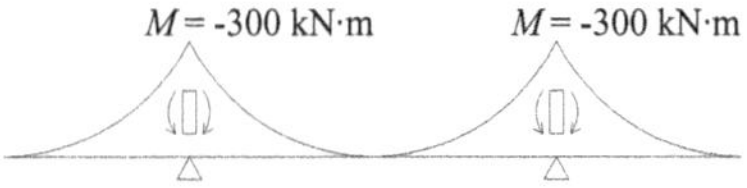

c)

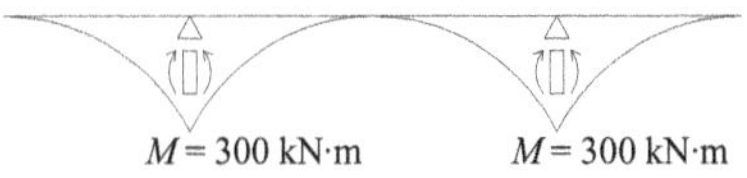

d)

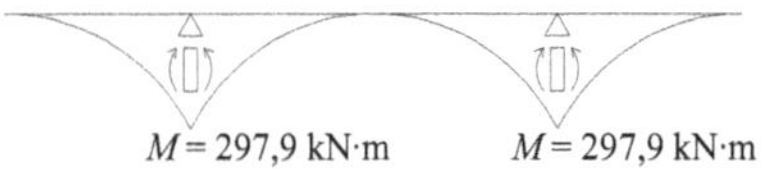

Solució

La directriu de la peça, en ser una secció rectangular, és la que s'indica amb la línia de traçat discontinu que s'observa a la figura adjunta:

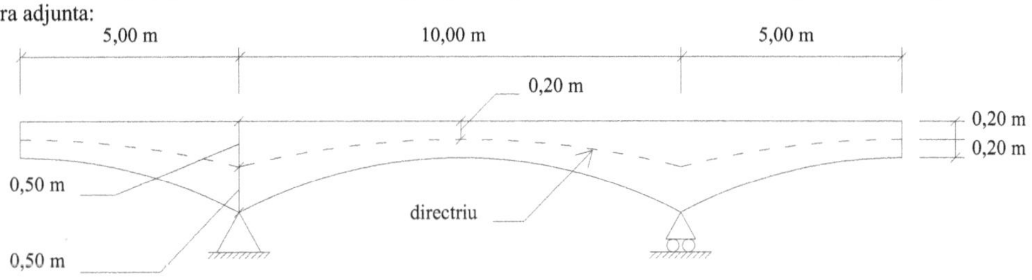

L'excentricitat del tendó respecte de la directriu és:

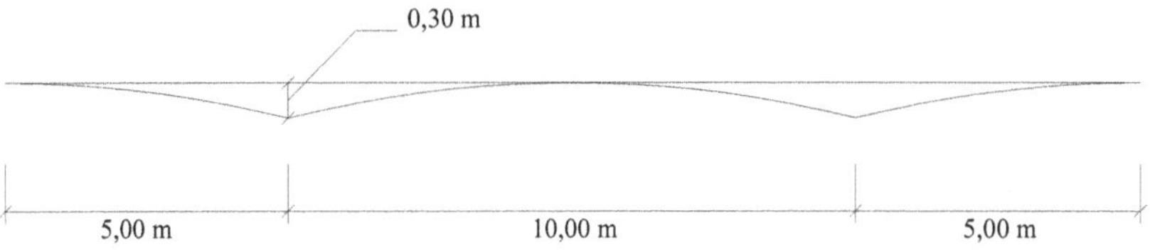

La llei de moments flexors de pretensatge ve donada per l'expressió $M_p(x) = P \cdot e(x) \cdot \cos\alpha$, on els valors de cos α per als diferents punts valen:

Punts *A*, *C* i *E*: $\cos\alpha = 1$

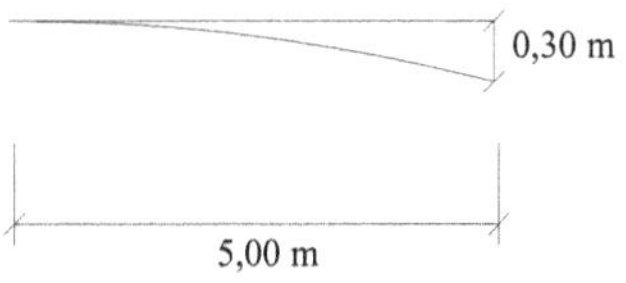

Punts *B* i *D*:

$y(x)=kx^2$, amb

$$k = \frac{y(5)}{5^2} = \frac{0,30}{25} = 0,012$$

$y'(x)=2kx$ $\qquad y'(5) = 2 \cdot 0,012 \cdot 5 = 0,12 = \text{tg}\,\alpha \Rightarrow \cos\alpha = 0,993$

Per tant, la llei de moments flexors serà la que es representa a la resposta *d*:

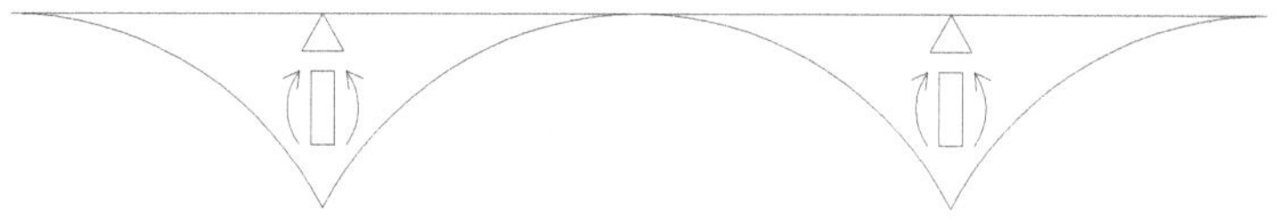

$$M_{max} = 1.000 \cdot 0{,}30 \cdot 0{,}993 = 297{,}9 \text{ kN·m}$$

També podria considerar-se cos $\alpha \approx 1$, i, conseqüentment, la solució *c* també seria acceptable, encara que menys exacta:

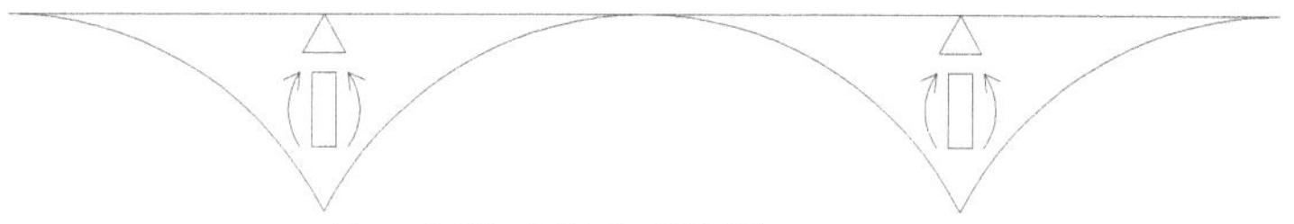

$$M_{max} = 1.000 \cdot 0{,}30 \cdot 1 = 300 \text{ kN·m}$$

Exercici AE-12

Considereu la biga contínua de la figura adjunta amb un traçat del pretensatge constituït per paràboles de segon grau combinades amb rectes.

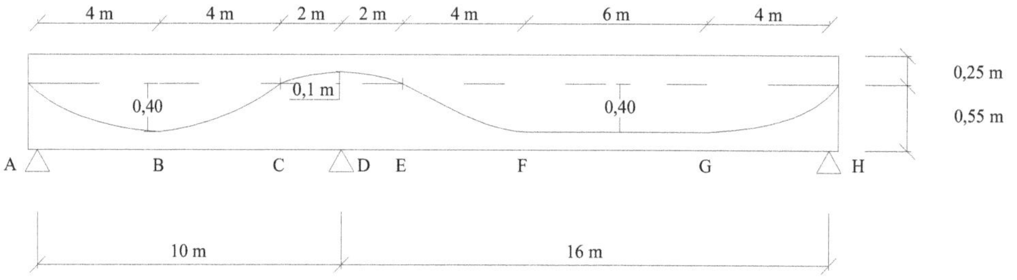

Fig. 2.12 Esquema del pretensatge

El coeficient de fricció en corba és $\mu = 0{,}25$ i l'ondulació es $\dfrac{k}{\mu} = 0{,}006$.

Calculeu el valor de la força de pretensatge en el punt G quan es tesa des de l'extrem A amb una força de pretensatge P = 1.000 kN, tenint en compte que únicament hi ha pèrdues per fricció.

Respostes possibles:

a) 778,8 kN
b) 753,0 kN
c) 1.000 kN
d) 945,5 kN

Solució

El valor de la força de pretensatge en tot el tendó val (article 20.2.2.1.1 *Pérdidas de fuerza por rozamiento*):

$$P(x) = P_{anc} \cdot e^{-\mu\left(\alpha + \frac{k}{\mu} \cdot x\right)}$$

on: $\alpha = \sum |\alpha_i|$ és el valor absolut de l'angle total recorregut pel tendó;
x és la distància des del punt de tesat fins al punt considerat.

Per calcular α hem d'obtenir l'equació del traçat del tendó. En aquest cas, és suficient treballar amb una sola paràbola, que és la *AB*, i obtenir els angles girats, tal com s'indica a la figura adjunta:

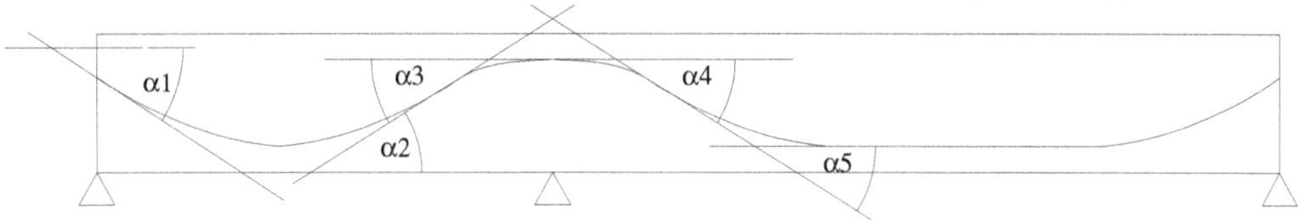

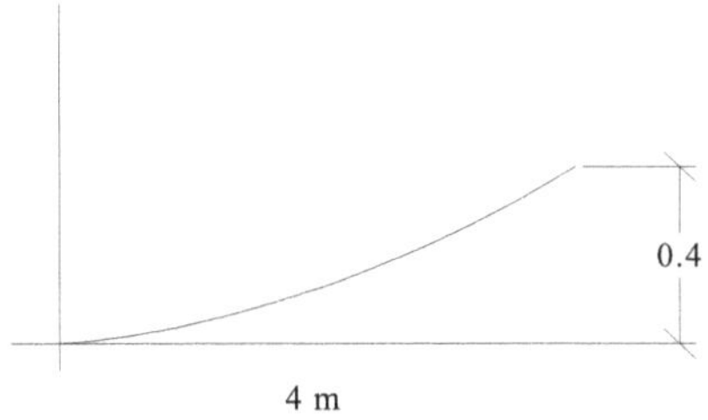

Paràbola *AB*:

$y(x) = kx^2$; $y(4) = 0.4 \Rightarrow \quad k = \dfrac{0,4}{4^2} = 0,025$

$y(x) = 0,025\, x^2$
$y'(x) = 0,050\, x$
$y'(4) = 0,050 \cdot 4 = 0,20 = \alpha_1$

S'observa que $|\alpha_1| = |\alpha_2| = |\alpha_3| = |\alpha_4| = |\alpha_5|$

Per tant, $\alpha = \sum|\alpha_i| = 0,20 \cdot 5 = 1$ rad.

El punt *G* es troba a una distància $x = 22$ m del punt de tesat; per tant,

$$P(x) = 1.000 \cdot e^{-0,25(1+0,006 \cdot 22)} = 1.000 \cdot 0,753 = 753 \text{ kN}$$

Exercici AE-13

Considereu la biga contínua de la figura adjunta, amb un traçat del pretensatge constituït per paràboles de segon grau combinades amb rectes.

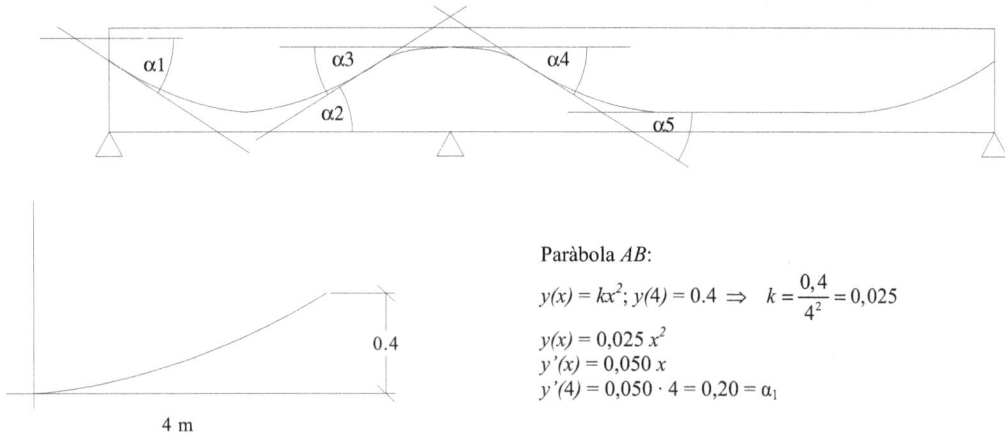

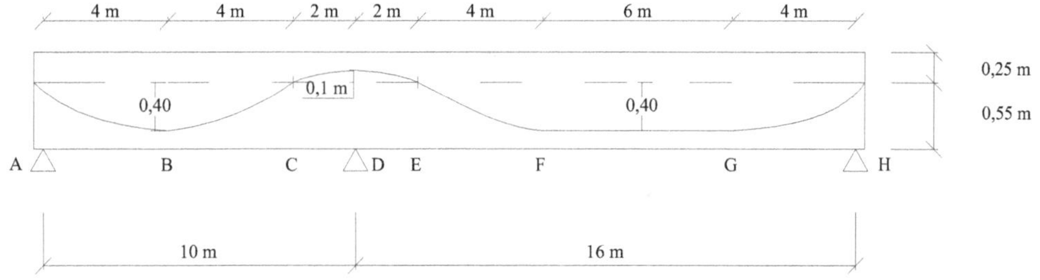

Fig. 2.13 Esquema del pretensat

El coeficient de fricció en corba és $\mu = 0,25$ i el d'ondulació $\dfrac{k}{\mu} = 0,006$.

Calculeu el valor de la força de pretensatge en el punt *G* quan es tesa simultàniament des dels dos extrems amb una força de pretensatge de 1.000 kN. Únicament s'han de tenir en compte les pèrdues per fricció.

Respostes possibles:

a) 778,8 kN
b) 753,0 kN
c) 1.000 kN
d) 945,5 kN

Solució

Tesar des dels dos extrems de la biga implica que la distribució de la força de pretensatge al llarg de la biga té la forma següent:

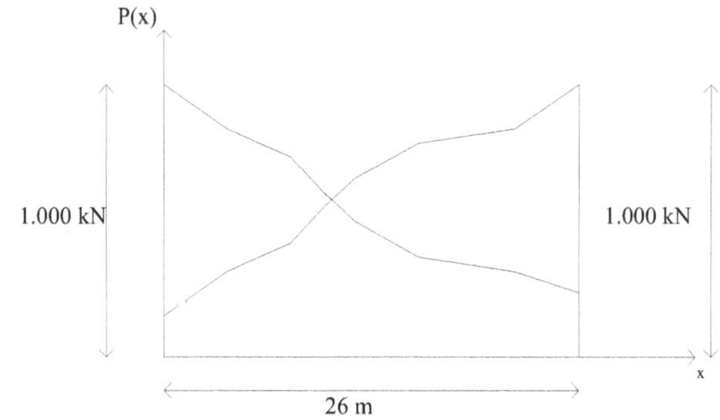

El fet de tesar des dels dos extrems alhora no implica que en cada punt del traçat se sumin les forces de pretensatge generades des de cada extrem, sinó que se solapen.

El punt *G* es troba pròxim a l'extrem dret de la biga; així doncs, la força de pretensatge que rep és deguda únicament al pretensatge realitzat des d'aquest extrem.

El valor de la força de pretensatge en tot el tendó tenint en compte únicament les pèrdues per fricció és (article 20.2.2.1.1 *Pérdidas de fuerza por rozamiento*):

$$P(x) = P_{anc} \cdot e^{-\mu(\alpha + \frac{k}{\mu} \cdot x)}$$

on: $\alpha = \sum|\alpha_i|$ és el valor absolut de l'angle total recorregut pel tendó;
x és la distància des del punt de tesat fins al punt considerat.

Per calcular α hem d'obtenir l'equació del traçat del tendó. En aquest cas, treballarem amb la paràbola corresponent al tram *GH*:

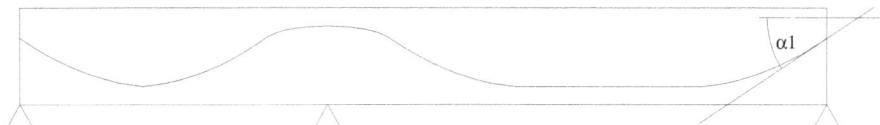

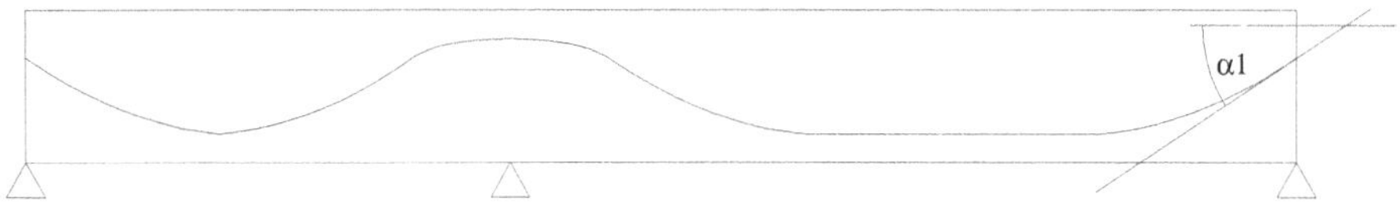

Paràbola *GH*:

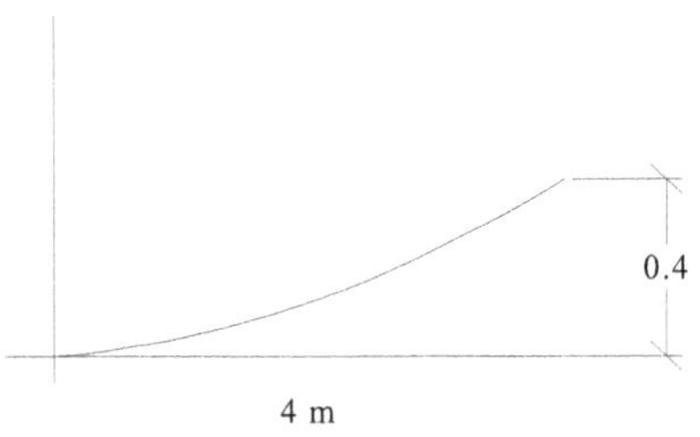

$y(x) = kx^2$; $y(4) = 0{,}4 \Rightarrow k = \frac{0{,}4}{4^2} = 0{,}025$

$y(x) = 0{,}025\,x^2$

$y'(x) = 0{,}050\,x$

$y'(4) = 0{,}050 \cdot 4 = 0{,}20 = \alpha_1$

Per tant, $\alpha = |\alpha_1|\ 0{,}20 \cdot 1 = 0{,}20$ rad.

El punt G es troba a una distància $x = 4$ m del punt de tesat i, per tant:

$$P(x) = 1.000 \cdot e^{-0{,}25(0{,}20+0{,}006\cdot 4)} = 1.000 \cdot 0{,}9455 = 945{,}5 \text{ kN}$$

Exercici AE-14

Considereu la biga contínua de la figura adjunta amb un traçat de pretensatge constituït per paràboles de segon grau i rectes:

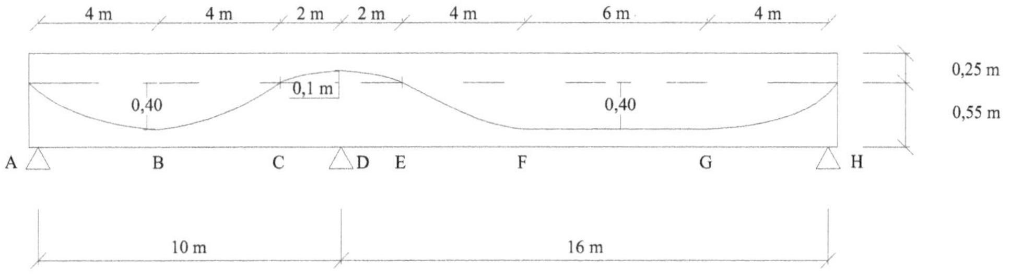

Fig. 2.14 Esquema del pretensatge

El coeficient de fricció en corba és $\mu = 0{,}25$ i el d'ondulació $\dfrac{k}{\mu} = 0{,}006$.

Calculeu el valor mínim de la força de pretensatge i el punt on es produeix quan es tesa des de les dues bandes simultàniament, amb una força de pretensat de 1.000 kN, tenint en compte únicament les pèrdues per fricció.

Respostes possibles:

a) 778,8 kN
b) 844 kN
c) 945,5 kN
d) 1.000 kN

Solució

El valor mínim de la força de pretensatge es produirà al punt on les forces de pretensatge introduïdes pel tesat a cada extrem coincideixin:

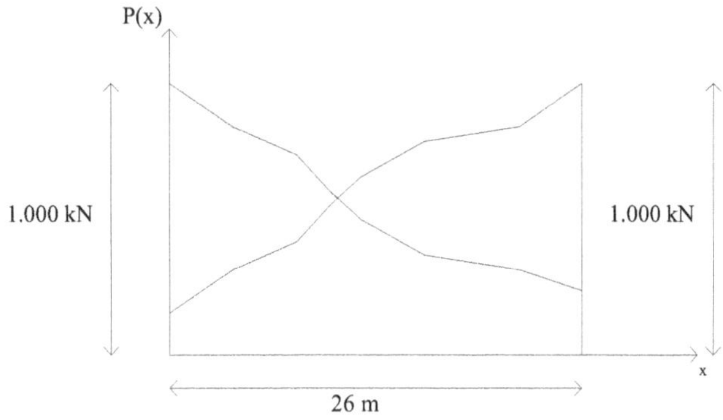

El valor mínim de la força de pretensatge i el punt on es produeix es troba de forma aproximada a partir del valor de les forces de pretensatge als punts A, B, C, D, E, F, G i H obtingudes tant pel pretensat de l'extrem esquerre com pel del dret:

Valors de la força de pretensatge produïdes al tesar des de A (article 20.2.2.1.1 *Pérdidas de fuerza por rozamiento*):

$$P(x) = P_{anc} \cdot e^{-\mu\left(\alpha + \frac{K}{\mu} x\right)}$$

Per calcular α hem d'obtenir l'equació del traçat del tendó. És suficient treballar amb una sola paràbola, la *AB*, i obtenir els angles girats, tal com s'indica a la figura:

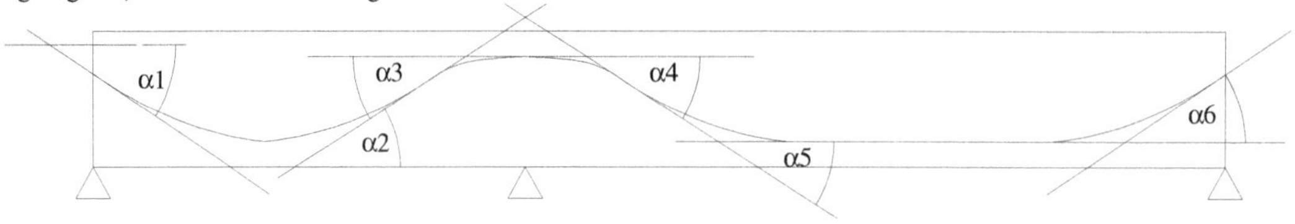

$$y(x) = kx^2;\ y(4) = 0,4 \Rightarrow \quad k = \frac{0,4}{4^2} = 0,025$$

$$y(x) = 0,025\,x^2$$

$$y'(x) = 0,050\,x$$

$$y'(4) = 0,050 \cdot 4 = 0,20 = \alpha_1$$

S'observa que $|\alpha_1| = |\alpha_2| = |\alpha_3| = |\alpha_4| = |\alpha_5| = |\alpha_6|$

$P(x = 4) = 1.000\ \text{kN}\cdot e^{-0,25(\alpha+0,006\cdot 4)} = 1.000\ \text{kN}\cdot e^{-0,25(0,2+0,006\cdot 4)} = 945,5\ \text{kN}$

$\alpha = |\alpha_1| = 0,2$

$P(x = 8) = 1.000\ \text{kN}\cdot e^{-0,25(\alpha+0,006\cdot 8)} = 1.000\ \text{kN}\cdot e^{-0,25(0,4+0,006\cdot 8)} = 894,0\ \text{kN}$

$\alpha = |\alpha_1| + |\alpha_2| = 0.4$

$P(x = 10) = 1.000\ \text{kN}\cdot e^{-0,25(\alpha+0,006\cdot 10)} = 1.000\ \text{kN}\cdot e^{-0,25(0,6+0,006\cdot 10)} = 847,9\text{kN}$

$\alpha = |\alpha_1| + |\alpha_2| + |\alpha_3| = 0.6$

$P(x = 12) = 1.000\ \text{kN}\cdot e^{-0,25(\alpha+0,006\cdot 12)} = 1.000\ \text{kN}\cdot e^{-0,25(0,8+0,006\cdot 12)} = 804,1\ \text{kN}$

$\alpha = |\alpha_1| + |\alpha_2| + |\alpha_3| + |\alpha_4| = 0.8$

$P(x = 16) = 1.000\ \text{kN}\cdot e^{-0,25(\alpha+0,006\cdot 16)} = 1.000\ \text{kN}\cdot e^{-0,25(1+0,006\cdot 16)} = 760,3\ \text{kN}$

$\alpha = |\alpha_1| + |\alpha_2| + |\alpha_3| + |\alpha_4| + |\alpha_5| = 1$

$P(x = 22) = 1.000\ \text{kN}\cdot e^{-0,25(\alpha+0,006\cdot 22)} = 1.000\ \text{kN}\cdot e^{-0,25(1+0,006\cdot 22)} = 753,5\ \text{kN}$

$\alpha = |\alpha_1| + |\alpha_2| + |\alpha_3| + |\alpha_4| + |\alpha_5| = 1$

$P(x = 26) = 1.000\ \text{kN}\cdot e^{-0,25(\alpha+0,006\cdot 26)} = 1.000\ \text{kN}\cdot e^{-0,25(1,2+0,006\cdot 26)} = 712,5\ \text{kN}$

$\alpha = |\alpha_1| + |\alpha_2| + |\alpha_3| + |\alpha_4| + |\alpha_5| + |\alpha_6| = 1,2$

Valors de la força de pretensatge produïdes al tesar des de H:

Els valors de α són els mateixos que a l'apartat anterior, però la coordenada x serà de dreta a esquerra:

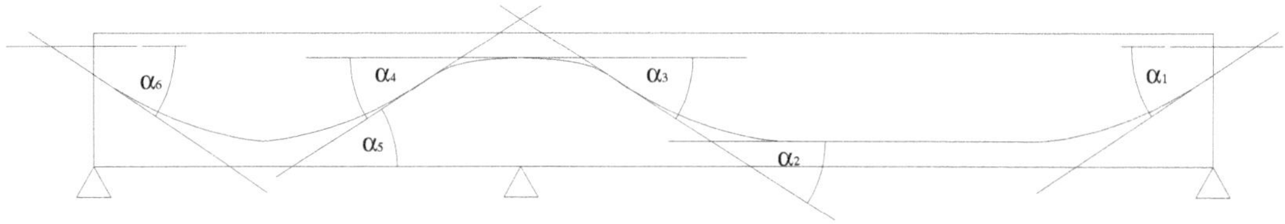

$$P(\mathrm{x}=4)=1.000\,\mathrm{kN}\cdot e^{-0,25(\alpha+0,006\cdot 4)}=1.000\,\mathrm{kN}\cdot e^{-0,25(0,2+0,006\cdot 4)}=945,5\,\mathrm{kN}$$
$$\alpha=|\alpha_1|=0,2$$
$$P(\mathrm{x}=10)=1.000\,\mathrm{kN}\cdot e^{-0,25(\alpha+0.006\cdot 10)}=1.000\,\mathrm{kN}\cdot e^{-0,25(0,2+0,006\cdot 10)}=937,1\,\mathrm{kN}$$
$$\alpha=|\alpha_1|=0,2$$

$$P(\mathrm{x}=14)=1.000\,\mathrm{kN}\cdot e^{-0,25(\alpha+0,006\cdot 14)}=1.000\,\mathrm{kN}\cdot e^{-0,25(0,4+0,006\cdot 14)}=886\,\mathrm{kN}$$
$$\alpha=|\alpha_1|+|\alpha_2|=0,4$$

$$P(\mathrm{x}=16)=1.000\,\mathrm{kN}\cdot e^{-0,25(\alpha+0,006\cdot 16)}=1.000\,\mathrm{kN}\cdot e^{-0,25(0,6+0,006\cdot 16)}=840,3\,\mathrm{kN}$$
$$\alpha=|\alpha_1|+|\alpha_2|+|\alpha_3|=0,6$$

$$P(\mathrm{x}=18)=1.000\,\mathrm{kN}\cdot e^{-0,25(\alpha+0,006\cdot 18)}=1.000\,\mathrm{kN}\cdot e^{-0,25(0,8+0,006\cdot 18)}=796,9\,\mathrm{kN}$$
$$\alpha=|\alpha_1|+|\alpha_2|+|\alpha_3|+|\alpha_4|=0,8$$

$$P(\mathrm{x}=22)=1.000\,\mathrm{kN}\cdot e^{-0,25(\alpha+0,006\cdot 22)}=1.000\,\mathrm{kN}\cdot e^{-0,25(1+0,006\cdot 22)}=753,5\,\mathrm{kN}$$
$$\alpha=|\alpha_1|+|\alpha_2|+|\alpha_3|+|\alpha_4|+|\alpha_5|=1$$

$$P(\mathrm{x}=26)=1.000\,\mathrm{kN}\cdot e^{-0,25(\alpha+0,006\cdot 26)}=1.000\,\mathrm{kN}\cdot e^{-0,25(1,2+0,006\cdot 26)}=712,5\,\mathrm{kN}$$
$$\alpha=|\alpha_1|+|\alpha_2|+|\alpha_3|+|\alpha_4|+|\alpha_5|+|\alpha_6|=1,2$$

Si representem els valors obtinguts anteriorment:

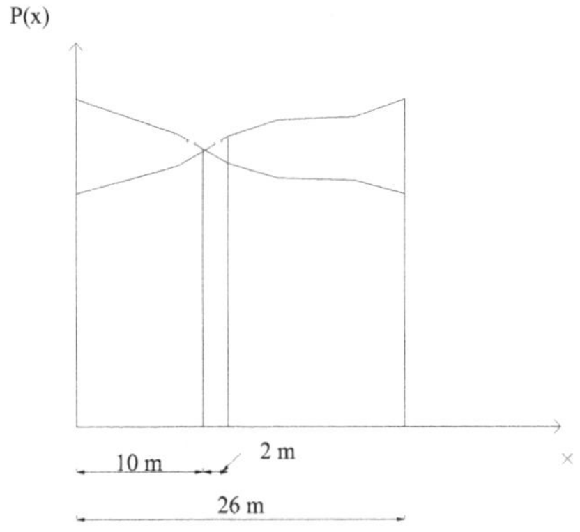

Segons la representació anterior, el punt d'intersecció es produeix entre els punts D ($x=10$ m) i E ($x=12$ m):

$$(\mathrm{y}-847,9)=-\frac{847,9-804,1}{12-10}(\mathrm{x}-10)$$
$$(\mathrm{y}-886)=\frac{886-840,3}{2}(\mathrm{x}-12)$$
$$\mathrm{y}=-21,9\mathrm{x}+1066,9$$
$$\mathrm{y}=22,85\mathrm{x}+611,8$$

Resolent, obtenim que: $\mathrm{x}=10,17\,\mathrm{m}$, $\mathrm{y}=844,2\,\mathrm{kN}$

Així doncs, la solució correcta és la *b*.

Exercici AE-15

Considereu la biga contínua de la figura adjunta amb el traçat de pretensat que s'indica:

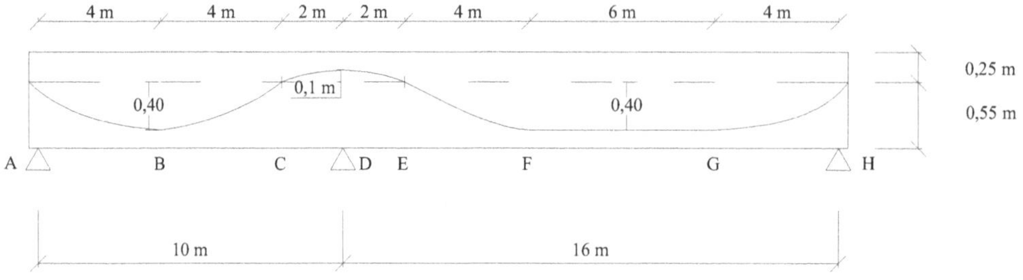

Fig. 2.15 Esquema del pretensatge

Dades:

- El coeficient de fricció en corba és $\mu = 0{,}25$.
- El coeficient d'ondulació és $\dfrac{k}{\mu} = 0{,}006$.
- L'àrea de pretensatge és $Ap = 750\ \text{mm}^2$.

Calculeu l'allargament total del cable quan es tesa primer des de l'extrem *A* i després des de l'extrem *H*, amb una força de pretensatge de 1.000 kN i tenint en compte únicament les pèrdues per fricció.

Respostes possibles:

a) 90 mm
b) 130 mm
c) 170 mm
d) 210 mm

Solució

L'allargament del cable es calcula com:

$$\delta = \int \frac{\sigma(x)}{E} dx = \int \frac{1}{E} \frac{P(x)}{A} dx$$

Primer s'han de trobar valors de força de pretensatge en els punts A, B, C, D, E, F, G i H, tenint en compte que s'està tesant des dels dos extrems (article 20.2.2.1.1 *Pérdidas de fuerza por rozamiento*):

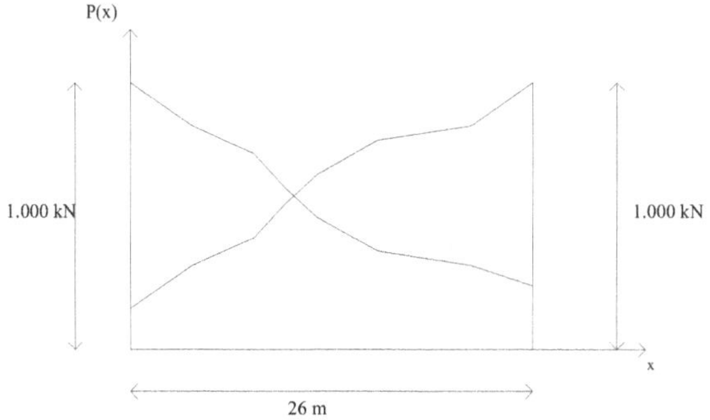

$$P(x) = P_{anc} \cdot e^{-\mu\left(\alpha + \frac{K}{\mu}x\right)}$$

Per calcular α hem d'obtenir l'equació del traçat del tendó. És suficient treballar amb una paràbola, la *AB*, i obtenir els angles girats:

$$y(x) = kx^2;\ y(4) = 0{,}4 \Rightarrow k = \frac{0{,}4}{4^2} = 0{,}025$$

$$y(x) = 0{,}025\,x^2$$

$$y'(x) = 0{,}050\,x$$

$$y'(4) = 0{,}050 \cdot 4 = 0{,}20 = \alpha_1$$

S'observa que $|\alpha_1| = |\alpha_2| = |\alpha_3| = |\alpha_4| = |\alpha_5| = |\alpha_6|$

No cal fer la derivada a cada punt per a cada equació, sinó que és suficient si es van sumant els angles ja que sabem els seus valors:

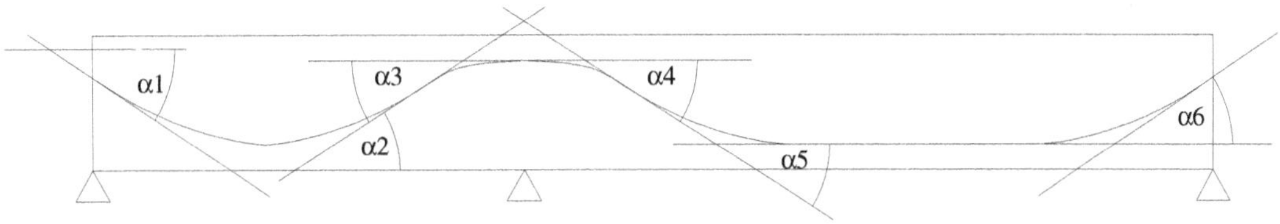

$\alpha = |\alpha_1| = 0{,}2$, $x = 4$ $\rightarrow P_B = 1.000\ \text{kN} \cdot e^{-0{,}25(0{,}2+0{,}006\cdot 4)} = 945{,}5\ \text{kN}$

$\alpha = |\alpha_1| + |\alpha_2| = 0{,}4$, $x = 8$ $\rightarrow P_C = 1.000\ \text{kN} \cdot e^{-0{,}25(0{,}4+0{,}006\cdot 8)} = 894{,}0\ \text{kN}$

$\alpha = |\alpha_1| + |\alpha_2| + |\alpha_3| = 0{,}6$, $x = 10$ $\rightarrow P_D = 1.000\ \text{kN} \cdot e^{-0{,}25(0{,}6+0{,}006\cdot 10)} = 847{,}9\ \text{kN}$

$\alpha = |\alpha_1| + |\alpha_2| + |\alpha_3| + |\alpha_4| = 0{,}8$, $x = 12$ $\rightarrow P_E = 1.000 \cdot \text{kN} \cdot e^{-0{,}25(0{,}8+0{,}006\cdot 12)} = 804{,}1\ \text{kN}$

$\alpha = |\alpha_1| + |\alpha_2| + |\alpha_3| + |\alpha_4| + |\alpha_5| = 1$, $x = 16$ $\rightarrow P_F = 1.000\ \text{kN} \cdot e^{-0{,}25(1+0{,}006\cdot 16)} = 760{,}3\ \text{kN}$

$\alpha = |\alpha_1| + |\alpha_2| + |\alpha_3| + |\alpha_4| + |\alpha_5| = 1$, $x = 22$ $\rightarrow P_G = 1.000\ \text{kN} \cdot e^{-0{,}25(1+0{,}006\cdot 22)} = 753{,}5\ \text{kN}$

$\alpha = |\alpha_1| + |\alpha_2| + |\alpha_3| + |\alpha_4| + |\alpha_5| + |\alpha_6| = 1{,}2$, $x = 26$ $\rightarrow P_H = 1000KN \cdot e^{-0{,}25(1{,}2+0{,}006\cdot 26)} = 712{,}5KN$

Valors de la força de pretensatge produïdes en tesar des de H:

$\alpha = |\alpha_1| = 0{,}2$, $x = 4$ $\rightarrow P_G = 945{,}5\ \text{kN}$

$\alpha = |\alpha_1| = 0,2$
$x = 10$ $\rightarrow P_F = 937,1\,\text{kN}$

$\alpha = |\alpha_1| + |\alpha_2| = 0,4$
$x = 14$ $\rightarrow P_E = 886\,\text{kN}$

$\alpha = |\alpha_1| + |\alpha_2| + |\alpha_3| = 0,6$
$x = 16$ $\rightarrow P_D = 840,3\,\text{kN}$

$\alpha = |\alpha_1| + |\alpha_2| + |\alpha_3| + |\alpha_4| = 0,8$
$x = 18$ $\rightarrow P_C = 796,9\,\text{kN}$

$\alpha = |\alpha_1| + |\alpha_2| + |\alpha_3| + |\alpha_4| + |\alpha_5| = 1$
$x = 22$ $\rightarrow P_B = 753,5\,\text{kN}$

$\alpha = |\alpha_1| + |\alpha_2| + |\alpha_3| + |\alpha_4| + |\alpha_5| + |\alpha_6| = 1,2$
$x = 26$ $\rightarrow P_A = 712,5\,\text{kN}$

Si representem els valors obtinguts anteriorment:

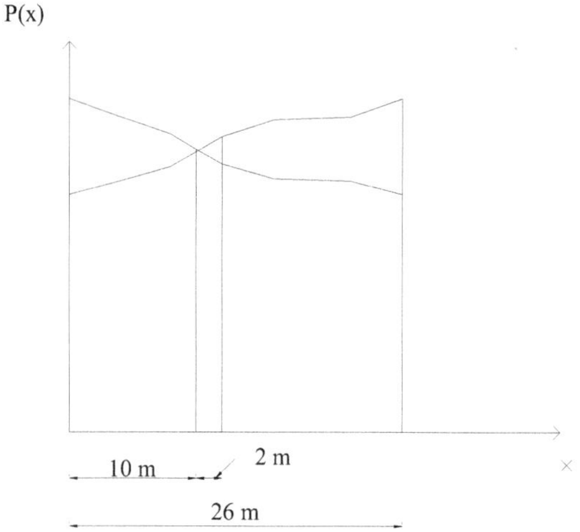

Busquem el punt d'intersecció (p. int.): $x = 10,17\,\text{m}$
$y = P(x) = 844,2\,\text{kN}$

Per a obtenir l'allargament del tendó, s'hauria de fer la integral següent $\delta = \int \frac{\sigma(x)}{E} dx = \int \frac{1}{E} \frac{P(x)}{A} dx$; ara bé, com que el traçat està format per diverses equacions, el procés seria molt feixuc perquè la integral s'hauria de fer tram a tram, llavors s'integra de forma aproximada per trapezis:

$$\delta = \frac{1}{ApEp} \sum_{i=1}^{n-1} \frac{P_i + P_{i+1}}{2} (x_{i+1} - x_i)$$

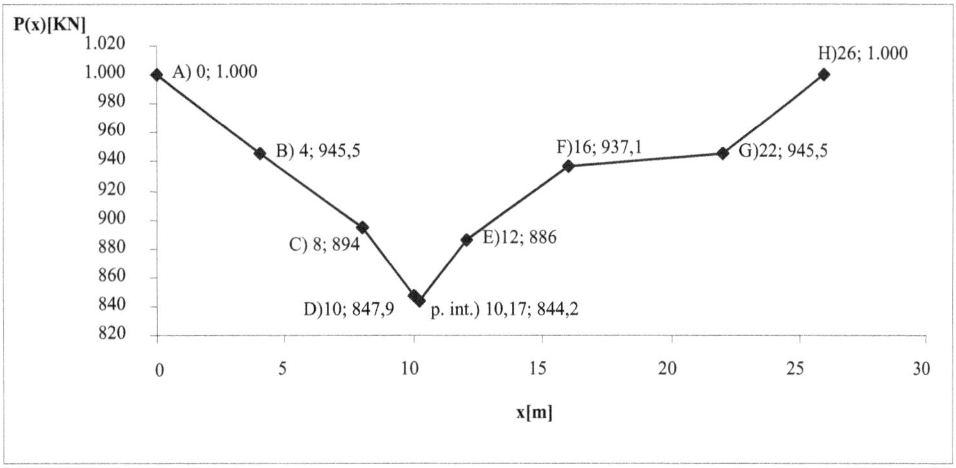

$$Atot = \frac{(1.000+945,5)}{2}\cdot(4-0)+\frac{(945,5+894)}{2}\cdot(8-4)+\frac{(894+847,9)}{2}\cdot(10-8)$$

$$+\frac{(847,9+844,2)}{2}\cdot(10,17-10)+\frac{(844,2-886)}{2}\cdot(12-10,17)+\frac{(886+937,1)}{2}\cdot(16-12)$$

$$+\frac{(937,1+945,5)}{2}\cdot(22-16)+\frac{(945,5+1.000)}{2}\cdot(26-22)=$$

$$3.891+3.679+1.741,9+143,8+1.583,1+3.646,2+5.647,8+3.891=24.223,8 \text{ kNm}$$

Llavors,

$$\sum_{i=1}^{n-1}\frac{P_i+P_{i+1}}{2}(x_{i+1}-x_i)=24223,8\text{KN·m}$$

I, per tant,

$$\delta=\frac{1}{ApEp}\sum_{i=1}^{n-1}\frac{P_i+P_{i+1}}{2}(x_{i+1}-x_i)=\frac{1}{7,5\cdot10^{-4}\text{m}^2\cdot1,9\cdot10^{8}\text{ kN/m}^2}\cdot24.223,8\text{ kN·m}=1,7\cdot10^{-1}\text{ m}=170\text{ mm}$$

Exercici AE-16

Una biga prefabricada de formigó pretensat amb armadures preteses de 6 m de longitud té la secció transversal que s'indicada a la figura adjunta:

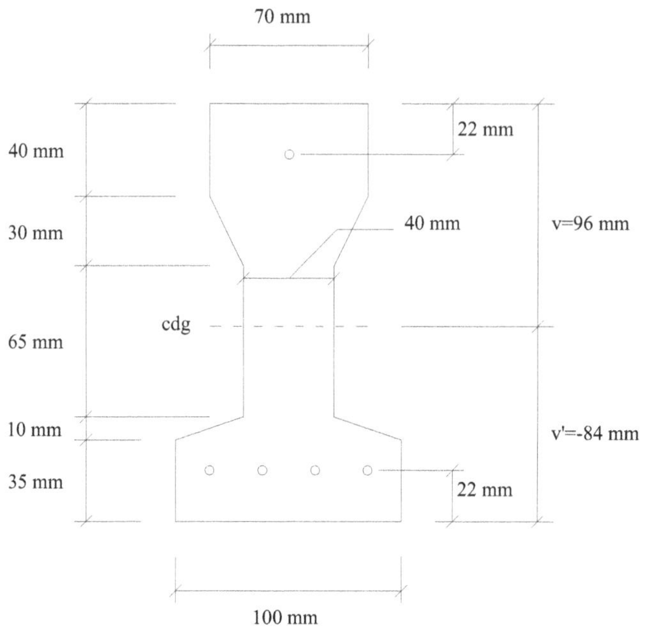

Fig. 2.16 Biga prefabricada

Àrea bruta:
$Ac = 11.250\ mm^2$
$Ic = 37.893.200\ mm^4$
$v = 96$ mm
$v' = -84$ mm

Àrea homogeneïtzada:
$Ah = 11.540\ mm^2$
$Ih = 39.100.000\ mm^4$
$vh = 96,7$ mm
$vh' = -83,3$ mm

El formigó és HP45/P/12/IIa, l'armadura consisteix en cinc filferros de Ø4mm d'acer Y1770C (f_{pu} = 1.770 N/mm^2, f_{pyk} = 1.600 N/mm^2, E_p = 200.000 N/mm^2) disposats com s'indica en la figura. La tensió dels filferros just abans de transferir el pretensatge a la peça és de 1.300 N/mm^2. En transferir, el formigó té una resistència de 35 N/mm^2 i un mòdul de deformació de E_c = 30.000 N/mm^2.

Calculeu les pèrdues per escurçament elàstic a la secció central de la peça.

Respostes possibles:

a) 3.550 N
b) 4.214 N
c) No hi ha pèrdues per escurçament elàstic.
d) 2.965 N

Solució

Les pèrdues per escurçament elàstic del formigó en una peça amb armadures preteses valen (Article 20.2.2.1.3.*Pérdidas por acortamiento elástico del hormigón*):

$$\Delta P_3 = \sigma_{cp} \cdot \frac{n-1}{2n} \cdot \frac{A_p \cdot E_p}{E_{ci}}$$

Tal i com consta a l'enunciat, se suposa que els 5 filferros són tesats alhora, i per tant n=1 (seria el cas de tesar tots 5 alhora amb un gat preparat per tal efecte).

$$\sigma_{cp} = \frac{P}{A_h} + \frac{P \cdot e^2}{I_h} + \frac{M_{pp} \cdot e}{I_h}$$

$$A_p = 5 \cdot \frac{\pi \cdot 4^2}{4} = 62{,}83 \text{ mm}^2$$

$$P = A_p \cdot \sigma_{p0} = 62{,}83 \cdot 1.300 = 81.681 \text{ N} = 81{,}681 \text{ kN}$$

L'altura del cdg de l'armadura de la cara inferior val:

$$\frac{4 \cdot 22 + 1 \cdot 158}{5} = 49{,}2 \text{ mm}$$

i respecte del *cdg* de la secció homogeneïtzada:

$$e = -84 + 49{,}2 = \text{-}34{,}8 \text{ mm}$$

El pes propi de la bigueta val $pp = 25 \cdot 11.250 \cdot 10^{-6} = 0{,}28125$ kN/m. Amb aquestes dades, es pot calcular:

$$M_{pp} = \frac{pp \cdot l^2}{8} = \frac{0{,}28125 \cdot 6^2}{8} = 1{,}2656 \text{ kN·m}$$

$$\sigma_{cp} = \frac{81.681}{11.540} + \frac{81.681 \cdot (-34{,}8)^2}{39.100.000} + \frac{1.265.600 \cdot (-34{,}8)}{39.100.000} = 8{,}48 \text{ N/mm}^2$$

$$\Delta P_3 = 8{,}48 \cdot 62{,}83 \cdot \frac{200.000}{30.000} = 3.552{,}6 \text{ N} = 3{,}55 \text{ kN}$$

El que representa un 4,35 % de la força de pretensatge just abans de transferir.

Exercici AE-17

Una placa alveolar prefabricada de formigó pretesat té les dimensions que es representen a la figura adjunta. Les propietats dels materials són:

- Formigó: HP45/P/12/IIb
- Armadures actives: Y1860-S7

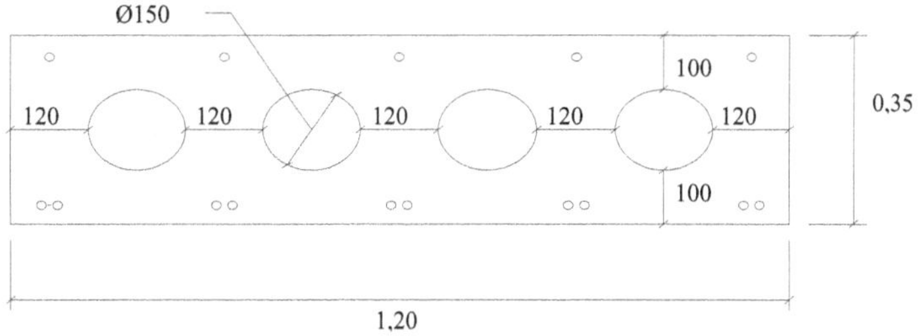

Fig. 2.17 Placa prefabricada

El pretensatge consisteix en deu cordons de 0,6'' (cadascun de 140 mm^2), el centre de gravetat dels quals està situat a 35 mm del parament inferior, i cinc cordons de 0,5'' (cadascun de 100 mm^2), amb centre de gravetat situat a 40 mm del parament superior. Les característiques mecàniques homogeneïtzades de la secció i l'excentricitat de la força de pretensatge, suposant tots els cordons tesats a 1.400 N/mm^2, són:

$A_h = 0{,}350$ m2	$v = 0{,}1754$ m	$c = 0{,}0684$
$I = 0{,}0042$ m4	$v' = -0{,}1746$ m	$c' = -0{,}0688$
$e_p = -0{,}067$ m		

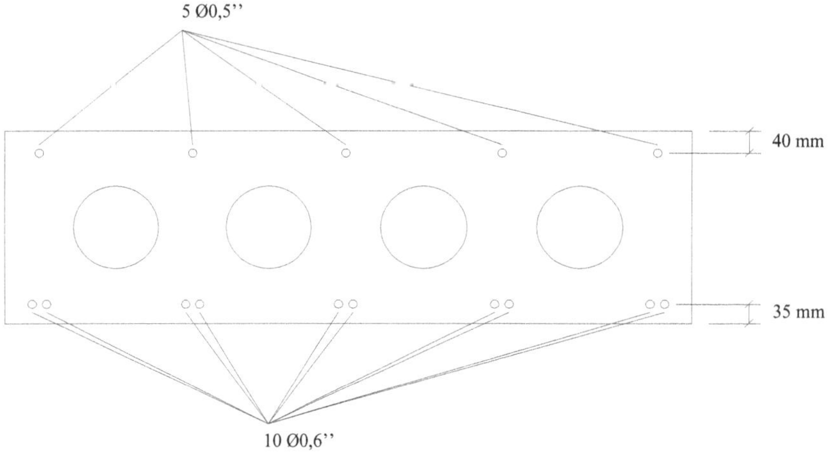

La placa treballa doblement recolzada amb una llum de 8 m, sotmesa a les càrregues següents:

C. permanents: pes propi (8,75 kN/ml) + càrregues mortes (4 kN/ml)
C. variables: sobrecàrrega d'ús (4 kN/m^2)

La força de pretensatge en la secció central, després de descomptar les pèrdues instantànies, és P = 2.500 kN.

Calculeu les pèrdues diferides de pretensatge, suposant $\varphi = 2{,}5$, $\varepsilon_{cs} = -3 \cdot 10^{-4}$, $\rho_\infty = 0{,}08$, $\chi = 0{,}8$

Respostes possibles:

a) 10 % (250 kN)
b) 13 % (325 kN)
c) 16 % (400 kN)
d) 18 % (441 kN)

Solució

Les pèrdues diferides es calculen mitjançant l'expressió (article 20.2.2.2 *Pérdidas diferidas de pretensado*):

$$\Delta P_{dif} = A_p \cdot \frac{n\,\sigma_{cgp}\,\varphi(t,t_0) + E_p\,\varepsilon_{cs}(t,t_0) + 0{,}8\,\Delta\sigma_{pr}}{1 + n\dfrac{A_p}{A_c}\left(1 + \dfrac{A_c \cdot y_p^{\,2}}{I_c}\right)\left(1 + \chi \cdot \varphi(t,t_0)\right)},$$

on:

$$A_p = 10 \cdot 140 + 5 \cdot 100 = 1.900 \ \text{mm}^2$$

$$n = \frac{E_p}{E_c} = \frac{190.000}{8.500 \cdot \sqrt[3]{45+8}} = \frac{190.000}{31.880} = 5,96$$

$$\sigma_{cgp} = \frac{P}{A} + \frac{P\,e^2}{I_c} + \frac{M_g\,e}{I_c} = \frac{2.500}{0,35} + \frac{2.500(-0,067)^2}{0,0042} + \frac{102\,(-0,067)}{0,0042} =$$

$$= 7.143 + 2.672{'}1.627 = +8.188 \ \text{kN/m}^2 = +\ 8,188 \ \text{N/mm}^2$$

$$M_g = \frac{g\,l^2}{8} = \frac{12,75 \cdot 8^2}{8} = 102 \ \text{kN·m}$$

$$\Delta\sigma_{pr} = 0,08 \cdot \sigma_{p0} = 0,08 \cdot \frac{P_0}{A_p} = 0,08 \cdot \frac{2.500.000}{1.900} = 105,3 \ \text{N/mm}^2$$

Aplicant aquestes dades a l'expressió de les pèrdues diferides obtenim:

$$\Delta P_{dif} = 1.900 \cdot \frac{5,96 \cdot 8,188 \cdot 2,5 + 1,9 \cdot 10^5 \cdot 3 \cdot 10^{-4} + 0,8 \cdot 105,3}{1 + 5,96 \cdot \frac{1.900}{350.000}(1 + \frac{(350.000 \cdot 67)^2}{4,2 \cdot 10^9})(1 + 0,8 \cdot 2,5)} =$$

$$= 441.300,894 \ \text{N} = 441,3 \ \text{kN} \quad (17,7\,\% \dashrightarrow 18\,\%)$$

Exercici AE-18

Una biga doblement recolzada de 24 metres de llum té una secció en T, com s'indica a la figura adjunta, i està posttesada amb un sol tendó de 12 Ø0,6'' (A_p = 1.680 mm^2), el traçat del qual és parabòlic i passa a l'ancoratge pel *cdg* de la secció i amb una excentricitat al centre de llum de e = -0,576 m.

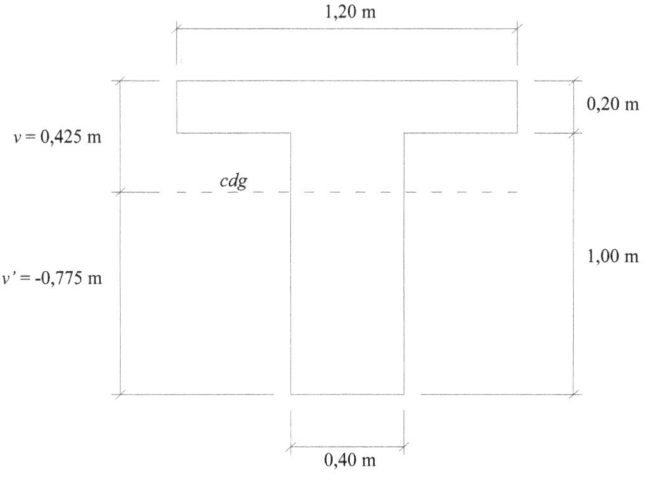

Fig. 2.18 Biga en T

Les característiques mecàniques resistents de la peça són:

A_c = 0,64 m^2 $\qquad$ I_c = 0,0897 m^4

El coeficient de fricció és μ = 0,20, la ondulació $\frac{k}{\mu} = 0,006$ i la penetració de falques als ancoratges és a = 5 mm. La tensió de tesatge és σ_p = 1.400 N/mm^2.

Calculeu la distància des de l'ancoratge actiu fins al punt a partir del qual no es produeixen pèrdues per penetració de falques.

Respostes possibles:

a) $l_a = 8{,}96$ m
b) $l_a = 12{,}00$ m
c) $l_a = 15{,}74$ m
d) $l_a = 24{,}00$ m

Solució

La força de pretensatge és $P_{anc} = A_p \cdot \sigma_p = 1.680 \cdot 1.400 = 2.352.000\ \text{N} = 2.352\ \text{kN}$.

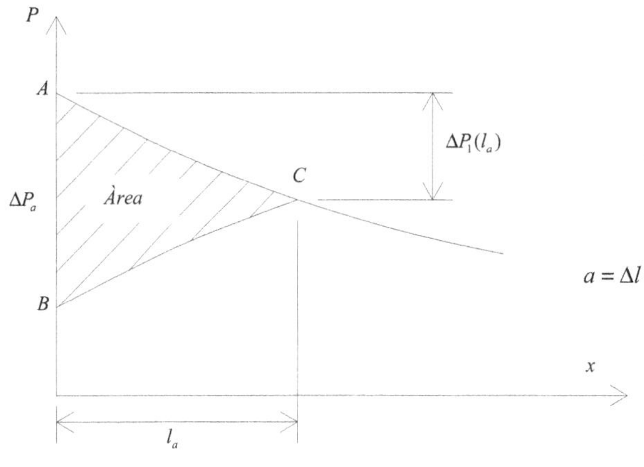

$$\text{Àrea ABC} = \frac{1}{2} \cdot \overline{AB} \cdot l_a = \frac{1}{2} \cdot 2\Delta P_1(l_a) \cdot l_a$$

$$a = \Delta l = \int_0^{l_a} \frac{P(x)}{E_p \cdot A_p} = \frac{\acute{A}rea\ ABC}{E_p \cdot A_p} = \frac{\Delta P(l_a) \cdot l_a}{E_p \cdot A_p}$$

Com que $\Delta P(l_a) = P_{ancl} \cdot \left[1 - e^{-\mu\left(\alpha + \frac{k}{\mu} l_a\right)}\right]$ (article 20.2.2.1.1 *Pérdidas de fuerza por rozamiento)*, l'equació que s'ha de resoldre,

per trobar la distància des de l'ancoratge actiu a partir de la qual no hi ha pèrdues per penetració de falques, és:

$$a = \frac{P_{ancl}\left[1 - e^{-\mu\left(\alpha + \frac{k}{\mu} l_a\right)}\right] \cdot l_a}{E_p \cdot A_p}, \qquad \text{o bé} \qquad l_a = \frac{a \cdot E_p \cdot A_p}{P_{ancl} \cdot \left[1 - e^{-\mu\left(\alpha + \frac{k}{\mu} l_a\right)}\right]},$$

que s'han de resoldre per aproximacions successives.

A cada iteració se suposa un valor de l_a, s'obté l'angle α corresponent i es calcula un nou valor de l_a. El procés acaba quan, entre dues iteracions successives, la variació de l_a és suficientment petita. Per α, obtenim l'equació de la paràbola i el valor del pendent a cada punt.

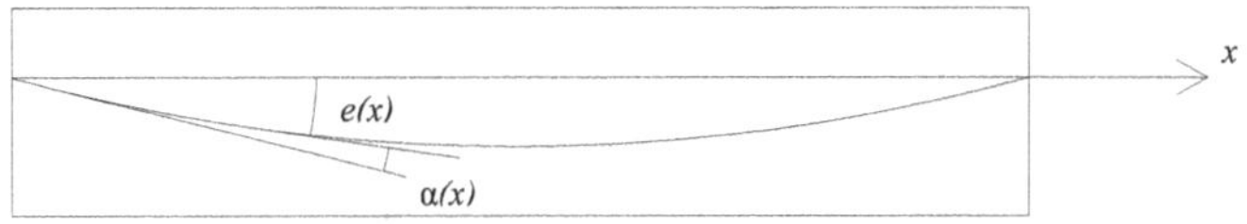

$e(x) = ax^2 + bx + c$

$e(0) = 0$
$e(12) = -0,575$
$e'(12) = 0$

$a = 0,004$
$b = -0,096$
$c = 0$

$\alpha(x) = e'(x) - e'(0) = 2ax + b - (2a \times 0 + b) = 2ax = 0,008x$

Per tant, $e^{-\mu\left(\alpha+\frac{k}{\mu}l_a\right)} = e^{-0,20(0,008 \cdot l_a + 0,006 \cdot l_a)} = e^{-0,0028 \cdot l_a}$

Als comentaris de l'article 20.2.2.1.2 de la EHE 2008 trobem una fórmula per aproximar la distància:

$$x = L\sqrt{\frac{a \cdot E_p}{\sigma_{p0} \cdot (8\mu f + kL^2}} = 24m\sqrt{\frac{0,005m \cdot 1,9 \cdot 10^5\, N/mm^2}{1400\, N/mm^2 \cdot (8 \cdot 0,2 \cdot 0,576m + 0,0012 \cdot 24^2 m^2)}} = 15,57m$$

i la iteració: $l_a = 15,57$ m $\qquad l_a = \dfrac{5 \cdot 1,9 \cdot 10^5 \cdot 1.680}{2.352.000 \cdot (1 - e^{-0,0028 \cdot l_a})} = 15.906 \text{ mm} = 15,91 \text{ m}$

Si fem la mitja entre ambdós valors per tal de no seguir iterant, adoptem $l_a = 15,74$ m

Exercici AE-19

Una biga doblement recolzada de 24 m de llum té una secció en T, representada a la figura adjunta. Està posttesada amb un sol tendó de 12 Ø0,6''(A_p = 1.680 mm^2), el traçat del qual és parabòlic i passa, a nivell de l'ancoratge, pel *cdg* de la secció. Al centre de llum té una excentricitat de e = -0,576 m.

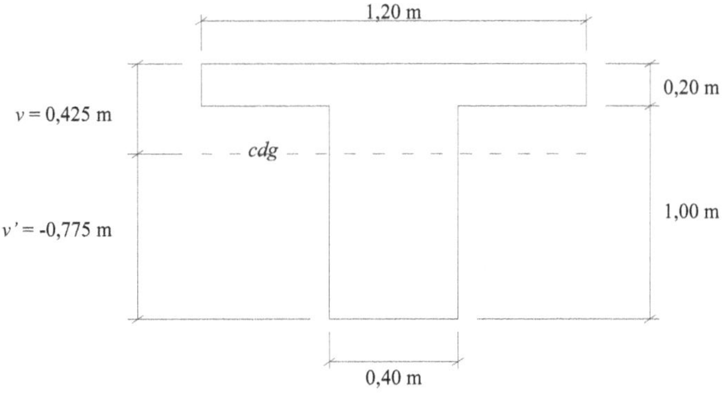

Fig. 2.19 Biga en T

Les característiques mecàniques de la peça són:

$$A_c = 0{,}64 \text{ m}^2 \qquad I_c = 0{,}0897 \text{ m}^4$$

El coeficient de fricció és $\mu = 0{,}20$; l'ondulació és $\frac{k}{\mu} = 0.006$, i la penetració de falques, $a = 5$ mm. La tensió de tesat és $\sigma_p = 1400$ N/mm^2.

Calculeu la força de pretensatge a la secció de centre llum quan es tesa des de l'extrem esquerre, sabent que l'efecte de penetració de falques afecta una distància de $l_a = 15{,}74$ m de l'ancoratge actiu.

L'equació del tendó és:

$$e(x) = 0{,}004x^2 - 0{,}096x$$

Respostes possibles:

a) 2.274 kN
b) 2.352 kN
c) 2.226 kN
d) 0 kN

Solució

El perfil de la força de pretensatge serà com el de la figura adjunta:

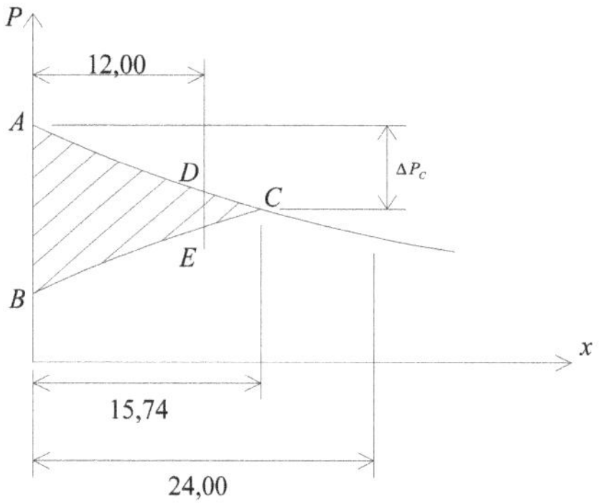

Es tracta d'obtenir el punt E del gràfic per tant, establim una semblança entre els triangles ABC i DEC.

$$\frac{\overline{AB}}{15{,}74} = \frac{\overline{DE}}{15{,}74 - 12} \quad \Rightarrow \quad \overline{DE} = \frac{3{,}74}{15{,}74} \cdot \overline{AB} = 0{,}2376 \cdot \overline{AB}$$

$\overline{AB}$ és la pèrdua de pretensatge a l'ancoratge, que resulta que és el doble de la pèrdua per fricció en C, és a dir, $\overline{AB} = 2\,\Delta P_c$.

$$\Delta P_c = P_{ancl}\left(1 - e^{-\mu\left(\alpha + \frac{k}{\mu}x\right)}\right)$$

amb $P_{anc} = 1.680 \cdot 1.400 = 2.352.000 \text{ N} = 2.352 \text{ kN}$

$\alpha(x) = e'(x) - e'(0) = 2ax = 0{,}008x \quad \Rightarrow \quad \alpha(15{,}74) = 0{,}008 \cdot 15{,}74 = 0{,}12592$

S'obté el valor següent de les pèrdues per fricció:

$$\Delta P_c = 1.680 \cdot 1.400\left(1 - e^{-0,20(0,12592+0,006\cdot 15,74)}\right) = 101.406,34 \text{ N} = 101,4 \text{ kN}$$

Per tant, es té:

$$\overline{AB} = 2\Delta P_c = 202,8 \text{ kN}$$
$$\overline{DE} = 0,2376 \cdot 202,8 = 48,19 \text{ kN}$$
$$P_E = P_D - \overline{DE} = P_{ancl} \cdot e^{-\mu\left(\alpha(12) + \frac{k}{\mu}\cdot 12\right)} - 48,19 =$$
$$= 2.352 \cdot e^{-0,20(0,008\cdot 12 + 0,006\cdot 12)} - 48,19 = 2226,1 \text{ kN}$$

Exercici AE-20

Es posttesa un tirant de 10 m de longitud i secció rectangular de 0,4 x 0,5 m^2 amb una força a l'ancoratge centrada de valor 1.000 kN mitjançant un sol tendó recte de 5 Ø0.6'' (A_p = 700 mm^2). S'utilitza un ancoratge de falques, la penetració de les quals és de 5 mm.

Si el coeficient de fricció és $\mu = 0,20$ i el coeficient de fricció paràsit, $k = 0,0012$ m^{-1}, calculeu la força de pretensatge que arriba a l'extrem oposat a l'ancoratge actiu.

Respostes possibles:

a) $P = 1.000$ kN
b) $P = 988,1$ kN
c) $P = 933,5$ kN
d) $P = 900,0$ kN

Solució

Es tracta d'una peça curta, amb traçat recte ($\alpha(x) = 0$); per tant les pèrdues per fricció seran petites i, a més a més, és possible que la penetració de falques afecti l'extrem oposat. Mirem la distància que afecta i si és més gran o més petita que la longitud de la peça. L'equació que s'ha de resoldre és:

$$l_a = \frac{a \cdot E_p \cdot A_p}{P_{ancl} \cdot \left[1 - e^{-\mu\left(\alpha + \frac{k}{\mu} l_a\right)}\right]}$$

la solució de la qual és $l_a = 23,7$ m.

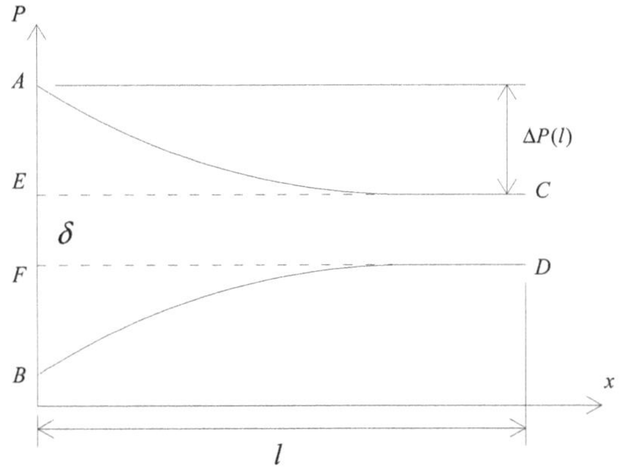

Com que $l_a > l$, el perfil de la força de pretensatge és el que s'indica a la figura adjunta. S'ha de complir que l'àrea ABCD sigui igual a $a \cdot E_p \cdot Ap = 5 \cdot 1.9 \cdot 10^5 \cdot 700 = 6,65 \cdot 10^5$ Nm.

$$Área = 2 \cdot AEC + \delta \cdot l = \Delta P(l) \cdot l + \delta \cdot l = 665 \cdot 10^6$$

$$\delta = \frac{6,65 \cdot 10^5}{1} - \Delta P(1) = 66.500 - 1.000.000\left(1 - e^{-0,0012\cdot 10}\right)$$
$$= 66.500 - 11.928 = 54.572 \text{ N}$$

Per tant, s'obté:

$$P_D = P_{anc} - \Delta P(1) - \delta = 1.000 - 11,93 - 54,57 = 933,5 \text{ kN}$$

Exercici AE-21

Una passarel·la per a vianants de 20 m de llum està posttesada amb 4 tendons de 15 Ø0,6'' (A_{total} = 8.400 mm²). Té traçat parabòlic, amb una excentricitat respecte del *cdg* de la secció de *e* = -0,28 m al centre de llum. El formigó utilitzat és HP45/P/20/IIa.

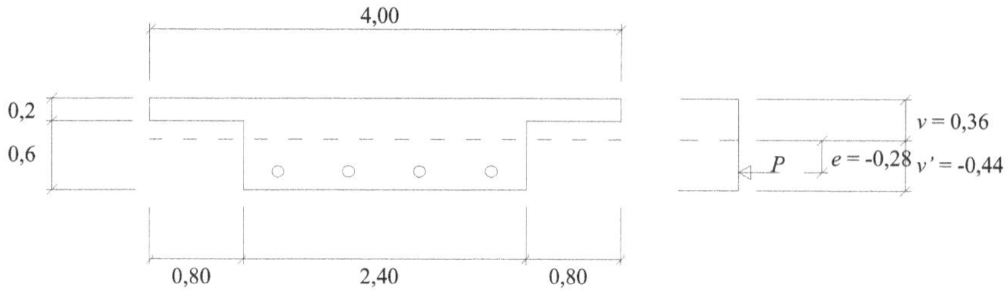

Fig. 2.20 Esquema del posttesat

La força de pretensatge que arriba a la secció central en tesar és de 10.000 kN, després de descomptar-hi ja les pèrdues per fricció i per penetració de falques.

Calculeu les pèrdues per escurçament elàstic, a la secció de centre de llum, suposant que els quatre tendons es tesen successivament als 28 dies.

Respostes possibles:

a) $\Delta P = 0$ kN
b) $\Delta P = 83{,}6$ kN
c) $\Delta P = -198{,}3$ kN
d) $\Delta P = -223$ kN

Solució

Les pèrdues per escurçament elàstic es calculen mitjançant l'expressió següent (article 20.2.2.1.3.*Pérdidas por acortamiento elástico del hormigón)*:

$$\Delta P_3 = \sigma_{cp} \cdot \frac{N-1}{2N} \cdot \frac{E_p}{E_c} \cdot A_p$$

amb: $N = 4$, fases de tesatge ja que els quatre tendons es tesen un a un:

$$\sigma_{cp} = \frac{P}{A} + \frac{P \cdot e^2}{I_c} + \frac{M_{pp} \cdot e}{I_c} =$$

$$= \frac{10.000}{2,24} + \frac{10.000 \cdot (-0,28)^2}{0,128} + \frac{2.800 \cdot (-0,28)}{0,128} = 4.464 \text{ kN/m}^2 = 4,46 \text{ N/mm}^2$$

$$M_{pp} = \frac{g\, l^2}{8} = \frac{25 \cdot 2,24 \cdot 400}{8} = 2.800 \text{ kN·m}$$

$$E_c = 8.500 \cdot \sqrt[3]{45+8} = 31.924 \text{ N/mm}^2$$

Aplicant la fórmula especificada anteriorment per al càlcul de les pèrdues per escurçament elàstic, s'obté:

$$\Delta P_3 = 4,46 \cdot \frac{4-1}{2 \cdot 4} \cdot \frac{1,9 \cdot 10^5 \cdot 8.400}{31.924} = 83.614 \text{ N} = 83,6 \text{ kN}$$

3. Materials per al projecte

Exercici MP-01

Calculeu la tensió característica de l'acer d'un cordó de pretensatge sotmès a una deformació del 0,01 (10 ‰), segons l'expressió de cinquè grau de la Instrucció EHE.

El cordó és d'acer Y1860 S7 ($f_{màx}$ = 1.860 N/mm^2 i f_{pk} = 1.700 N/mm^2).

Respostes possibles:

a) σ_p = 1.860 N/mm^2
b) σ_p = 1.700 N/mm^2
c) σ_p = 1.617 N/mm^2
d) σ_p = 1.656 N/mm^2

Solució

Segons l'expressió del diagrama $\sigma_p - \varepsilon_p$ característic de l'acer per a armadures actives de l'article 38.5 *Diagrama tensión-deformación característico del acero en las armaduras activas*, es té:

$$\varepsilon_p = \frac{\sigma_p}{E_p} + 0{,}823\left(\frac{\sigma_p}{f_{pk}} - 0{,}7\right)^5, \qquad \text{per } \sigma_p \geq 0{,}7 f_{pk}$$

on, a falta de dades més precises del fabricant:

$E_p = 190.000$ N / mm^2, perquè es tracta d'un cordó (article 38.8 *Módulo de deformación longitudinal del acero en lasarmaduras activas)*

$f_{pk} = 1.700$ N / mm^2

$\varepsilon_p = 0{,}01$

Mitjançant temptejos successius, trobem el valor de la tensió: $\sigma_p = 1.656{,}6$ N/mm^2, que correspon a la resposta *d.*

Observeu que la tensió obtinguda és menor que el límit elàstic de l'acer, en concret un 2,6% menor ($\frac{1700 - 1656{,}6}{1700} \cdot 100$), cosa que generaria una contradicció.

Això permet concloure que, encara que el diagrama bilineal simplificat no és completament exacte, es pot utilitzar en el cas de deformació en ruptura de l'acer (ε_p = 0,01), ja que les diferències són mínimes.

Exercici MP-02

Calculeu la tensió característica de l'acer d'un cordó de pretensatge sotmès a la deformació corresponent al límit elàstic, suposant que el seu comportament és lineal ($\varepsilon_p = f_{pk} / E_p = 0{,}00895$), segons l'expressió de cinquè grau de la Instrucció EHE.

El cordó és d'acer Y1860 S7 ($f_{màx} = 1.860$ N/mm^2 y $f_{pk} = 1.700$ N/mm^2).

Respostes possibles:

a) $\sigma_p = 1.589$ N/mm^2
b) $\sigma_p = 1.617$ N/mm^2
c) $\sigma_p = 1.656$ N/mm^2
d) $\sigma_p = 1.700$ N/mm^2

Solució

Segons l'expressió del diagrama $\sigma_p - \varepsilon_p$ característic de l'acer per a armadures actives de l'article 38.5, es té:

$$\varepsilon_p = \frac{\sigma_p}{E_p} + 0{,}823\left(\frac{\sigma_p}{f_{pk}} - 0{,}7\right)^5, \qquad \text{para } \sigma_p \geq 0{,}7 f_{pk}$$

on, a falta de dades més precises del fabricant:

$E_p = 190.000 \text{ N / mm}^2$, perquè es tracta d'un cordó (article 38.8 M*ó*dulo de deformaci*ó*n longitudinal del acero en lasarmaduras activas*)*

$f_{pk} = 1.700 \text{ N / mm}^2$

$\varepsilon_p = 0{,}00895$

Mitjançant temptejos successius, trobem el valor de la tensió: $\sigma_p = 1.589{,}0$ N/mm^2, que correspon a la resposta *a*.

Observeu que la tensió obtinguda és sensiblement menor a la del límit elàstic de l'acer. De fet, es tracta del punt de màxima diferència entre el diagrama de la paràbola de cinquè grau i el diagrama bilineal simplificat. En aquest punt, la diferència és del 6,5 %.

Exercici MP-03

Calculeu la relaxació que es produirà a temps infinit en un cordó de pretensatge d'acer Y1860 S7 amb una $\sigma_p = 1.210$ N/mm^2, a partir de les dades següents facilitades pel fabricant:

Taula 3.1 Percentatges de relaxació

	Relaxació (%)		
	0,6 $f_{màx}$	0,7 $f_{màx}$	0,8 $f_{màx}$
120 *h*	0,72	2,16	5,04
1.000 *h*	1,00	3,00	7,00

Respostes possibles:

a) 3,19 %
b) 5,04 %
c) 5,78 %
d) 6,28 %

Solució

La relaxació ρ de l'acer a longitud constant, per a una tensió inicial $\sigma_{pi} = \alpha f_{màx}$ i per un temps t, es pot estimar amb l'expressió següent (article *38.9 Relajación del acero en las armaduras activas*):

$$log\ \rho(t) = log\frac{\Delta\sigma_p(t)}{\sigma_{pi}} = k_1 + k_2\, log\ t$$

on $\Delta\sigma_p(t)$ representa la pèrdua de tensió per relaxació a longitud constant al cap de t hores, i k_1 i k_2 són coeficients que depenen del tipus d'acer i de la tensió inicial.

A partir de la taula proporcionada pel fabricant, es poden calcular els coeficients k_1 i k_2 per a diferents valors de α. En aquest cas concret, es té:

$$\alpha = \frac{\sigma_{pi}}{f_{max}} = \frac{1.210}{1.860} = 0,65$$

Primerament, es troben els valors de k_1 i k_2 per a $\alpha = 0,6$ i $\alpha = 0,7$ i, posteriorment, s'interpola:

$$\alpha = 0,6 \quad \left[\begin{array}{l} log(0,0072) = k_1 + k_2 log(120) \\ log(0,01) = k_1 + k_2\, log(1.000) \end{array}\right\} \Rightarrow \left\{\begin{array}{l} k_1 = \text{-}2,456 \\ k_2 = 0,1520 \end{array}\right.$$

$$\alpha = 0,7 \quad \left[\begin{array}{l} log(0,0216) = k_1 + k_2\, log(120) \\ log(0,03) = k_1 + k_2\, log(1.000) \end{array}\right\} \Rightarrow \left\{\begin{array}{l} k_1 = \text{-}1,9856 \\ k_2 = 0,1542 \end{array}\right.$$

Aproximant a temps infinit per a $t = 10^6$ hores, es calcula la relaxació corresponent als valors $\alpha = 0,6$ i $\alpha = 0,7$:

$$\begin{array}{l} \alpha = 0,6 \\ log\ \rho(10^6) = \text{-}2,456 + 0,1520\ log(10^6) = \text{-}1,544 \\ \rho(10^6) = 0,0286 \\ \alpha = 0,7 \\ log\ \rho(10^6) = \text{-}1,9856 + 0,1542\ \log(10^6) = \text{-}1,0604 \\ \rho(10^6) = 0,0870 \end{array}$$

Interpolant, s'obté: $\alpha = 0,65 \Rightarrow \rho(10^6) = 0,0578 \rightarrow \rho_\infty = 5,78\,\%$, per tant la resposta correcta és la *c*.

Prenent aquest valor de la relaxació, es calcula la pèrdua de tensió, que serà:

$$\rho(t) = \frac{\Delta\sigma_p(t)}{\sigma_{p_i}} \Rightarrow \Delta\sigma_{p_\infty} = \rho\, \sigma_{p_i} = 69,9\ \text{N/mm}^2$$

Exercici MP-04

Calculeu la relaxació que es produirà a temps infinit en un cordó de pretensatge d'acer Y1860 S7, amb una tensió de 1.023 N/mm^2, després de les pèrdues instantànies.

Com que no es disposa de dades del fabricant, perquè s'està treballant en el projecte, es recomana utilitzar les expressions recollides en els comentaris de l'article 38.9 *Relajación del acero en las armaduras activas* de la Instrucció EHE 2008.

Respostes possibles:

a) 0,00 %
b) 0,96 %
c) 1,45 %
d) 2,90 %

Solució

En cas de no disposar de les dades del fabricant, la Instrucció (article 38.9) permet usar, per determinar la relaxació a temps superiors a 1.000 hores i fins a temps infinit, l'expressió següent:

$$\rho(t)=\rho_{1.000}\left(\frac{t}{1.000}\right)^k, \quad \text{amb} \quad k=log\left(\frac{\rho_{1.000}}{\rho_{100}}\right)=log\,1,429$$

on $\rho(t)$ és la relaxació experimentada a les t hores (en %), ρ_{1000} és l'experimentada a les 1.000 hores (en %) i ρ_{100} l'experimentada a les 100 hores (en %).

Es calcula el valor de α com: $\alpha=\frac{\sigma_{pi}}{f_{màx}}=\frac{1.023}{1.860}=0,55$, llavors es realitzaran els càlculs per α =0,5 i α = 0,6 i s'interpola a continuació

A partir de la taula 38.9.a, tenint en compte que es tracta d'un cordó, s'obté la relaxació a les 1.000 hores per als valors de α =0,5 i α = 0,6:

$$\alpha=0,5 \Rightarrow \rho_{1.000}=0$$
$$\alpha=0,6 \Rightarrow \rho_{1.000}=0,01$$

Per a α =0,5, en ser el valor de la relaxació a les 1.000 hores igual a zero, s'obté que la relaxació a temps infinit és també nul·la.

Es calcula a continuació la relaxació a temps infinit (segons la normativa EHE 2008, es podrà pendre com 2,9 vegades la relaxació a t=1.000 hores) per a α = 0,6:

De la taula 38.9.b, per a un formigó d'enduriment ràpid, s'obté que $\frac{\rho_{1000}}{\rho_{100}}=\frac{100}{70}=1,429$; per tant $k = log$ 1,429 = 0,155.

Llavors:

$$\rho(\infty)=2,9\cdot\rho_{1.000}=2,9\cdot 0,01=0,029$$

Interpolant els dos valors obtinguts, es té $\rho_\infty=0,0145=1,45\,\%$; per tant, la resposta correcta és la *c*.

Exercici MP-05

Durant l'execució del formigonatge d'un fonament de formigó armat, alguns camions formigonera, que portaven un formigó HA-25/P/20/IIa, van trigar més del que estava previst a arribar a l'obra per problemes de trànsit.

El formigó es va acceptar i es va utilitzar. Com a director d'obra, teniu dubtes seriosos sobre la qualitat del formigó utilitzat i voleu estimar la resistència del formigó a partir dels resultats obtinguts als set dies per poder ordenar, en cas de resistència insuficient, la demolició i la reconstrucció del fonament, tan aviat com sigui possible, i així minimitzar l'efecte de la incidència en el termini total d'execució de l'obra.

Per correu electrònic, el laboratori de control us remet el resultat següent de la resistència als set dies: f_{est} = 15,5 N/mm^2.

Tenint en compte l'evolució de la resistència del formigó d'enduriment lent de la sabata, quin serà el valor $f_{ck,28}$? Quina decisió prendreu?

Respostes possibles:

a) 20,7 N/mm^2 No s'accepta el formigó.
b) 22,1 N/mm^2 No s'accepta el formigó.
c) 22,1 N/mm^2 S'accepta el formigó.
d) 22,7 N/mm^2 S'accepta el formigó.

Solució

Segons l'article *31.3 Características mecánicas* de la Instrucció EHE, podem estimar la resistència als 28 dies a partir de l'expressió següent:

$$f_{est,7} = \beta_{cc} \cdot f_{est,28} \quad \text{amb } \beta_{cc} = e^{s\left(1-\sqrt{\frac{28}{t}}\right)} \quad \text{i amb s=0,38 (enduriment lent)}$$

Si $f_{est,7}$ =0,68386· $f_{est,28}$ on $f_{est,7}$ =15,5 N/mm^2, s'obté que $f_{est,28}$ = 22,665 N/mm^2.

En aquest cas, tenim $f_{est} = 22,665 \geq 0,9 f_{ck} = 22,5\ N/mm^2$, per tant, ens trobem en el límit.

Encara que és possible que la resistència no arribi a les especificacions de projecte als 28 dies, s'accepta el formigó d'acord amb l' article *86.7.3.1. Decisiones derivadas del control de la resistencia* de la Instrucció, on s'especifica que $f_{est} \geq 0,9\ f_{ck}$. La resposta correcta, doncs, és la *d*.

Exercici MP-06

Obteniu el valor de la força resultant de les compressions de càlcul en el formigó i la distància del punt de pas de la resultant respecte de la fibra més comprimida, per a una secció rectangular sotmesa al pla de deformacions en ruptura definit per x/d = 0,3 i ε_c = 0,0035. S'empra el diagrama de tensió-deformació paràbola rectangle (article 39.5 *Diagrama tensión-deformación de cálculo del hormigón*) d'un formigó amb f_{ck} = 25 N/mm^2 (γ_c = 1,50):

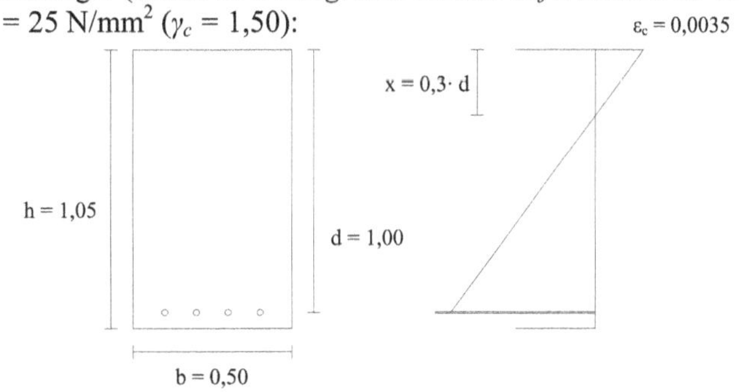

Fig. 3.1 Diagrama de tensió-deformació

Nota. El diagrama tensió-deformació paràbola rectangle es defineix de la manera següent:

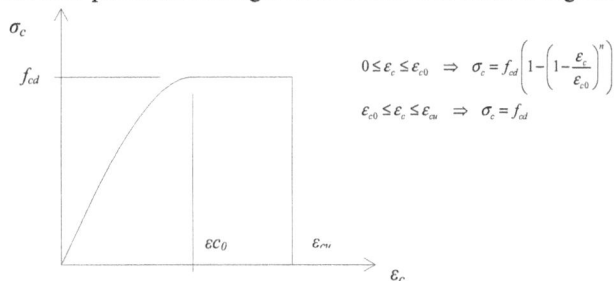

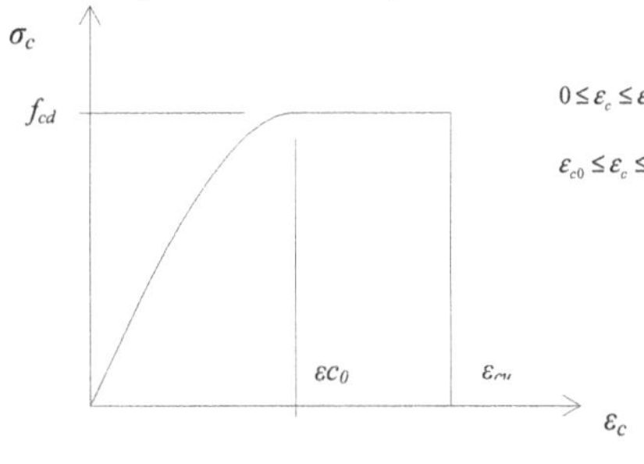

$$0 \leq \varepsilon_c \leq \varepsilon_{c0} \Rightarrow \sigma_c = f_{cd}\left(1-\left(1-\frac{\varepsilon_c}{\varepsilon_{c0}}\right)^n\right)$$

$$\varepsilon_{c0} \leq \varepsilon_c \leq \varepsilon_{cu} \Rightarrow \sigma_c = f_{cd}$$

Fig. 3.2 Gràfica de tensió-deformació

Respostes possibles:

a) C = 1.520 kN, *prof.* = 0,105 m
b) C = 1.620 kN, *prof.* = 0,115 m
c) C = 2.024 kN, *prof.* = 0,125 m
d) C = 1.820 kN, *prof.*= 0,135 m

Solució

Si el formigó $f_{ck} \leq 50\ N/mm^2$: n=2 , $\varepsilon_{c0} = 0,002$ i $\varepsilon_{cu} = 0,0035$

Per poder calcular la resultant i el seu punt de pas, és necessari integrar les tensions calculades a partir de les deformacions conegudes en el formigó.

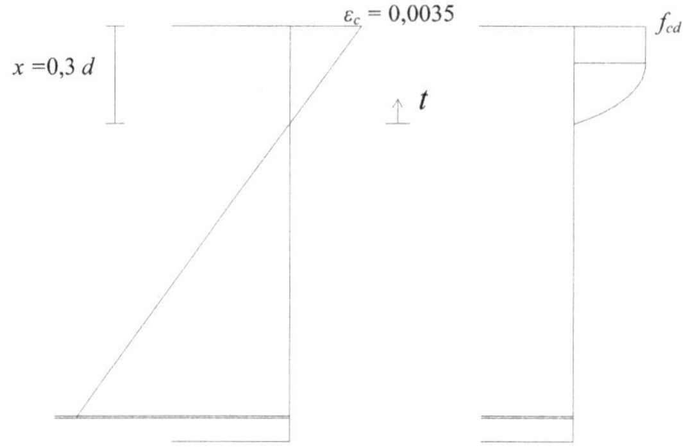

Fig. 3.3 Diagrama de tensió-deformació

Si utilitzem la variable t a partir de la fibra neutra, el pla de deformacions queda definit per:

$$\varepsilon_c(t) = 0,0035\frac{t}{x} \Rightarrow \begin{cases} \varepsilon_c = 0,002 & t = \dfrac{0,002}{0,0035}x = \dfrac{2}{3,5}x \\ \varepsilon_c = 0,0035 & t = x \end{cases}$$

i les compressions en el formigó es poden expressar com:

$$0 < t < \frac{2}{3,5}x \qquad \sigma_c = f_{cd}\cdot\left[1-\left(1-\frac{0,0035}{0,002}\cdot\frac{t}{x}\right)^2\right]$$

$$\frac{2}{3,5}x < t < x \qquad \sigma_c = f_{cd}$$

La resultant de les compressions serà:

$$C = \int_0^x \sigma_c(t)\,b\,dy = \int_0^{2x/3,5}\sigma_c(t)\,b\,dt + \int_{2x/3,5}^x \sigma_c(t)\,b\,dt =$$

$$= f_{cd}\,b\left[\int_0^{2x/3,5}\left(1-\left(1-\frac{0,0035}{0,002}\cdot\frac{t}{x}\right)^2\right)dt + \int_{2x/3,5}^x dt\right] =$$

$$= f_{cd}\,b\left[\left(-\left(\frac{1,75}{x}\right)^2\frac{t^3}{3}+\left(\frac{3,5\cdot t^2}{2x}\right)\right)\Bigg|_0^{2x/3,5} + t\Big|_{2x/3,5}^x\right] =$$

$$= f_{cd}\,b\left[-\frac{1,75^2\cdot 2^3\cdot x}{3\cdot 3,5^3}+\frac{3,5\cdot 2^2 x}{2\cdot 3,5^2}+x-\frac{2x}{3,5}\right] =$$

$$= 0,80952\cdot f_{cd} b\ x$$

Substituint els valors donats en les variables corresponents:

$$C = 0{,}80952 \cdot \frac{25}{1{,}5} \cdot 500 \cdot 0{,}3 \cdot 1000 = 2.023.800 \text{ N} = 2.023{,}8 \text{ kN}$$

Per avaluar el punt de pas de la resultant de les compressions, es calcula en primer lloc el baricentre de les compressions amb el diagrama parabòlic:

$$t_G(\text{paràbola}) = \frac{f_{cd}\; b \int_0^{2x/3,5} \left[1 - \left(1 - \frac{0{,}0035}{0{,}002} \cdot \frac{t}{x}\right)^2\right] t\; dt}{f_{cd}\; b \int_0^{2x/3,5} \left[1 - \left(1 - \frac{0{,}0035}{0{,}002} \cdot \frac{t}{x}\right)^2\right] dt} =$$

$$= \frac{0{,}13605 \cdot x^2}{0{,}38095 \cdot x} = 0{,}3571\, x$$

$$t_G(\text{rectangle}) = \frac{2x}{3{,}5} + \frac{1{,}5x}{2 \cdot 3{,}5} = 0{,}7857\, x$$

Per a totes les compressions:

$$t_G = \frac{C_{par} \cdot t_{G\,par} + C_{rect} \cdot t_{G\,rect}}{C} =$$

$$= \frac{f_{cd}\; b\; [0{,}38095\, x \cdot 0{,}3571\, x + 0{,}42857\, x \cdot 0{,}7857\, x]}{0{,}80952\, f_{cd}\; b\; x} =$$

$= 0{,}584\, x$, des de la fibra neutra.

La profunditat del punt de pas de la resultant, o distància a la fibra més comprimida, serà $x - 0{,}584\, x = 0{,}416\, x$.

Particularitzant per a $x = 0.3\, d$, amb $d = 1.00$ m, s'obté:

$$0{,}416 x = 0{,}416\,(0{,}3 \cdot d) = 0{,}416 \cdot 0{,}3 \cdot 1{,}00 = 0{,}125 \text{ m}$$

Donats aquests resultats pot concloure's que la resposta correcta és la *c*.

Exercici MP-07

Obteniu el valor de la força resultant de les compressions de càlcul en el formigó i la distància del baricentre de la resultant respecte de la fibra més comprimida, per a una secció rectangular sotmesa al pla de deformacions en ruptura definit per $x/d = 0{,}3$ i $\varepsilon_c = 0{,}0035$. S'utilitzarà el diagrama rectangular σ_c -ε_c (article 39.5 *Diagrama tensión-deformación de cálculo del hormigón*) d'un formigó amb $f_{ck} = 25$ N/mm^2 ($\gamma_c = 1{,}50$):

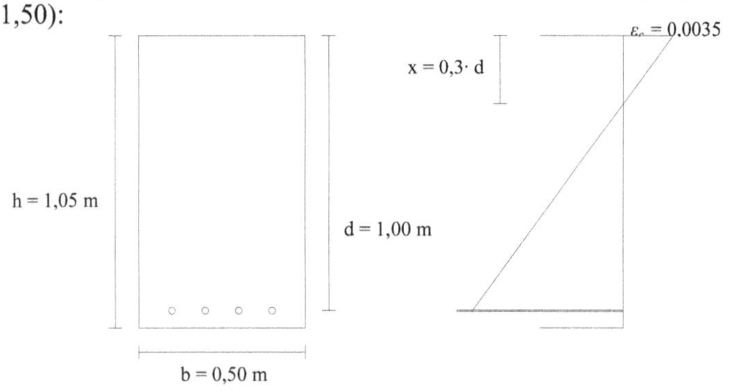

Fig. 3.4 Diagrama de tensió-deformació

Nota. El diagrama de tensió-deformació rectangular es defineix de la manera següent:

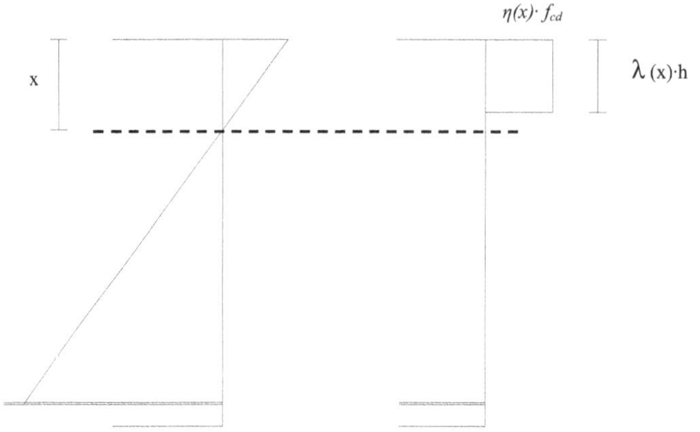

Fig. 3.5 Diagrama de tensió- deformació rectangular

Respostes possibles:

a) C = 1.603 kN, *prof.* = 0,11 m
b) C = 2.000 kN, *prof.* = 0,12 m
c) C = 1.803 kN, *prof.* = 0,13 m
d) C = 1.903 kN, *prof.* = 0,14 m

Solució

Utilitzant el diagrama rectangular σ_c-ε_c per a un formigó $f_{ck} \leq 50\ N/mm^2$ i 0<x≤h: η(x)= η=1 i λ (x)= λ ·x/h= 0,8·x/h:

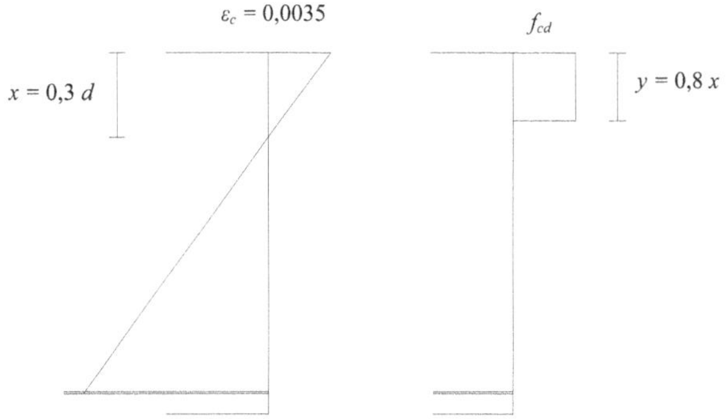

Fig. 3.6 Diagrama de tensió-deformació

$$C = \sigma_c\, b\, y = f_{cd}\, b\, y = f_{cd}\, b(0{,}8x) = 0{,}8 f_{cd}\, b\, x$$

Particularitzant per a $x = 0{,}3d$, amb $d = 1{,}00$ m, s'obté:

$$C = 0{,}8 f_{cd}\, b\, x = 0{,}8 f_{cd}\, b(0{,}3d) = 0{,}24 f_{cd}\, b\, d$$

$$C = 0{,}24 \cdot \frac{25}{1{,}5} \cdot 500 \cdot 1000 = 2.000.000 \text{ N} = 2.000{,}0 \text{ kN}$$

La profunditat del punt de pas de C serà: $\frac{y}{2}=0,4x=0,12$ m .

D'acord amb els resultats, es pot concloure que la resposta correcta és la *b*.

Exercici MP-08

Obteniu el valor de la força resultant de les compressions de càlcul en el formigó i la distància del punt de pas de la resultant respecte de la fibra més comprimida, per a una secció rectangular sotmesa al pla de deformacions en ruptura definit per x/d = 0,15 i ε_c = 0,0018. S'utilitzarà el diagrama de tensió-deformació paràbola rectangle d'un formigó amb f_{ck} = 25 N/mm^2 (γ_c = 1,50):

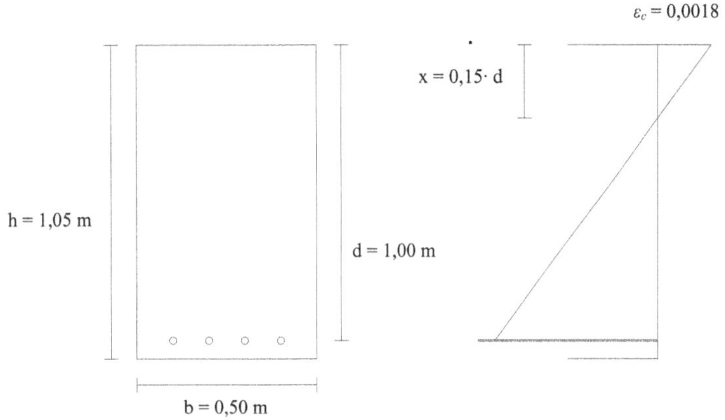

Fig. 3.7 Diagrama de tensió-deformació

Nota. El diagrama de tensió-deformació paràbola rectangle es defineix de la manera següent:

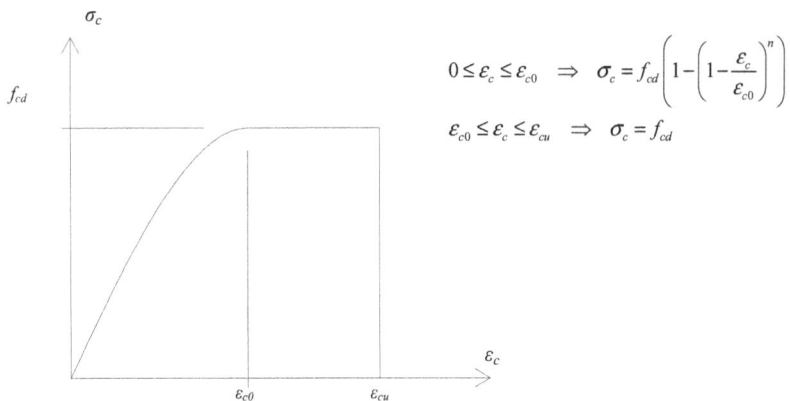

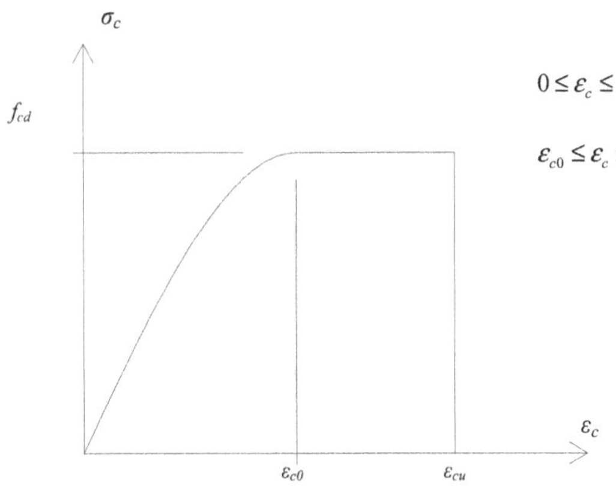

$$0 \le \varepsilon_c \le \varepsilon_{c0} \Rightarrow \sigma_c = f_{cd}\left(1-\left(1-\frac{\varepsilon_c}{\varepsilon_{c0}}\right)^n\right)$$

$$\varepsilon_{c0} \le \varepsilon_c \le \varepsilon_{cu} \Rightarrow \sigma_c = f_{cd}$$

Fig. 3.8 Diagrama de tensió-deformació

Respostes possibles:

a) C = 576 kN, *prof.* = 0,0575 m
b) C = 676 kN, *prof.* = 0,0625 m
c) C = 788 kN, *prof.* = 0,0554 m
d) C = 876 kN, *prof.* = 0,0725 m

Solució

Si el formigó $f_{ck} \leq 50\ N/mm^2$: n=2 , $\varepsilon_{c0} = 0{,}002$ i $\varepsilon_{cu} = 0{,}0035$
per poder calcular la resultant i el seu punt de pas és necessari integrar les tensions calculades a partir de les deformacions conegudes en el formigó. Donat que $\varepsilon_c < \varepsilon_{c0}$ únicament treballarem amb el tram parabòlic:

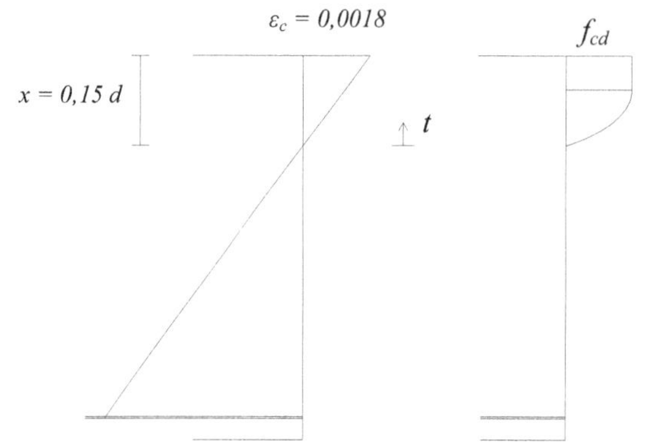

Fig. 3.9 Diagrama de tensió-deformació

Si utilitzem la variable *t* a partir de la fibra neutra, el pla de deformacions queda definit per:

$$\varepsilon_c(t) = 0{,}0018 \cdot t/x$$

i les compressions en el formigó es poden expressar com:

$$t \geq 0 \qquad \sigma_c = f_{cd} \cdot \left[1 - \left(1 - \frac{0{,}0018}{0{,}002} \cdot \frac{t}{x}\right)^2\right] =$$

$$= f_{cd} \cdot \left[-\left(\frac{0{,}0018}{0{,}002} \cdot \frac{t}{x}\right)^2 + 2 \cdot \frac{0{,}0018}{0{,}002} \cdot \frac{t}{x}\right]$$

La resultant de les compressions serà:

$$= \int_0^x \sigma_c(t)\, b\, dt = f_{cd}\, b \cdot \int_0^x \left(-\left(\frac{0{,}0018}{0{,}002} \cdot \frac{t}{x}\right)^2 + 2 \cdot \frac{0{,}0018}{0{,}002} \cdot \frac{t}{x}\right) dt =$$

$$= f_{cd}\, b \left(\frac{1{,}8 \cdot t^2}{2 \cdot x} - \frac{1{,}8^2}{3 \cdot 2^2} \cdot \frac{t^3}{x^2}\right)\Bigg|_0^x =$$

$$= f_{cd}\, b \left[\frac{1{,}8 \cdot x}{2} - \frac{1{,}8^2\, x}{3 \cdot 2^2}\right] = f_{cd}\, b \cdot 0{,}63 \cdot x =$$

$$= 0{,}63\, f_{cd}\, b\, x$$

Substituint els valors donats en les variables corresponents:

$$C = 0{,}63 \cdot \frac{25}{1{,}5} \cdot 500 \cdot 150 = 787.500 \text{ N} = 787{,}5 \text{ kN}$$

Per avaluar el punt de pas de la resultant de les compressions, es calcula el baricentre de les compressions amb el diagrama parabòlic:

$$t_G(\text{paràbola}) = \frac{f_{cd}\, b \int_0^x \left[1 - \left(1 - \frac{0{,}0018}{0{,}002} \cdot \frac{t}{x}\right)^2\right] t\, dt}{f_{cd}\, b \int_0^x \left[1 - \left(1 - \frac{0{,}0018}{0{,}002} \cdot \frac{t}{x}\right)^2\right] dt} =$$

$$= \frac{0{,}3975\, x^2}{0{,}63\, x} = 0{,}63095\, x,$$ des de la fibra neutra.

La profunditat del punt de pas de la resultant, o distància a la fibra més comprimida, serà $x - 0{,}63095\,x = 0{,}369x$.

Particularitzant per a $x = 0{,}15d$, amb $d = 1{,}00\ m$, s'obté:

$$0{,}369x = 0{,}369\,(0{,}15 \cdot d) = 0{,}369 \cdot 0{,}15 \cdot 1{,}00 = 0{,}05535\ \text{m}$$

D'acord amb aquests resultats, es pot concloure que la resposta correcta és la *c*.

Exercici MP-09

Obteniu el valor de la força resultant de les compressions de càlcul en el formigó i la distància del baricentre de la resultant respecte la fibra més comprimida, per a una secció rectangular sotmesa al pla de deformacions en ruptura definit per $x/d = 0{,}15$ i $\varepsilon_c = 0{,}0018$. S'ha d'utilitzar el diagrama rectangular σ_c-ε_c d'un formigó amb $f_{ck} = 25\ \text{N/mm}^2$ ($\gamma_c = 1{,}50$):

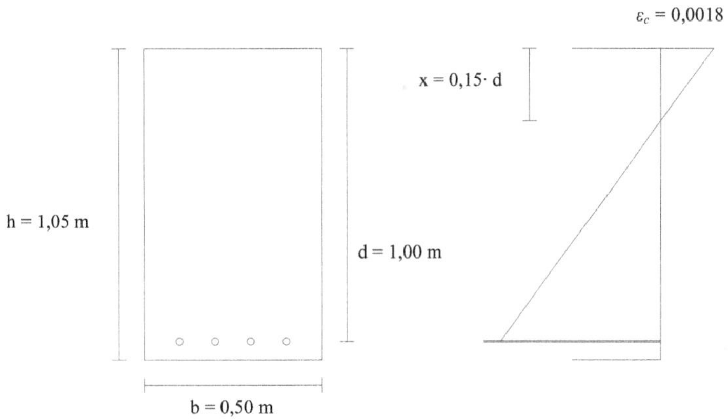

Fig. 3.10 Diagrama de tensió-deformació

Nota. El diagrama de tensió-deformació rectangular es defineix de la manera següent:

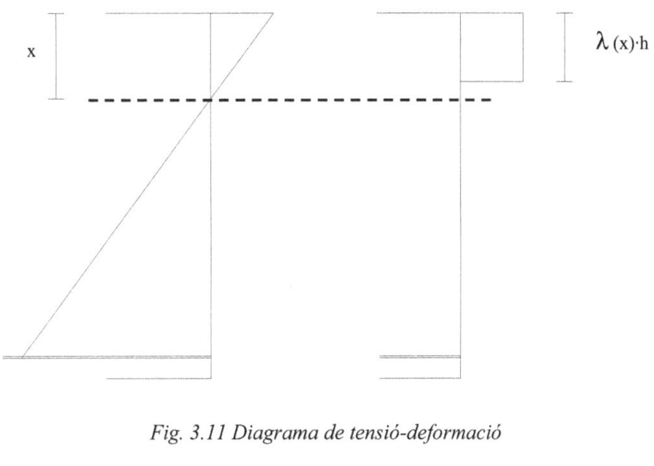

Fig. 3.11 Diagrama de tensió-deformació

Respostes possibles:

a) C = 702 kN, *prof* = 0,045 m.
b) C = 752 kN, *prof* = 0,050 m.
c) C = 802 kN, *prof* = 0,055 m.
d) C = 1.000 kN, *prof* = 0,060 m.

Solució

Utilitzant el diagrama rectangular σ_c-ε_c, per a un formigó $f_{ck} \leq 50\ N/mm^2$ i $0<x\leq h$: $\eta(x)=\eta=1$ i $\lambda(x)=\lambda\cdot x/h=0,8\cdot x/h$:

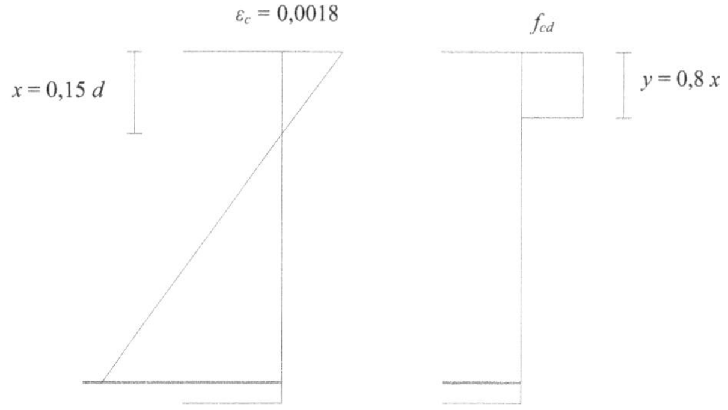

Fig. 3.12 Diagrama de tensió-deformació

$$C=\sigma_c\,b\,y=f_{cd}\,b\,y=f_{cd}\,b(0,8x)=0,8f_{cd}\,b\,x$$

Particularitzant per a x = 0,15d, amb d = 1,00 m, es té:

$$C=0,8f_{cd}\,b\,x=0,8f_{cd}\,b(0,15d)=0,12f_{cd}\,b\,d$$

$$C=0,12\cdot\frac{25}{1,5}\cdot500\cdot1.000=1.000.000\text{ N}=1000\text{ kN}$$

La profunditat del punt de pas de C serà: $\frac{y}{2}=0,4x=0,06$ m.

D'acord amb els resultats, es pot concloure que la resposta correcta és la *d*.

Exercici MP-10

Un industrial prefabricador sol·licita que s'analitzi una estructura que es construirà amb elements prefabricats que han estat un any en estoc. Quin mòdul de deformació s'ha d'adoptar en els càlculs, si sap només que es tracta d'un HA-35/S/12/IIb, que l'àrid és granític i que les peces es van desemmotllar i aplegar a les 24 hores de la seva fabricació?

Nota. No es disposa d'assajos a 365 dies.

Respostes possibles:

a) 29.779 N/mm^2
b) 32.757 N/mm^2
c) 34.544 N/mm^2

d) 34.581 N/mm^2

Solució

A falta de més dades, el mòdul secant del formigó a 28 dies es calcula com (article *39.6 Módulo de deformación longitudinal del hormigón*):

$$f_{cm,28} = f_{cm} = f_{ck} + 8 = 35 + 8 = 43 \text{ N / mm}^2$$
$$E_{28} = 8.500\sqrt[3]{f_{cm,28}} = 8.500\sqrt[3]{43} = 29.779{,}0 \text{ N / mm}^2$$

El mòdul de deformació longitudinal del formigó té una dependència important del tipus d'àrid utilitzat. Així, tenint en compte la naturalesa granítica de l'àrid, es té:

$$E_{c,28} = 1{,}1\, E_{28} = 1{,}1 \cdot 29.779{,}0 = 32.757 \text{ N/mm}^2$$

Tenint en compte que en el procés de prefabricació s'ha desemmotllat i aplegat a les 24 hores, es pot afirmar, amb tota seguretat, que s'ha utilitzat un formigó d'enduriment ràpid. Això marcarà l'evolució temporal del seu mòdul de deformació. Aplicant l'article *31.3 Características mecánicas* i *39.6 Módulo de deformación longitudinal del hormigón*

$$f_{est,365} = \beta_{cc} \cdot f_{est,28} \quad \text{amb} \quad \beta_{cc} = e^{s\left(1-\sqrt{\frac{28}{t}}\right)} \quad \text{i amb s=0,25 (enduriment ràpid i ciment normal)}$$

Si $f_{est,365}$ =1,198· $f_{est,28}$ on $f_{est,28}$ =43 N/mm^2, s'obté que $f_{est,365}$ = 51,52 N/mm^2.

$$E_{c,m}(t) = \left(\frac{f_{cm}(t)}{f_{cm}}\right)^{0,3} E_{c,m}$$
$$E_{c,m}(365) = \left(\frac{51{,}52}{43}\right)^{0,3} \cdot 32.757$$
$$E_{c,m}(365) = 34.581{,}29 \text{ N / mm}^2$$

A la vista del resultat, la resposta correcta és la *d*.

Exercici MP-11

Calculeu quants dies serà necessari esperar per connectar definitivament una llosa de formigó de 12 cm de gruix i 20 m de longitud als seus extrems encastats, si es vol reduir en un 25% les deformacions de retracció que experimentarà la llosa un cop encastada, per tal d'evitar o limitar les fissures que aquest fenomen originaria.

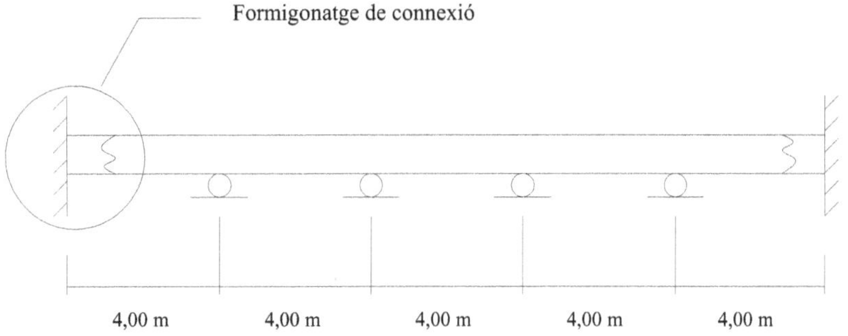

Fig. 3.13 Esquema de la llosa

Altres dades: Formigó HA-25/P/20/IIa
HR = 70%

Respostes possibles:

a) 24 dies
b) 15 dies
c) 44 dies
d) 54 dies

Solució

La deformació per retracció del formigó es pot avaluar mitjançant la formulació següent (39.7 *Retracción del hormigón*):

$$\varepsilon_{cs} = \varepsilon_{cd} + \varepsilon_{ca} = \beta_{ds}(t - t_s) \cdot k_e \cdot \varepsilon_{cd,\infty} + \beta_{as}(t) \cdot \varepsilon_{ca,\infty}$$

Ens interessa per poder col·locar la llosa quan la retracció hagi assolit un 25%. Calculem primerament el valor total de la retracció, suma de les retracció a temps infinits autògena i per assecament.

Per metre d'ample de llosa, es té: A_c = 120 mm · 1.000 mm = 120.000 mm^2. El perímetre en contacte amb l'atmosfera és: u = 2.000 mm:

$$e = \frac{2 \cdot 120.000}{2.000} = 120 \text{ mm}$$

Per assecament:

$$\varepsilon_{cd,\infty} = 0,85((220 + 110 \cdot \alpha_{ds1}) \cdot e^{(-\alpha_{ds2} \cdot \frac{f_{cm}}{f_{cm0}})}) \cdot 10^{-6} \, \beta_{HR}$$

Com que l'estructura es a l'aire:

$$\beta_{HR} = -1,55\left(1 - \left(\frac{HR}{100}\right)^3\right) = -1,55\left(1 - \left(\frac{70}{100}\right)^3\right) = -1,01835$$

De la taula 39.7.b, per un enduriment normal:

$$\alpha_{ds1} = 4$$

$$\alpha_{ds2} = 0,12$$

$$\varepsilon_{cd,\infty} = 0,85((220 + 110 \cdot 4) \cdot e^{(-0,12 \cdot \frac{25+8}{10})}) \cdot 10^{-6} \cdot (-1,01835)$$

$$\varepsilon_{cd,\infty} = -3,84485 \cdot 10^{-4}$$

La component autògena:

$$\varepsilon_{ca,\infty} = -2,5 \cdot (f_{ck} - 10) \cdot 10^{-6} = -2,5 \cdot (25 - 10) \cdot 10^{-6}$$

$$\varepsilon_{ca,\infty} = -3,75 \cdot 10^{-5}$$

Per tant tindrem una retracció total a temps infinit:

$$\varepsilon_{cs}(t = \infty) = \varepsilon_{cd}(t = \infty) + \varepsilon_{ca}(t = \infty) = \beta_{ds}(t = \infty) \cdot k_e \cdot \varepsilon_{cd,\infty} + \beta_{as}(t = \infty) \cdot \varepsilon_{ca,\infty}$$

$$\beta_{ds}(t = \infty) = \beta_{as}(t = \infty) = 1$$

$$k_e \rightarrow e = \frac{2 \cdot 120.000}{2.000} = 120 \text{ mm} \rightarrow \text{Interpolant a la taula 39.7a} \rightarrow k_e = 0,97$$

$$\varepsilon_{cs}(t = \infty) = 0,97 \cdot \varepsilon_{cd,\infty} + \varepsilon_{ca,\infty} = 0,97 \cdot (-3,84485 \cdot 10^{-4}) - 3,75 \cdot 10^{-5} = -4,105 \cdot 10^{-4}$$

El 25% serà:

$$0,25 \cdot (\varepsilon_{cd,\infty} + \varepsilon_{ca,\infty}) = 0,25 \cdot (-4,105 \cdot 10^{-4}) = -1,026 \cdot 10^{-4}$$

Analitzem el coeficient d'evolució temporal de la component d'assecat, $\beta_{ds}(t-t_s)$, per determinar el temps necessari transcorregut. Així doncs, es calcula:

$$\beta_{ds}(t-t_s)=\frac{(t-t_s)}{(t-t_s)+0{,}04\sqrt{e^3}}, \qquad \text{on} \quad e=\frac{2A_c}{u}$$

Llavors, s'obté:

$$\beta_{ds}(t-t_s)=\frac{(t-t_s)}{(t-t_s)+0{,}04\sqrt{120^3}}=\frac{(t-t_s)}{(t-t_s)+52{,}5814}$$

L'inici de la retracció és en $t_s = 0$; per tant:

$$\beta_{ds}(t)=\frac{t}{t+52{,}5814}$$

D'altra banda k_e l'interpolem de la taula 39.7.a: k_e=0,97

Per a la component autògena: $\beta_{as}(t)=1-e^{(-0{,}2\cdot t^{0{,}5})}$

Plantegem doncs la igualtat:

$$-1{,}026\cdot 10^{-4}=\frac{t}{t+52{,}5814}\cdot 0{,}97\cdot(-3{,}84485\cdot 10^{-4})+(1-e^{(-0{,}2\cdot t^{0{,}5})})\cdot(-3{,}75\cdot 10^{-5})$$

D'on després de diverses iteracions obtenim:

t=14,91 dies

Per tant amb 15 dies seria suficient:

$$\varepsilon_{cs}(t=15)=\frac{15}{15+52{,}5814}\cdot 0{,}97\cdot(-3{,}84485\cdot 10^{-4})+(1-e^{(-0{,}2\cdot 15^{0{,}5})})\cdot(-3{,}75\cdot 10^{-5})=-1{,}03\cdot 10^{-4}$$

$$\frac{\varepsilon_{cs}(t=15)}{\varepsilon_{cs}(t=\infty)}=\frac{-1{,}03\cdot 10^{-4}}{-4{,}105\cdot 10^{-4}}=0{,}251\rightarrow 25{,}1\%$$

La resposta correcta és la *b*.

Exercici MP-12

Quin assentament experimentarà l'extrem lliure del pilar de formigó en massa de la figura, la secció del qual està uniformement comprimida amb una tensió de 6 N/mm^2 a partir dels 90 dies d'edat? Calculeu el valor que prendrà al cap d'un any i a temps infinit.

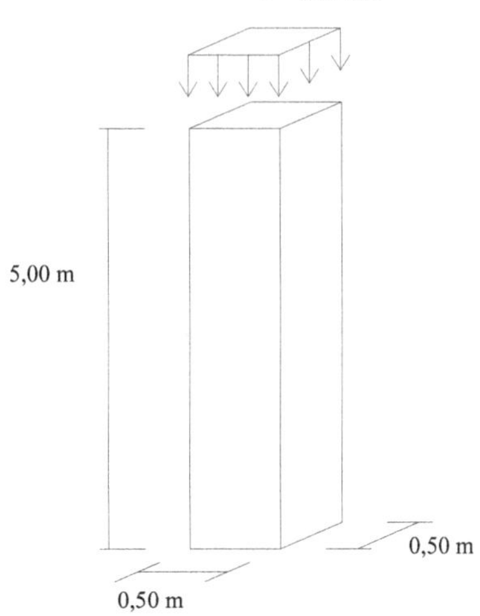

Fig. 3.14 Esquema del pilar

Altres dades: Formigó HA-25/B/20/IIa
HR = 50%
Temperatura constant

Respostes possibles:

a) v(360) = 0,33 mm; v(∞) = 0,58 mm
b) v(360) = 1,66 mm; v(∞) = 2,90 mm
c) v(360) = 4,12 mm; v(∞) = 5,38 mm
d) v(360) = 6,66 mm; v(∞) = 11,6 mm

Solució

L'assentament és produït tant per les deformacions tensionals, elàstiques i diferides, com per les atensionals (retracció).

Es calculen primerament les deformacions tensionals. La deformació dependent de la tensió, a l'instant t, per a una tensió constant $\sigma(t_0)$, menor que 0,45 f_{cm} aplicada a t_0, es pot estimar segons el criteri següent (*article 39.8 Fluencia del hormigón*):

$$\varepsilon_{c\sigma}(t,t_0)=\sigma(t_0)\left(\frac{1}{E_{c,t_0}}+\frac{\varphi(t,t_0)}{E_{c,28}}\right)$$

on t i t_0 s'expressen en dies. El primer sumand del parèntesi representa la deformació instantània per a una tensió unitat i el segon, la de fluència, essent:

$E_{c,28}$, el mòdul de deformació instantani del formigó, tangent a l'origen als 28 dies (*39.6 Módulo de deformación longitudinal del hormigón*):

$$E_{c,28}=\beta_E\cdot E_{cm}$$

$$\beta_E=1{,}3-\frac{f_{ck}}{400}\leq 1{,}175\Rightarrow\beta_E=1{,}3-\frac{25}{400}\leq 1{,}175\Rightarrow\beta_E=1{,}175$$

$$E_{c,28}=1{,}175\cdot 8.500\sqrt[3]{f_{cm,28}}=9.987{,}5\sqrt[3]{25+8}=32.035{,}25\ \mathrm{N/mm^2}$$

E_{c,t_0}, el mòdul de deformació longitudinal secant del formigó a l'instant t_0 d'aplicació de la càrrega, que en aquest cas són 90 dies (*31.3 Características mecánicas* i *39.6 Módulo de deformación longitudinal del hormigón*):

$$E_{28}=8.500\sqrt[3]{f_{cm,28}}=8.500\sqrt[3]{33}=27.264{,}04\ \mathrm{N/mm^2}$$

$$f_{cm,90}=\beta_{cc}\cdot f_{cm,28}\quad \text{amb } \beta_{cc}=e^{s\left(1-\sqrt{\frac{28}{t}}\right)}\quad \text{i amb s=0,25 (ciments normals)}$$

Si $f_{cm,90}$ =1,1169· $f_{cm,28}$ on $f_{cm,28}$ =33 N/mm², s'obté que $f_{cm,90}$ = 36,86 N/mm².

$$E_{c,m}(t)=\left(\frac{f_{cm}(t)}{f_{cm}}\right)^{0,3}E_{c,m}$$

$$E_{c,m}(90)=\left(\frac{36{,}86}{33}\right)^{0,3}\cdot 27.264{,}04$$

$$E_{c,m}(90)=28.183{,}47\ \mathrm{N/mm^2}$$

$\varphi(t,t_0)$, el coeficient de fluència, que es pot obtenir mitjançant la formulació següent: $\varphi(t,t_0)=\varphi_0\cdot\beta_c(t-t_0)$, on φ_0 és el coeficient bàsic de fluència i $\beta_c(t-t_0)$, una funció que descriu el desenvolupament de la fluència amb el temps. S'obtenen de la forma següent (tenint en compte que $f_{cm}\leq 35$ N/mm^2):

$$\varphi_0=\varphi_{HR}\cdot\beta(f_{cm})\cdot\beta(t_0)=1{,}794\cdot 2{,}925\cdot(-0{,}4238)=\text{-}2{,}224\rightarrow|\varphi_0|=2{,}224\rightarrow\text{Produeix escurçament}$$

$$\varphi_{HR}=1+\frac{1\text{-}HR/100}{0{,}1\sqrt[3]{e}}=1+\frac{1\text{-}0{,}5}{0{,}1\cdot 250^{1/3}}=1{,}794$$

$$e=\frac{2A_c}{u}=\frac{2\cdot 0{,}25}{2}=0{,}25\text{ m}=250\text{ mm}$$

$$\beta(f_{cm})=\frac{16{,}8}{\sqrt{f_{cm}+8}}=2{,}925$$

$$\beta(t_0)=\frac{1}{0{,}1\text{-}t_0^{0.2}}=\frac{1}{0{,}1\text{-}90^{0.2}}=\text{-}0{,}4238$$

$$\beta_c(t-t_0)=\left[\frac{t-t_0}{\beta_H+(t-t_0)}\right]^{0.3}=\left[\frac{t-90}{625{,}04+(t-90)}\right]^{0.3}=\left[\frac{t-90}{535{,}04+t}\right]^{0.3}$$

$$\beta_H=1{,}5\,e\left[1+(0{,}012\cdot HR)^{18}\right]+250$$

$$\beta_H=1{,}5\cdot 250\left[1+(0{,}012\cdot 50)^{18}\right]+250=625{,}04$$

Amb les expressions anteriors, es calcula el valor de les deformacions tensionals per a t = 360 dies (equivalent a 1 any) i a temps infinit.

Per a t = 360 dies:

$$\varepsilon_{c\sigma}(360{,}90)=\sigma(90)\left(\frac{1}{E_{c,90}}+\frac{\varphi(360{,}90)}{E_{c,28}}\right)$$

$$\varphi(360{,}90)=\varphi_0\cdot\beta_c(360\text{-}90)$$

$$\beta_c(360\text{-}90)=\left[\frac{360\text{-}90}{625{,}04+(360\text{-}90)}\right]^{0.3}=0{,}698$$

$$\varphi(360{,}90)=2{,}224\cdot 0{,}698=1{,}552$$

$$\varepsilon_{c\sigma}(360{,}90)=6\cdot\left(\frac{1}{28.183{,}47}+\frac{1{,}552}{32.035{,}25}\right)=5{,}036\cdot 10^{-4}$$

A temps infinit, el valor de $\beta_c(\infty,\text{-}90)$ tendeix a 1,00; per tant, $\varphi(\infty,90)=2{,}224$ i $\varepsilon_{c\sigma}(\infty,90)=6\cdot\left(\frac{1}{28.183{,}47}+\frac{2{,}224}{32.035{,}25}\right)=6{,}2943\cdot 10^{-4}$.

Es calculen a la vegada les deformacions atensionals, degudes a la retracció del formigó. Sabent que les retraccions s'inicien en t_s = 0, s'aplica l'expressió següent: $\varepsilon_{cs}=\varepsilon_{cd}+\varepsilon_{ca}=\beta_{ds}(t-t_s)\cdot k_e\cdot\varepsilon_{cd,\infty}+\beta_{as}(t)\cdot\varepsilon_{ca,\infty}$, on:

$$\varepsilon_{cd,\infty}=0{,}85((220+110\cdot\alpha_{ds1})\cdot e^{(-\alpha_{ds2}\cdot\frac{f_{cm}}{f_{cm0}})})\cdot 10^{-6}\,\beta_{HR}$$

Com que l'estructura es a l'aire:

$$\beta_{HR}=\text{-}1{,}55\left(1\text{-}\left(\frac{HR}{100}\right)^3\right)=\text{-}1{,}55\left(1\text{-}\left(\frac{50}{100}\right)^3\right)=\text{-}1{,}35625$$

De la taula 39.7.b, per un enduriment normal: $\alpha_{ds1}=4$, $\alpha_{ds2}=0{,}12$

$$\varepsilon_{cd,\infty} = 0{,}85((220+110\cdot 4)\cdot e^{(-0{,}12\cdot\frac{25+8}{10})})\cdot 10^{-6}\cdot(-1{,}35625)$$
$$\varepsilon_{cd,\infty} = -5{,}1206\cdot 10^{-4}$$

La component autògena:

$$\varepsilon_{ca,\infty} = -2{,}5\cdot(f_{ck}-10)\cdot 10^{-6} = -2{,}5\cdot(25-10)\cdot 10^{-6}$$
$$\varepsilon_{ca,\infty} = -3{,}75\cdot 10^{-5}$$

D'altra banda k_e l'interpolem de la taula 39.7.a: k_e=0,8

Per tant tindrem una retracció total a temps infinit on $\beta_{ds}(t-t_s)=\beta_{as}(t)=1$

$$k_e\cdot\varepsilon_{cd,\infty}+\varepsilon_{ca,\infty} = 0{,}8\cdot(-5{,}1206\cdot 10^{-4})-3{,}75\cdot 10^{-5} = -4{,}4715\cdot 10^{-4}$$

Analitzem el coeficient d'evolució temporal de la component d'assecat, $\beta_{ds}(t\text{-}t_s)$. Així doncs, es calcula:

$$\beta_{ds}(t-t_s) = \frac{(t-t_s)}{(t-t_s)+0{,}04\sqrt{e^3}}, \quad \text{on} \quad e = 250mm$$

Llavors, s'obté:

$$\beta_{ds}(t-t_s) = \frac{(t-t_s)}{(t-t_s)+0{,}04\sqrt{250^3}} = \frac{(t-t_s)}{(t-t_s)+158{,}114}$$

L'inici de la retracció és en $t_s = 0$; per tant:

$$\beta_{ds}(t) = \frac{t}{t+158{,}114}$$

Per a la component autògena: $\beta_{as}(t) = 1-e^{(-0{,}2\cdot t^{0{,}5})}$

Per a t = 360 dies:

$$\varepsilon_{cs}(360) = \frac{360}{360+158{,}114}\cdot 0{,}8\cdot(-5{,}1206\cdot 10^{-4})+(1-e^{(-0{,}2\cdot 360^{0{,}5})})\cdot(-3{,}75\cdot 10^{-5})$$
$$\varepsilon_{cs}(360) = -3{,}213\cdot 10^{-4}$$

Sumant els resultats obtinguts de les deformacions tensionals i atensionals per als dos valors de temps, s'obté:

$$\varepsilon_{TOT}(360) = (-5{,}036\cdot 10^{-4})+(-3{,}213\cdot 10^{-4}) = -8{,}249\cdot 10^{-4}$$
$$\varepsilon_{TOT}(\infty) = (-6{,}2943\cdot 10^{-4})+(-4{,}4715\cdot 10^{-4}) = -10{,}7658\cdot 10^{-4}$$

Transformant aquestes deformacions unitàries en assentaments totals, multiplicant per la longitud total del pilar, s'obté:

$$v_{TOT}(360) = -8{,}249\cdot 10^{-4}\cdot 5.000 = -4{,}1245 \text{ mm}$$
$$v_{TOT}(\infty) = -10{,}7658\cdot 10^{-4}\cdot 5.000 = -5{,}3829 \text{ mm}$$

per tant, la resposta correcta és la *c*. El signe negatiu indica que es tracta d'escurçaments.

4. Durabilitat

Exercici DU-01

Es projecta un edifici amb estructura de formigó armat al passeig marítim de Castelldefels (Barcelona).

Quines han de ser les característiques del formigó que s'ha d'utilitzar per garantir la durabilitat adequada de l'estructura en els elements estructurals que estan en contacte amb l'atmosfera?

Respostes possibles:

a) $A/C \geq 0.5$, $C > 300$ kg/m^3, $f_{ck} > 30$ N/mm^2
b) $A/C \leq 0.5$, $C \geq 350$ kg/m^3, $f_{ck} > 35$ N/mm^2
c) $A/C \leq 0.55$, $C \geq 350$ kg/m^3, $f_{ck} > 30$ N/mm^2
d) $A/C \leq 0.5$, $C \geq 300$ kg/m^3, $f_{ck} > 30$ N/mm^2

Solució

Segons la Taula 5.1 *Vida útil nominal de los diferentes tipos de estructura*, la seva vida útil nominal és de t_d=50 anys i es tracta d'un edifici de vivendes.

Es tracta d'un edifici en un ambient marí, sense contacte directe amb l'aigua i, per tant, segons la taula Taula 8.2.2 *Clases generales de exposición relativas a la corrosión de las armaduras* de l'EHE 2008, la classe general d'exposició és IIIa (possible corrosió per clorurs). Per a aquesta classe d'exposició, les taules Taula 37.3.2.a *Máxima relación agua/cemento y mínimo contenido de cemento* i 37.3.2.*b Resistencias mínimas recomendadas en función de los requisitos de durabilidad* prescriuen una relació aigua/ciment màxima de 0,5, un contingut mínim de ciment de 300 kg/m^3 i una resistència mínima de 30 N/mm^2 (veure annex). Per tant la resposta correcta és la d).

Exercici DU-02

En una carretera d'accés a unes pistes d'esquí, amb freqüents nevades i trànsit molt dens durant els caps de setmana d'hivern, es projecta un pont amb taulell de formigó pretensat en el qual s'aboquen sals fundents a l'hivern.

Quines han de ser les característiques del formigó del taulell d'aquest pont per garantir la durabilitat de la carretera durant la seva vida útil?

Respostes possibles:

a) $A/C < 0{,}50$, $C > 300$ kg/m^3, $f_{ck} > 35$ N/mm^2
b) $A/C < 0{,}45$, $C > 325$ kg/m^3, $f_{ck} > 35$ N/mm^2
c) $A/C < 0{,}50$, $C > 325$ kg/m^3, $f_{ck} > 30$ N/mm^2
d) $A/C < 0{,}45$, $C > 300$ kg/m^3, $f_{ck} > 30$ N/mm^2

Solució

L'obra és un pont que, si bé potser no arriba als 10 metres i és una estructura de repercussió econòmica alta. Per tant, segons la Taula 5.1 *Vida útil nominal de los diferentes tipos de estructura*, la seva vida útil nominal és de t_d=100 anys.

Es tracta d'una estructura de formigó pretensat exposada a corrosió per clorurs d'origen diferent del medi marí (sals fundents), per tant, la classe general d'exposició, segons la taula 8.2.2, és la IV.

Per altra banda, com que es troba en una zona amb risc de gelades amb presència de sals fundents, la classe específica d'exposició és la F (taula 8.2.3.*a*).

Segons l'EHE (taules 37.3.2.*a* i 37.3.2.*b*) es requereix una relació aigua/ciment $A/C < 0{,}45$, un contingut mínim de ciment de 325 kg/m^3 i una resistència mínima de 35 N/mm^2 (veure taules a l'annex). Per tant, la resposta correcta és la b).

Exercici DU-03

Una empresa de prefabricació produeix jàsseres pretesades en T invertida per a aparcaments, les característiques geomètriques de les quals s'indiquen a la figura adjunta:

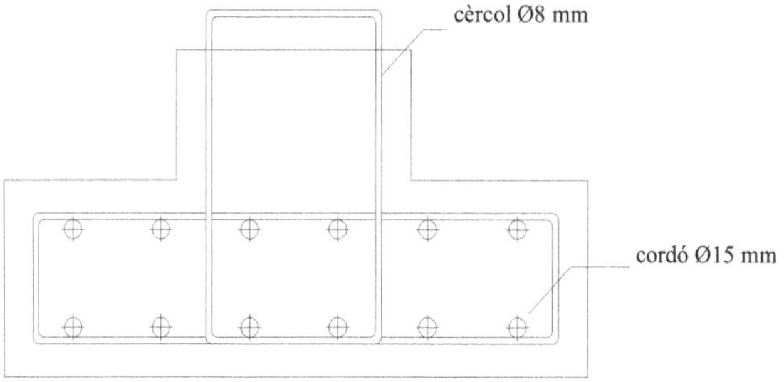

Fig. 4.1 Esquema de la jàssera

El formigó és de resistència característica $f_{ck} > 45$ N/mm^2 i el control de l'execució és intens.

Quin és el recobriment que s'ha de considerar en els càlculs de projecte, suposant que es tracta d'elements en un ambient normal amb humitat mitjana?

Respostes possibles:

a) 25 mm
b) 30 mm
c) 35 mm
d) Depèn del diàmetre dels cèrcols.

Solució

Segons la Taula 5.1 *Vida útil nominal de los diferentes tipos de estructura*, la seva vida útil nominal és de t_d=100 anys, donat que es tracta d'un aparcament, obra que normalment té una repercussió econòmica alta.

Es tracta d'una peça prefabricada, amb control d'execució intens i formigó de f_{ck} > 40 N/mm^2, situada en un ambient normal d'humitat mitjana (classe IIb, segons la taula 8.2.2).

El recobriment nominal ve donat per l'expressió $r = r_{min} + \Delta r$, on, segons la taula 37.2.4.1.a *Recubrimientos mínimos (mm) para las clases generales de exposición I i II* de la Instrucció EHE,

Exposició IIb+ CEM I+ $f_{ck} \geq 40$ N/mm^2 + t_d=100 anys $\Rightarrow$ r_{min} = 25mm

Article 37.2.4 *Recubrimientos*, al tractar-se d'un element prefabricat amb control intens $\Rightarrow$ $\Delta r = 0$

Per tant, el recobriment nominal és de 25 mm (veure taules a l'annex).

Exercici DU-04

A la ciutat de Badalona es projecta un pont llosa doblement recolzat de formigó pretensat, amb armadures postteses, la secció del qual s'indica a la figura adjunta. Els tendons estan constituïts per 15 cordons de 0,6 polsades i la beina, que té un diàmetre de 100 mm, serà injectada amb beurada de ciment immediatament després de tesar tots els tendons:

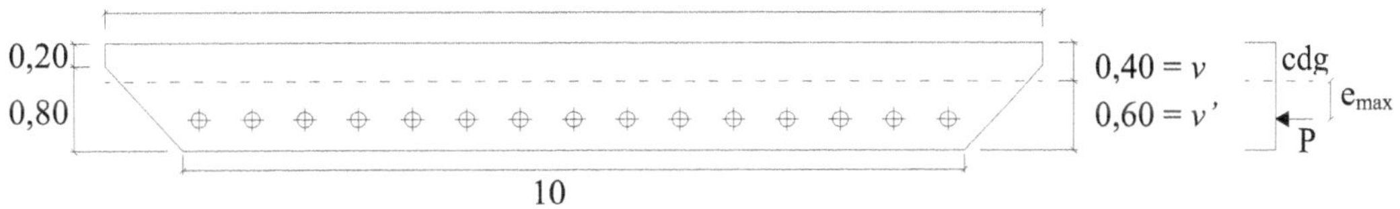

Fig. 4.2 Esquema del pretensatge

Es demana calcular l'excentricitat màxima respecte del cdg de la secció que poden tenir els tendons en el centre del tram per satisfer els requisits de durabilitat, tenint en compte que el control de l'execució és intens i que la resistència característica de projecte del formigó és f_{ck} = 35 N/mm^2

Respostes possibles:

a) 560 mm
b) 510 mm
c) 470 mm
d) 400 mm

Solució

Es tracta d'un element construït *in situ* amb control intens d'execució.

Tal com diu la Instrucció EHE a l'article 37.2.4.2 *Recubrimientos de armaduras activas postesas*, el recobriment en elements pretensats amb armadura posttesa ha de ser el major entre:

- 4 cm
- El major dels següents valors: la menor dimensió o la meitat de la major dimensió de la beina o grup de beines en contacte

Com que la beina és circular, la menor dimensió serà la major dimensió, igual al diàmetre. Per tant, el recobriment seria igual al diàmetre de 100 mm. La distància de la beina al parament serà: r = 100 mm. L'excentricitat del tendó serà: $e = v' - r - \phi_v/2 = 600 - 100 - 100/2 = 450$ mm.

Exercici DU-05

Es construeix un edifici amb estructura de formigó a base de pilars i forjat reticular, amb bloc de formigó lleuger, armat, en una població situada en una comarca amb ambient normal d'alta humitat. Quines han de ser les característiques del formigó i el recobriment mínim de projecte per als nervis del forjat reticular, si se suposa que està construït *in situ*, amb control normal d'execució?

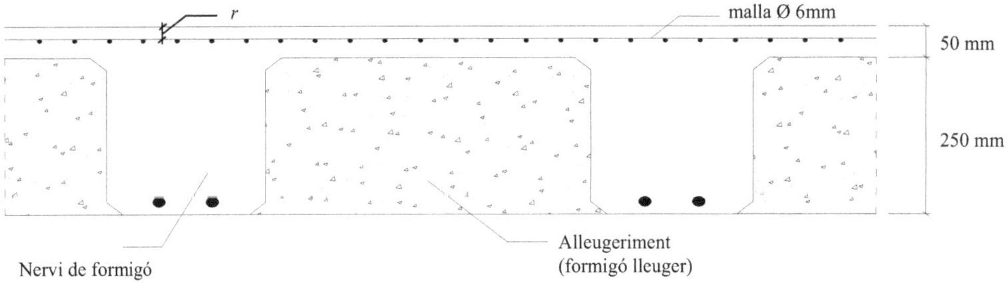

Fig. 4.3 Esquema l'estructura

Respostes possibles:

a) $A/C \leq 0{,}40$	$C \geq 250$ kg/m^3	$f_{ck} \geq 20$ N/mm^2	$r = 30$ mm
b) $A/C \leq 0{,}50$	$C \geq 275$ kg/m^3	$f_{ck} \geq 25$ N/mm^2	$r = 35$ mm
c) $A/C \leq 0{,}60$	$C \geq 275$ kg/m^3	$f_{ck} \geq 25$ N/mm^2	$r = 25$ mm
d) $A/C \leq 0{,}60$	$C \geq 300$ kg/m^3	$f_{ck} \geq 30$ N/mm^2	$r = 40$ mm

Solució

Segons la Taula 5.1 *Vida útil nominal de los diferentes tipos de estructura*, la seva vida útil nominal és de t_d=50 anys, com que es tracta d'un edifici de vivendes

L'estructura és de formigó armat, construït *in situ* amb control normal, situat en una classe d'exposició IIa (segons la taula 8.2.2). Per tant, segons la Instrucció EHE (taules 37.3.2.*a* i 37.3.2.*b*) (veure taules a l'annex):

$A/C \leq 0{,}60$ $\qquad$ $C \geq 275$ kg/m^3 $\qquad$ $f_{ck} \geq 25$ N/mm^2

El valor del recobriment nominal ve donat per l'expressió: $r = r_{min} + \Delta r$. Segons la EHE (taula 37.2.4.1.a *Recubrimientos mínimos (mm) para las clases generales de exposición I i II* i l'article 37.2.4 *Recubrimientos*):

$$\text{Exposició IIa+ CEM I+ } 40 > f_{ck} \geq 25 \text{ N/mm}^2 + t_d\text{=50 anys} \Rightarrow r_{min} = 15\text{mm}$$
$$\text{Control normal d'execució} \Rightarrow \Delta r = 10 \text{ mm}$$

Per tant, el recobriment nominal és:

$$r = r_{min} + \Delta r = 15 + 10 = 25 \text{ mm}$$

Exercici DU-06

S'està realitzant el control del projecte d'un pont que es construirà *in situ* amb piles en forma de martell de formigó armat, la geometria del qual és la de la figura adjunta. L'estructura s'ubicarà a prop de la desembocadura del riu Ter, a Torroella de Montgrí (Baix Empordà).

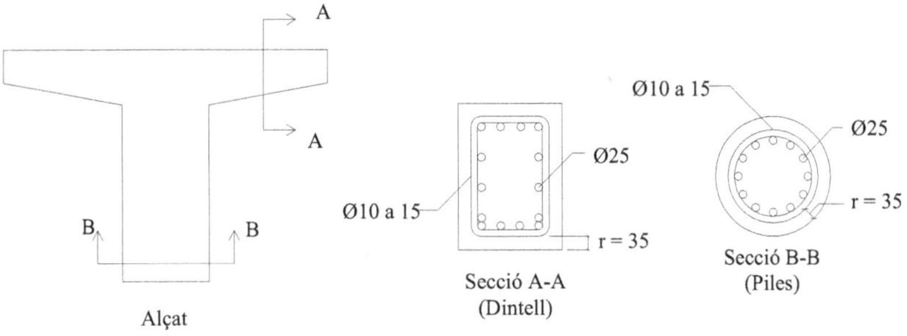

Fig. 4.4 Piles

Formigó: HA25/B/20/IIa

El control d'execució previst és intens. Indiqueu quina de les propostes següents de disseny és correcta amb vista a la durabilitat.

Respostes possibles:

a) El formigó ha de ser de resistència $f_{ck} \geq 35$ N/mm^2 i la resta és correcte.
b) El recobriment ha de ser de 40 mm i la resta és correcte.
c) El formigó ha de ser de $f_{ck} > 30$ N/mm^2 i el recobriment ≥ 35 mm
d) És un disseny correcte.

Solució

L'obra és un pont que, si bé potser no arriba als 10 metres, si és una estructura de repercussió econòmica alta, per tant, segons la Taula 5.1 *Vida útil nominal de los diferentes tipos de estructura*, la seva vida útil nominal és de t_d=100 anys.

Es tracta d'una estructura de formigó armat, situada en una zona pròxima al mar, construïda *in situ*, amb control intens d'execució. A partir d'aquestes dades, segons la Instrucció EHE, la classe d'exposició ha de ser IIIa, en lloc de IIa (taula 8.2.2), amb $f_{ck} \geq 30$ N/mm^2 (taula 37.3.2.*b*). Pel que fa al recobriment (taula 37.2.4.1.b *Recubrimientos mínimos (mm) para las clases generales de exposición III i IV* i l'article 37.2.4 *Recubrimientos*):

Armado+ CEM III/A + t_d=100 anys+ Exposició IIIa $\Rightarrow r_{min} = 30$mm
In situ amb control intens $\Rightarrow \Delta r = 5$ mm

Obtenim un valor $r = 30 + 5 = 35$ mm (Nota: veure taules a l'annex). Resposta correcta c).

Exercici DU-07

Es plantegen dues formes diferents per a la secció transversal d'una passarel·la, tal com indiquen les figures *a* i *b*. Quina és la més adequada per raons de durabilitat?

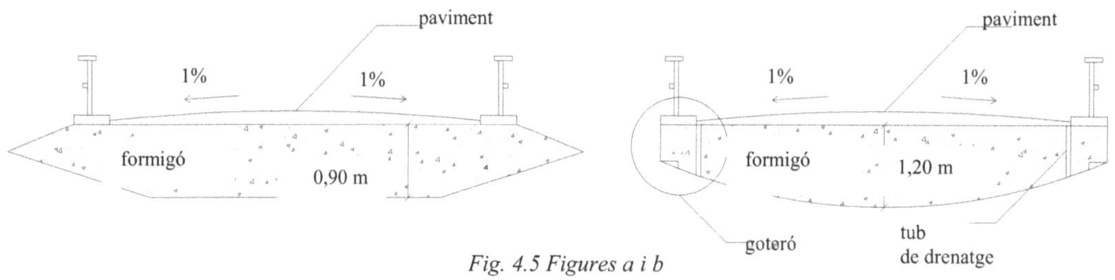

Fig. 4.5 Figures a i b

Respostes possibles:

a) Les dues són igualment adequades.
b) La *a* perquè té menys cantell.
c) La *b* perquè té formes arrodonides i un bon drenatge.
d) Cap d'elles és adequada perquè no té tubs de drenatge.

Solució

La solució de la figura *b* és més adequada perquè té la forma més arrodonida, per l'existència de tubs de drenatge que eviten l'acumulació d'aigua a la base de la barana i per l'existència d'un goteró que evita, en gran part, que l'aigua rellisqui pel parament inferior.

Exercici DU-08

Es dissenya un pont sobre el riu Llobregat, a prop de Martorell, el taulell del qual és de bigues prefabricades pretesades amb armadures preteses i llosa superior de formigó armat, recolzades sobre una pila en forma de martell també de formigó armat. El conjunt es fonamenta mitjançant un encep sobre tres pilons a la llera del riu, en un terreny sorrenc fins arribar a tocar roca. Tot el conjunt es construeix *in situ,* amb control intens d'execució.

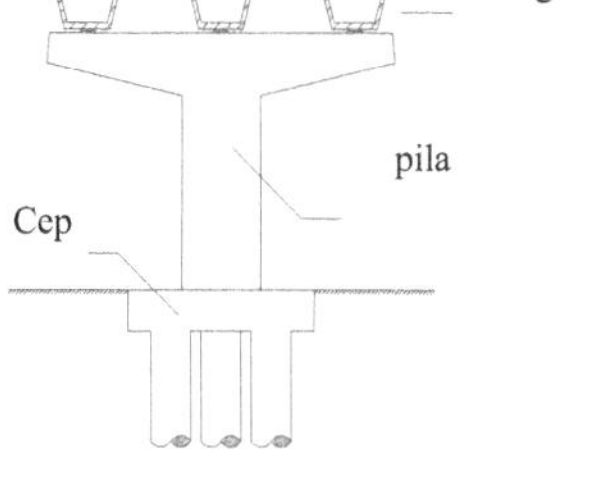

Fig. 4.6 Esquema l'estructura

Es demana, per als elements bigues, piles i encep, quina classe d'exposició s'ha de considerar i quin criteri de càlcul s'ha de seguir per a satisfer l'estat límit de fissuració.

Respostes possibles:

	Bigues		Piles		Ceps	
	Formigó	Fissuració	Formigó	Fissuració	Formigó	Fissuració
a)	IIa	$w_{màx} < 0{,}2$ mm	IIa	$w_{màx} < 0{,}3$ mm	IIa	$w_{màx} < 0{,}3$ mm
b)	IIa	$\sigma_{ct} > f_{ct}$	IIb	$w_{màx} < 0{,}4$ mm	IIa	$w_{màx} < 0{,}2$ mm
c)	IIb	Descompressió	IIb	$w_{màx} < 0{,}4$ mm	IIa	$w_{màx} < 0{,}1$ mm
d)	IIb	$w_{max} > 0{,}1$ mm	IIb	$w_{màx} < 0{,}3$ mm	IIa	$w_{màx} < 0{,}4$ mm

Solució

Per a tots els elements, tant taulell com piles i enceps, es considera una classe d'exposició IIa, d'acord amb la taula 8.2.2 de la Instrucció EHE. Per a aquest ambient, la taula 5.1.1.2, relativa a fissuració, prescriu que a les peces pretesades (bigues) l'ample de fissura $w_{màx}$ no superi els 0,2 mm i a les peces armades (piles i enceps), els 0,3 mm. Per tant, la solució correcta és la *a* (veure taules a l'annex).

Exercici DU-09

Es projecta un dipòsit elevat de formigó armat, de 180 m^3 de capacitat, per a l'abastament d'aigua potable en una petita població situada a la costa del Baix Ebre. El dipòsit consisteix en un vas superior de forma cilíndrica, disposat sobre un fust, també cilíndric, les dimensions dels quals són les de la figura adjunta:

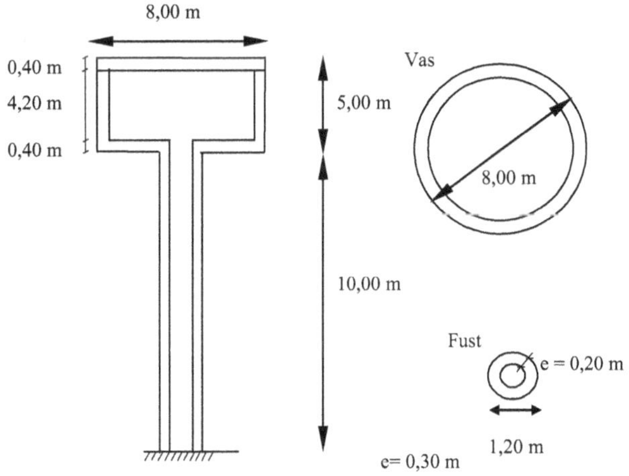

Fig. 4.7 Esquema del dipòsit

Indiqueu quins són els materials més adequats per a aquesta construcció.

Respostes possibles:

a) Formigó HA-25/B/20/IIa Acer: B500S
b) Formigó HM-30/B/20/I Acer: B500S
c) Formigó HA-40/B/20/IIIc Acer: B500S
d) Formigó HA-30/B/20/IIIa Acer: B500S

Solució

L'obra és un dipòsit d'aigua. Donada la importància especial que tindrà per a la població, es pot suposar una vida útil nominal de td=100 anys, segons la Taula 5.1 *Vida útil nominal de los diferentes tipos de estructura.*

La resposta correcta és la *d* perquè es tracta, amb tota seguretat, d'una construcció de formigó armat que es troba en una població costanera i, per tant, estarà exposada a una classe d'exposició marina aèria (IIIa, segons la taula 8.2.2). D'acord amb aquesta classe d'exposició, la resistència característica que tindrà un formigó que compleixi les prescripcions de màxima relació A/C (< 0,50) i contingut mínim de ciment C (> 300 kg/m^3), com a mínim serà de 30 N/mm^2, d'acord amb les taules 37.3.2.*a* i 37.3.2.*b* de la Instrucció EHE (taules incloses a l'annex).

5. Estat límit d'esgotament sota sol·licitacions normals

Exercici FC-01

Considereu una secció rectangular com la de la figura adjunta (b=0,40m, h=0,50m) construïda *in situ* amb els materials següents:

- Formigó: HA25/B/20/IIb f_{ck} = 25 N/mm^2
- Acer: B500-S f_{yk} = 500 N/mm^2

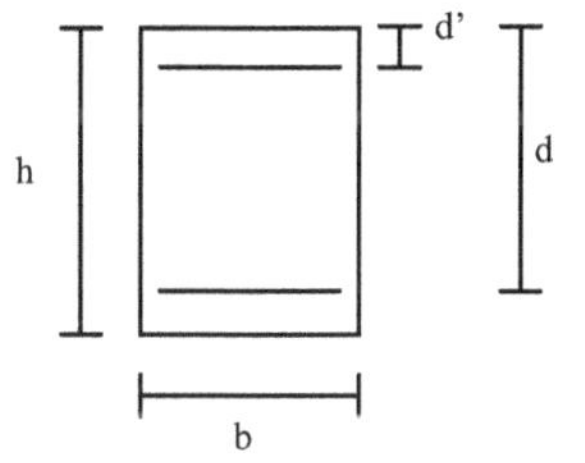

Fig. 5.1 Geometria de la secció

Quina és l'àrea d'acer estrictament necessària per a resistir un moment flexor de càlcul M_d = 250 kN·m, suposant un recobriment mecànic a tracció i a compressió de 50 mm i el control d'execució és normal?

Respostes possibles:

a) $A_s = A'_s$ = 1.225 mm^2
b) A_s =1.424 mm^2, A'_s = 0 mm^2
c) A_s = 1.225 mm^2, A'_s = 240 mm^2
d) A_s = 1.225 mm^2, A'_s = 0 mm^2

Solució

Les resistències de càlcul del formigó i de l'acer són, respectivament:

$$f_{cd} = \frac{f_{ck}}{1,5} = \frac{25}{1,5} = 16,67 \text{ N/mm}^2 = 16.667 \text{ kN/m}^2$$

$$f_{yd} = \frac{f_{yk}}{1,15} = 435 \text{ N/mm}^2 = 435.000 \text{ kN/m}^2$$

Es calcula el cantell útil com el cantell total de la peça menys el recobriment mecànic: $d = h - r = 0{,}50 - 0{,}05 = 0{,}45$ m.

Aplicant les fórmules del mètode simplificat per al càlcul de seccions rectangulars sotmeses a flexió simple (EHE 2008, annex 7, cap. 3), s'obté:

$$U_0 = f_{cd} \cdot bd = 16.667 \cdot 0{,}40 \cdot 0{,}45 = 3.000 \text{ kN}$$

$$f_{ck} \leq 50MPa \Rightarrow \varepsilon_{cu} = 0{,}0035 \ (Article\ 39.5)$$

$$\varepsilon_{yd} = \frac{f_{yd}}{E} = \frac{435}{200 \cdot 10^3} = 0{,}002175$$

$$\xi = \frac{\varepsilon_{cu}}{\varepsilon_{cu} + \varepsilon_{yd}} = \frac{0{,}0035}{0{,}0035 + 0{,}002175} = 0{,}61674 \leq 0{,}625 \ (Annex\ 7,\ Article\ 3.1.1)$$

$$M_f = 0{,}8 \cdot U_0 \cdot x_f \cdot \left(1 - 0{,}4 \cdot \frac{x_f}{d}\right) = 0{,}8 \cdot 3000 \cdot 0{,}61674 \cdot 0{,}45 \cdot (1 - 0{,}4 \cdot 0{,}61674) = 501{,}76\ kN$$

$$M_d = 250\ kN < M_f = 501{,}76\ kN \Rightarrow \text{Únicament col·loquem armadura de tracció } A'_s = 0$$

Per calcular l'armadura de tracció necessària, es troba primer el valor de la capacitat mecànica de l'acer mitjançant l'expressió que apareix al capítol 3.1 de *l'annex 7* (cas 1r, $M_d \leq M_f$):

$$U_{s1} = U_0 \left(1 - \sqrt{1 - \frac{2M_d}{U_0 d}}\right) = 3.000 \left(1 - \sqrt{1 - \frac{2 \cdot 250}{3.000 \cdot 0{,}45}}\right) = 619{,}524\ kN \qquad \text{i} \qquad A_s = \frac{U_{s1}}{f_{yd}} = \frac{619.524}{435} = 1.424{,}2 \text{ mm}^2$$

Així, l'àrea d'acer estrictament necessària per resistir el moment flexor de càlcul és A_s = 1.424,2 mm^2, corresponent a l'armadura de tracció. No és necessària armadura de compressió.

Per tant, la solució correcta és la *b*.

Exercici FC-02

Considereu una secció rectangular com la de la figura adjunta (b=0,40m, h=0,50m), construïda amb els materials següents:

- Formigó: HA25/B/20/IIb f_{ck} = 25 N/mm^2
- Acer: B500-S f_{ik} = 500 N/mm^2

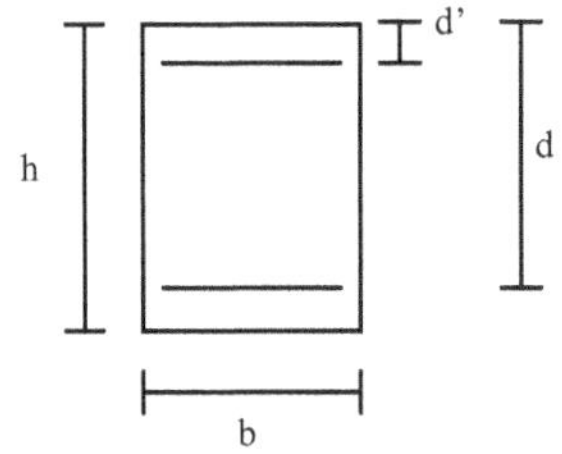

Fig. 5.2 Geometria de la secció

Suposant que l'element ha de resistir un moment de càlcul M_d =250 kN·m, obteniu les armadures necessàries i disposeu-les tenint en compte els recobriments requerits per raons de durabilitat, sabent que l'armadura transversal està constituïda per cèrcols de Ø10 mm i que la separació horitzontal mínima entre barres ha de ser 50 mm per a facilitar el vibrat del formigó. Temps de vida útil t_d=100 anys i ciment CEM I.

Respostes possibles:

a) Recobriment = 35 mm, A_s = 7 Ø16, A'_s = 0 mm^2
b) Recobriment = 40 mm, A_s = 8 Ø16, A'_s = 0 mm^2
c) Recobriment = 50 mm, A_s = 5 Ø20, A'_s = 0 mm^2
d) Recobriment = 40 mm, A_s = 5 Ø20 , A'_s = 0 mm^2

Solució

En primer lloc, s'ha de calcular el cantell útil de la peça. Per això, és necessari conèixer el recobriment nominal que s'ha de deixar per a raons de durabilitat:

$r = r_{min} + \Delta r$

r_{min} (ambient IIb+CEM I+ $25 \le f_{ck} \le 40$ +t_d=100 anys) = 30 mm (taula 37.2.4.1.a)

Δr (control normal execució *in situ*) = 10 mm

$r = r_{min} + \Delta r = 30 + 10 = 40$ mm

El cantell útil d és igual al cantell total de la peça h menys el recobriment r, el gruix dels cèrcols de l'armadura transversal (10 mm) i el radi de l'armadura longitudinal (10 mm, suposant rodons Ø20 en una sola fila). Així doncs, el valor del cantell útil és:

$$d = 500 - 40 - 10 - 10 = 440 \text{ mm} = 0{,}44 \text{ m}$$

Les resistències de càlcul del formigó i de l'acer són, respectivament:

$$f_{cd} = \frac{f_{ck}}{1{,}5} = \frac{25}{1{,}5} = 16{,}67 \text{ N/mm}^2 = 16.667 \text{ kN/m}^2$$

$$f_{yd} = \frac{f_{yk}}{1{,}15} = 435 \text{ N/mm}^2 = 435.000 \text{ kN/ m}^2$$

Aplicant les fórmules del mètode simplificat per al càlcul de seccions rectangulars sotmeses a flexió simple (annex 7, cap. 3), s'obté:

$$U_0 = f_{cd} \cdot bd = 16.667 \cdot 0{,}40 \cdot 0{,}44 = 2.933{,}33 \text{ kN}$$

$$f_{ck} \le 50 MPa \Rightarrow \varepsilon_{cu} = 0{,}0035 \ (\textit{Article } 39.5)$$

$$\varepsilon_{yd} = \frac{f_{yd}}{E} = \frac{435}{200 \cdot 10^3} = 0{,}002175$$

$$\xi = \frac{\varepsilon_{cu}}{\varepsilon_{cu} + \varepsilon_{yd}} = \frac{0{,}0035}{0{,}0035 + 0{,}002175} = 0{,}61674 \le 0{,}625 \ (\textit{Annex } 7, \textit{ Article } 3.1.1)$$

$$M_f = 0{,}8 \cdot U_0 \cdot x_f \cdot \left(1 - 0{,}4 \cdot \frac{x_f}{d}\right) = 0{,}8 \cdot 2.933{,}33 \cdot 0{,}61674 \cdot 0{,}44 \cdot (1 - 0{,}4 \cdot 0{,}61674) = 479{,}71 \ kNm$$

$$M_d = 250 \ kNm < M_f = 479{,}71 \ kNm \Rightarrow \textit{Únicament col·loquem armadura de tracció } A'_s = 0$$

Per a calcular l'armadura de tracció necessària, es troba primer el valor de la capacitat mecànica de l'acer, mitjançant l'expressió que apareix al capítol 3.1.1 de *l'annex 8* (cas 1r, $M_d \le M_f$):

$$U_{s1} = U_0 \left(1 - \sqrt{1 - \frac{2M_d}{U_0 d}}\right) = 2.933{,}33 \cdot \left(1 - \sqrt{1 - \frac{2 \cdot 250}{2.933{,}33 \cdot 0{,}44}}\right) = 637{,}44 \text{ kN} \quad A_s = \frac{U_{s1}}{f_{yd}} = \frac{637.443}{435} = 1.465{,}39 \text{ mm}^2$$

Suposant Ø20, amb una àrea de 314.16 mm^2, serien necessaris $\frac{1.465,39}{314,16} = 4,66 \approx 5$ rodons per a formar l'armadura de tracció. S'ha de comprovar si aquestes cinc barres caben en una sola fila, complint els requisits de separacions i recobriments mínims:

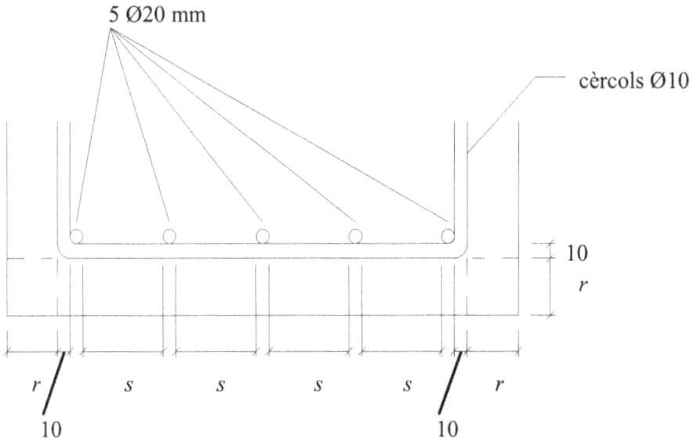

Fig. 5.3 Disposició de l'armadura

$$4 \cdot s + 5 \cdot 20 + 2 \cdot 10 + 2 \cdot 40 = 400 \quad \Rightarrow \quad s = 50 \text{ mm},$$

que compleix la separació horitzontal mínima entre barres necessària per a facilitar el vibrat del formigó.

Exercici FC-03

Considereu una secció rectangular com la de la figura adjunta (b=0,40 m, h=0,50 m), construïda amb els materials següents:

- Formigó: HA25/B/20/IIa f_{ck}= 25 N/mm^2
- Acer: B500-S f_{yk}= 500 N/mm^2

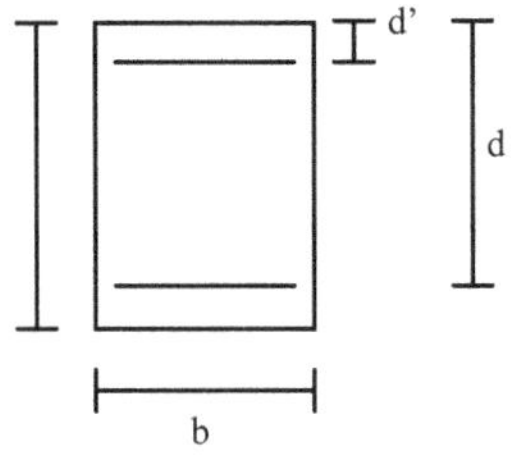

Fig. 5.4 Geometria de la secció

Suposant que d=450 mm i d'=50 mm, i que el control d'execució és normal, obteniu les armadures longitudinals de flexió estrictament necessàries per a resistir un moment flexor de càlcul M_d = 570 kN·m.

Respostes possibles:

a) A_s = 3.795 mm^2, A'_s = 392 mm^2
b) A_s = 3.332 mm^2, A'_s = 435 mm^2
c) A_s = 3.332 mm^2, A'_s = 0
d) A_s = 4.200 mm^2, A'_s = 0

Solució

Les resistències de càlcul del formigó i de l'acer són, respectivament:

$$f_{cd} = \frac{f_{ck}}{1,5} = \frac{25}{1,5} = 16,67 \text{ N/mm}^2 = 16.667 \text{ kN/m}^2$$

$$f_{yd} = \frac{f_{yk}}{1,15} = 435 \text{ N/mm}^2 = 435.000 \text{ kN/m}^2$$

Aplicant les fórmules del mètode simplificat per al càlcul de seccions rectangulars sotmeses a flexió simple (annex 7, cap. 3.1.1), s'obté:

$$U_0 = f_{cd} \cdot bd = 16.667 \cdot 0,40 \cdot 0,45 = 3.000 \text{ kN}$$

$$f_{ck} \leq 50 MPa \Rightarrow \varepsilon_{cu} = 0,0035 \; (Article\ 39.5)$$

$$\varepsilon_{yd} = \frac{f_{yd}}{E} = \frac{435}{200 \cdot 10^3} = 0,002175$$

$$\xi = \frac{\varepsilon_{cu}}{\varepsilon_{cu} + \varepsilon_{yd}} = \frac{0,0035}{0,0035 + 0,002175} = 0,61674 \leq 0,625 \; (Annex\ 7,\ Article\ 3.1.1)$$

$$M_f = 0,8 \cdot U_0 \cdot x_f \cdot \left(1 - 0,4 \cdot \frac{x_f}{d}\right) = 0,8 \cdot 3000 \cdot 0,61674 \cdot 0,45 \cdot (1 - 0,4 \cdot 0,61674) = 501,76\ kN$$

$$M_d = 570\ kN > M_f = 501,76\ kN \Rightarrow Necessitem\ armadura\ de\ tracció\ A_s\ i\ compressió\ A'_s$$

Com que el moment de càlcul és major que el moment límit, s'han d'aplicar les expressions del 2n cas del capítol 3.1.1 (annex 7) per calcular les capacitats mecàniques de l'acer de l'armadura de tracció i de compressió:

$$s_{2f} = \frac{2}{3}\left(\frac{x_f - d'}{d'}\right) \leq 1 \Rightarrow s_{2f} = \frac{2}{3}\left(\frac{0,61674 \cdot 450 - 50}{50}\right) \leq 1 \Rightarrow s_{2f} = 1$$

$$U_{s2} = \frac{1}{s_f}\left(\frac{M_d - M_f}{d - d'}\right) = \frac{570 - 501,76}{0,45 - 0,05} = 170,6 \text{ kN}$$

$$A'_s = \frac{U_{s2}}{f_{yd}} = \frac{170.600}{435} = 392,18 \text{ mm}^2$$

$$U_{s1} = 0,8 \cdot U_0 \cdot \frac{x_f}{d} + \frac{M_d - M_f}{d - d'} = 0,8 \cdot 3.000 \cdot 0,61674 + \frac{570 - 501,76}{0,45 - 0,05} = 1650,78\ kN$$

$$A_s = \frac{U_{s1}}{f_{yd}} = \frac{1.650.776}{435} = 3.794,89 \text{ mm}^2$$

Exercici FC-04

Considereu una secció rectangular d'un pilar prefabricat com la de la figura adjunta (b=0,40 m, h=0,50 m) construïda amb els materials següents:

- Formigó: HA25/B/20/IIa f_{ck} = 25 N/mm^2
- Acer: B500-S f_{ik} = 500 N/mm^2

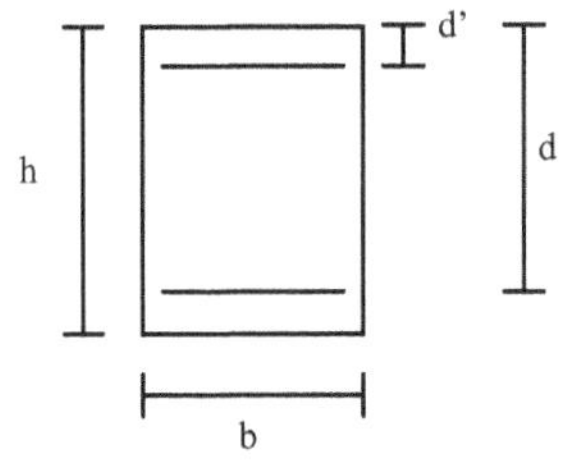

Fig. 5.5 Geometria de la secció

Suposant que l'element ha de resistir un moment de càlcul M_d =575 kN·m, obteniu les armadures necessàries i disposeu-les tenint en compte els recobriments necessaris per raons de durabilitat, sabent que l'armadura transversal està constituïda per cèrcols de Ø10 mm, que la separació horitzontal mínima entre barres ha de ser de 50 mm per a facilitar el vibrat del formigó i que la separació vertical mínima entre barres ha de ser de 25 mm. Temps de vida útil t_d=50 anys i ciment amb adicions.

Respostes possibles:

a) Recobr. r = 40 mm, A_s = 6 Ø25 (totes en un sola fila), A'_s =0
b) Recobr. r = 50 mm, A_s = 7 Ø25 (5 en una fila, 2 a la superior), A'_s = 0
c) Recobr. r = 30 mm, A_s = 7 Ø25 (5 en una fila, 2 a la superior), A'_s = 3 Ø20
d) Recobr. r = 20 mm, A_s = 8 Ø25 (4 en una fila, 4 a la superior), A'_s = 6 Ø12

Solució

En primer lloc, s'ha de calcular el cantell útil de la peça. Per això, és necessari conèixer el recobriment nominal que s'ha de deixar per raons de durabilitat:

$r = r_{min} + \Delta r$
r_{min} (ambient IIa+un altre tipus de ciment+ $25 \leq f_{ck} \leq 40$ + t_d=50 anys) = 20 mm (taula 37.2.4.1.a)
Δr (element prefabricat, control intens) = 0 mm
$r = r_{min} + \Delta r = 20 + 0 = 20$ mm

El cantell útil d és igual al cantell total de la peça h menys el recobriment r, el gruix dels cèrcols de l'armadura transversal (10 mm) i el radi de l'armadura longitudinal (10 mm, suposant rodons Ø20). Així doncs, el valor del cantell útil és:

$d = 500 - 20 - 10 - 10 = 460$ mm = 0,46 m
$d' = h - d = 500 - 460 = 40$ mm = 0,04 m

Les resistències de càlcul del formigó i de l'acer són, respectivament:

$$f_{cd} = \frac{f_{ck}}{1,5} = \frac{25}{1,5} = 16,67 \text{ N/mm}^2 = 16.667 \text{ kN/m}^2$$

$$f_{yd} = \frac{f_{yk}}{1,15} = 435 \text{ N/mm}^2 = 435.000 \text{ kN/ m}^2$$

Aplicant les fórmules del mètode simplificat per al càlcul de seccions rectangulars sotmeses a flexió simple (annex 7, cap. 3), s'obté:

$$U_0 = f_{cd} \cdot bd = 16.667 \cdot 0,40 \cdot 0,46 = 3.066,67 \text{ kN}$$

$$f_{ck} \le 50MPa \Rightarrow \varepsilon_{cu} = 0,0035 \ (Article\ 39.5)$$

$$\varepsilon_{yd} = \frac{f_{yd}}{E} = \frac{435}{200 \cdot 10^3} = 0,002175$$

$$\xi = \frac{\varepsilon_{cu}}{\varepsilon_{cu} + \varepsilon_{yd}} = \frac{0,0035}{0,0035 + 0,002175} = 0,61674 \le 0,625 \ (Annex\ 7,\ Article\ 3.1.1)$$

$$M_f = 0,8 \cdot U_0 \cdot x_f \cdot \left(1 - 0,4 \cdot \frac{x_f}{d}\right) = 0,8 \cdot 3066,67 \cdot 0,61674 \cdot 0,46 \cdot (1 - 0,4 \cdot 0,61674) = 524,31\ kN$$

$$M_d = 575\ kN > M_f = 524,31\ kN \Rightarrow Necessitem\ armadura\ de\ tracció\ A_s\ i\ compressió\ A'_s$$

Com que el moment de càlcul és més gran que el moment límit, s'han d'aplicar les expressions del 2n cas del capítol 3.1.1 (annex 7) per calcular les capacitats mecàniques de l'acer de l'armadura de tracció i de compressió:

$$s_{2f} = \frac{2}{3}\left(\frac{x_f - d'}{d'}\right) \le 1 \ \Rightarrow s_{2f} = \frac{2}{3}\left(\frac{0,61674 \cdot 460 - 40}{40}\right) \le 1 \Rightarrow s_{2f} = 1$$

$$U_{s2} = \frac{1}{s_f}\left(\frac{M_d - M_f}{d - d'}\right) = \frac{575 - 524,31}{0,46 - 0,04} = 120,69 \text{ kN}$$

$$A'_s = \frac{U_{s2}}{f_{yd}} = \frac{120.690}{435} = 277,45 \text{ mm}^2$$

$$U_{s1} = 0,8 \cdot U_0 \cdot \frac{x_f}{d} + \frac{M_d - M_f}{d - d'} = 0,8 \cdot 3.066,67 \cdot 0,61674 + \frac{575 - 524,31}{0,46 - 0,04} = 1633,76\ kN$$

$$A_s = \frac{U_{s1}}{f_{yd}} = \frac{1.633.761}{435} = 3.755,77 \text{ mm}^2$$

Disposició de l'armadura de compressió, $A'_s = 277,45 \text{ mm}^2$:

Rodons Ø10 (A = 78,54 mm^2): $\frac{277,45}{78,54} = 3,53 \Rightarrow 4\ Ø10 \text{ mm} \Rightarrow 314,16 \text{ mm}^2$

Rodons Ø12 (A = 113,1 mm^2): $\frac{277,45}{113,1} = 2,45 \approx 3\ Ø12 \text{ mm} \Rightarrow 339,3 \text{ mm}^2$

Disposició de l'armadura de tracció, $A_s = 3.755,77 \text{ mm}^2$:

Rodons Ø25 (A = 490.87 mm^2): $\frac{3.755,77}{490,87} = 7,65 \approx 8\ Ø25 \text{ mm}$

$7 \cdot s + 2 \cdot 20 + 2 \cdot 10 + 8 \cdot 25 = 400 \ \Rightarrow \ s = 20,0 \text{ mm} < 50 \text{ mm}$

No caben totes les barres en una sola fila. A continuació s'intenta distribuir-les en dues files i, per tant, varia el valor del cantell útil. Fent una disposició de 2 files de 4 barres cadascuna:

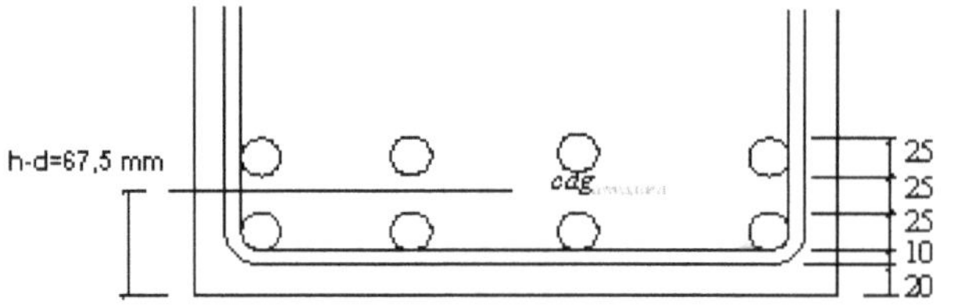

$$x_{cdg} = \frac{4 \cdot 42,5 + 4 \cdot 92,5}{8} = 67,5mm$$

Fig. 5.6 Disposició de les armadures

Es torna a fer el problema prenent $d = 0,4325$ m, mantenint d' = 0,04 m a la part comprimida de la secció:

$$U_0 = f_{cd} \cdot bd = 16.667 \cdot 0,40 \cdot 0,4325 = 2.883,33\,\text{kN}$$

$$M_f = 0,8 \cdot U_0 \cdot x_f \cdot \left(1 - 0,4 \cdot \frac{x_f}{d}\right) = 0,8 \cdot 2.883,33 \cdot 0,61674 \cdot 0,4325 \cdot (1 - 0,4 \cdot 0,61674) = 463,49\ kN$$

$$M_d = 575\ kN > M_f = 463,49\ kN \Rightarrow \textit{Necessitem armadura de tracció } A_s \textit{ i compressió } A'_s$$

$$s_{2f} = \frac{2}{3}\left(\frac{x_f - d'}{d'}\right) \leq 1 \Rightarrow s_{2f} = \frac{2}{3}\left(\frac{0,61674 \cdot 432,5 - 40}{40}\right) \leq 1 \Rightarrow s_{2f} = 1$$

$$U_{s2} = \frac{1}{s_f}\left(\frac{M_d - M_f}{d - d'}\right) = \frac{575 - 463,49}{0,4325 - 0,04} = 284,1\ \text{kN}$$

$$A'_s = \frac{U_{s2}}{f_{yd}} = \frac{284.102}{435} = 653,11\,\text{mm}^2$$

$$U_{s1} = 0,8 \cdot U_0 \cdot \frac{x_f}{d} + \frac{M_d - M_f}{d - d'} = 0,8 \cdot 2883,33 \cdot 0,61674 + \frac{575 - 463,49}{0,4325 - 0,04} = 1706,71\ kN$$

$$A_s = \frac{U_{s1}}{f_{yd}} = \frac{1.706.714}{435} = 3.923,48\,\text{mm}^2$$

Disposició de l'armadura de compressió, $A_s' = 653,11$ mm^2:

Rodons Ø12 ($A = 113,1$ mm^2): $\frac{653,11}{113,1} = 5,77 \Rightarrow 6\ Ø12 \Rightarrow 678,6$ mm^2

Rodons Ø16 ($A = 201,06$ mm^2): $\frac{653,11}{201,06} = 3,25 \Rightarrow 4\ Ø16 \Rightarrow 804,24$ mm^2

L'armat s'ajusta més amb rodons del Ø12. Comprovem que hi càpiguen tots en una fila:

$$5 \cdot s + 2 \cdot 20 + 2 \cdot 10 + 6 \cdot 12 = 400 \quad \Rightarrow \quad s = 53,6\ \text{mm} > 50\ \text{mm}$$

Llavors, aquesta disposició de l'armadura de compressió és vàlida.

Disposició de l'armadura de tracció, $A_s = 3.923,48$ mm^2:

Rodons Ø25 ($A = 490,87$ mm^2): $\frac{3.923,48}{490,87} = 7,99 \approx 8$ Ø25 mm, col·locades quatre d'elles a la fila inferior i quatre a la superior, amb una separació vertical de 25 mm.

Llavors la disposició correcta és la definida a l'apartat *d*, amb $A_s = 8$ Ø25 (quatre en una fila, quatre a la superior) i $A'_s = 6$ Ø12.

Exercici FC-05

Considereu una secció rectangular com la de la figura adjunta (b=0,40m, h=0,50m), construïda amb els materials següents:

- Formigó: HA25/B/20/IIa f_{ck} = 25 N/mm^2
- Acer: B500-S f_{ik} = 500 N/mm^2

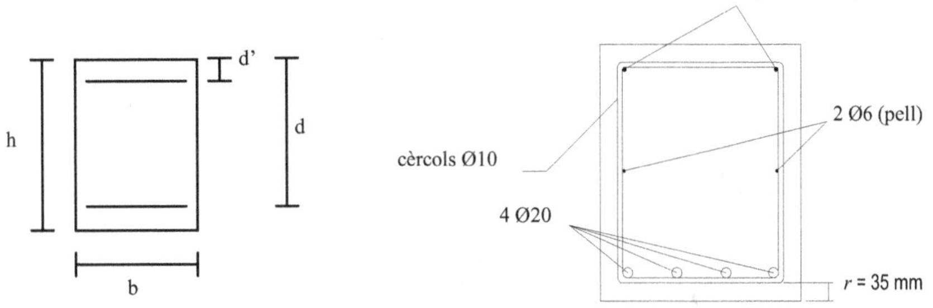

Fig. 5.7 Geometria de la secció i disposició de les barres

Calculeu el moment M_u màxim que pot resistir la secció sense considerar la contribució de l'armadura de construcció, sabent que l'armadura de tracció està formada per 4 Ø20.

Respostes possibles:

a) M_u = 121 kN·m
b) M_u = 221 kN·m
c) M_u = 333 kN·m
d) M_u = 421 kN·m

Solució

Per a resoldre el problema, se suposa ruptura dúctil. L'àrea d'acer a tracció que cal considerar és A_s = 4 · 314,16 = 1.256,6 mm^2. El cantell útil es calcula com el cantell total h, menys el recobriment r, el diàmetre dels cèrcols transversals (Ø10) i el radi corresponent a les barres longitudinals (Ø20). Així doncs, d = 500 – 35 – 10 – 10 = 445 mm. El valor d' es calcula com la suma del recobriment, el diàmetre de les barres transversals i el radi de les barres de construcció (Ø8): d' = 35 + 10 + 4 = 49 mm:

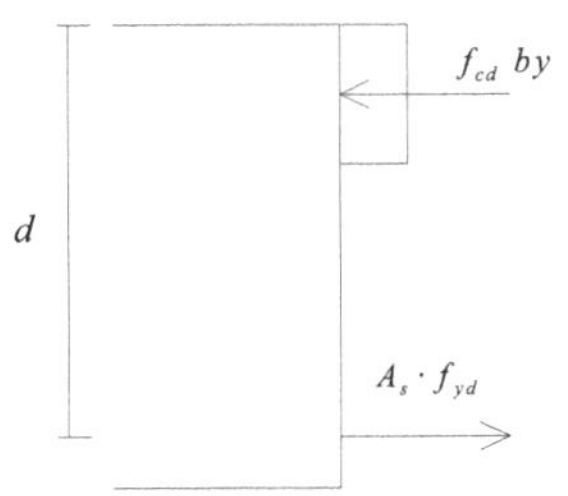

Les resistències de càlcul són:

$$f_{cd} = \frac{f_{ck}}{1{,}5} = \frac{25}{1{,}5} = 16{,}67 \text{ N/mm}^2 \quad f_{yd} = \frac{f_{yk}}{1{,}15} = 435 \text{ N/mm}^2$$

$$y = \frac{A_s \cdot f_{yd}}{f_{cd} b} = \frac{1.256{,}6 \cdot 435}{16{,}67 \cdot 400} = 81{,}99 \text{ mm}$$

$$M_u = A_s \cdot f_{yd}(d - \frac{y}{2}) = 1.256{,}6 \cdot 435\left(445 - \frac{81{,}99}{2}\right) = 220.836.756{,}2 \text{ N·mm} = 220{,}8 \text{ kN·m}$$

Es pot resoldre el problema mitjançant el mètode simplificat per al càlcul de seccions rectangulars sotmeses a flexió simple (annex 7, cap. 3):

$$U_0 = f_{cd} bd = 16.667 \cdot 0{,}40 \cdot 0{,}445 = 2.966{,}67 \text{ kN}$$

$$U_V = 2U_0 \, {d'}/{d} = 2 \cdot 2.966{,}67 \cdot {49}/{445} = 653{,}33 \text{ kN}$$

$$U_{s1} = A_s \cdot f_{yd} = 1.256{,}6 \cdot 435 = 546.621 \text{ N} = 546{,}6 \text{ kN}$$

$U_{s2} = A_s' \cdot f_{yd} = 0$ kN (no hi ha armadura de compressió)

$U_{s1} - U_{s2} = 546,6 - 0 = 546,6$ kN $< U_V$ (1r cas del capítol 3.2)

$$M_u = 0,24 U_V d' \frac{(U_V - U_{s1} + U_{s2})(1,5U_{s1} + U_{s2})}{(0,6U_V + U_{s2})^2} + U_{s1}(d - d') =$$

$$= 0,24 \cdot 653,33 \cdot 0,049 \frac{(653,33 - 546,6 + 0)(1,5 \cdot 546,6 + 0)}{(0,6 \cdot 653,33 + 0)^2} + 546,6(0,445 - 0,049)$$

$M_u = 220,83$ kN·m, que coincideix amb el resultat obtingut anteriorment.

La hipòtesi de ruptura dúctil es compleix ja que la deformació de l'armadura és:

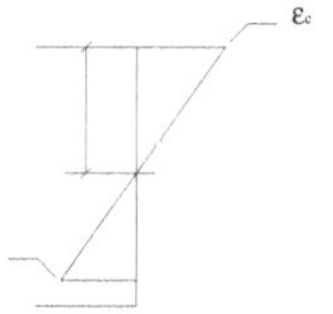

$$\frac{\varepsilon_s}{d - x} = \frac{\varepsilon_c}{x} = \frac{0,0035}{x} \rightarrow \varepsilon_s = \varepsilon_c \frac{d - x}{x}$$

Com que:

$$y = 0,8x\,,\ x = 1.25y = 1,25 \cdot 81,99 = 102,4875 \text{ mm}$$

$$\varepsilon_s = 0,0035 \cdot \frac{445 - 102,4875}{102,4875} = 0,0117 > \varepsilon_y = \frac{f_{yd}}{E_s} = 0,00217$$

Per tant, en ser $\varepsilon_s > \varepsilon_y$, la ruptura és dúctil.

També hauria estat suficient verificar que $x < x_{lim}$, on

$$x_{lim} = \frac{d}{1 + \varepsilon_y / \varepsilon_{cu}} = 0,617d = 275 \text{ mm}$$

Així doncs, es confirma la solució adoptada.

Exercici FC-06

Considereu una secció rectangular com la de la figura adjunta (b=0,40m, h=0,50m), construïda amb els materials següents:

- Formigó: HA25/B/20/IIa $f_{ck} = 25$ N/mm^2
- Acer: B500-S $f_{ik} = 500$ N/mm^2

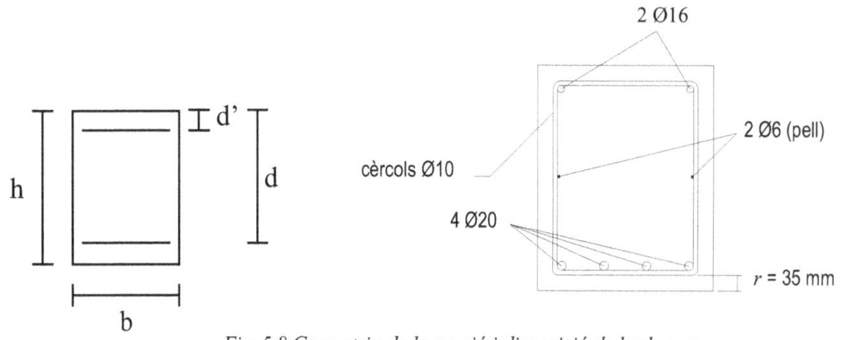

Fig. 5.8 Geometria de la secció i disposició de les barres

Calculeu el moment M_d màxim que pot resistir la secció tenint en compte la contribució de l'armadura de construcció a la zona comprimida, que està constituïda per dues barres de Ø16.

Respostes possibles:

a) $M_u = 223$ kN·m
b) $M_u = 250{,}5$ kN·m
c) $M_u = 280{,}5$ kN·m
d) $M_u = 300{,}0$ kN·m

Solució

Per resoldre el problema se suposa ruptura en domini 3. L'àrea d'acer que cal considerar és $A_s = 4 \cdot 314{,}16 = 1.256{,}6$ mm^2 i $A_s' = 2 \cdot 201{,}06 = 402{,}12$ mm^2. El cantell útil es calcula com el cantell total h, menys el recobriment r, el diàmetre dels cèrcols transversals (Ø10) i el radi corresponent a les barres longitudinals (Ø20). Així doncs, $d = 500 - 35 - 10 - 10 =$ 445 mm. El valor d' es calcula com la suma del recobriment, el diàmetre de les barres transversals i el radi de les barres de construcció (Ø16): $d' = 35 + 10 + 8 = 53$ mm:

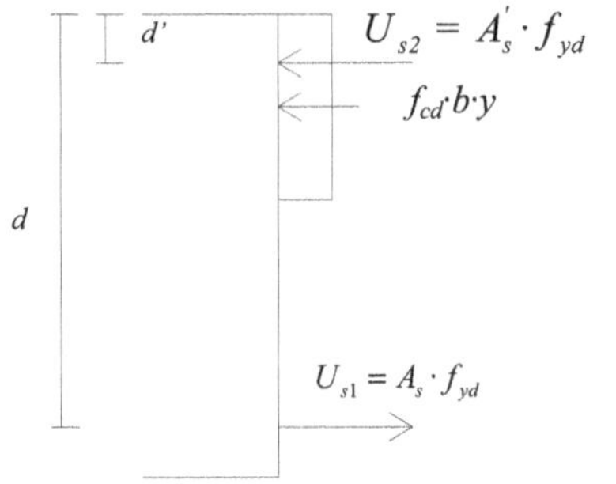

Les resistències de càlcul són:

$$f_{cd} = \frac{f_{ck}}{1{,}5} = \frac{25}{1{,}5} = 16{,}67 \text{ N/mm}^2$$

$$f_{yd} = \frac{f_{yk}}{1{,}15} = 435 \text{ N/mm}^2$$

Plantejant l'equilibri, s'obté:

$$0 = f_{cd}by + U_{s2} - U_{s1}$$

$$U_{s1} = A_s \cdot f_{yd} = 1.256{,}6 \cdot 435 = 546{,}621 \text{ N} = 546{,}6 \text{ kN}$$

$$U_{s2} = A_s' f_{yd} = 402{,}12 \cdot 435 = 174.922{,}2 \text{ N} = 174{,}9 \text{ kN}$$

$$y = \frac{U_{s1} - U_{s2}}{f_{cd}b} = \frac{546.621 - 174.922{,}2}{16{,}67 \cdot 400} = 55{,}755 \text{ mm}$$

$$M_u = f_{cd}by\left(d - \frac{y}{2}\right) + U_{s2}(d - d') = (U_{s1} - U_{s2})\left(d - \frac{y}{2}\right) + U_{s2}(d - d') =$$

$$= (546{,}6 - 174{,}9)\left(0{,}445 - \frac{0{,}055755}{2}\right) + 174{,}9 \cdot (0{,}445 - 0{,}053) = 223{,}61 \text{ kN·m}$$

Es pot resoldre el problema mitjançant el mètode simplificat per al càlcul de seccions rectangulars sotmeses a flexió simple (annex 7, cap. 3.2):

$$U_0 = f_{cd}bd = 16.667 \cdot 0{,}40 \cdot 0{,}445 = 2.966{,}67 \text{ kN}$$

$$U_V = 2U_0\frac{d'}{d} = 2 \cdot 2.966{,}67 \cdot \frac{53}{445} = 706{,}667 \text{ kN}$$

$$U_{s1} = A_s \cdot f_{yd} = 1.256{,}6 \cdot 435 = 546.621 \text{ N} = 546{,}6 \text{ kN}$$

$$U_{s2} = A_s' \cdot f_{yd} = 402{,}12 \cdot 435 = 174.923{,}9 \text{ N} = 174{,}9 \text{ kN}$$

$$U_{s1} - U_{s2} = 546{,}6 - 174{,}9 = 371{,}7 \text{ kN} < U_V \quad \text{(cas 1° del capítol 3.2)}$$

$$M_u = 0,24 U_V d' \frac{(U_V - U_{s1} + U_{s2})(1.5U_{s1} + U_{s2})}{(0.6U_V + U_{s2})^2} + U_{s1}(d - d') =$$

$$= 0,24 \cdot 706,667 \cdot 0,053 \frac{(706,667 - 546,6 + 174,9)(1,5 \cdot 546,6 + 174,9)}{(0,6 \cdot 706,667 + 174,9)^2} + 546,6(0,445 - 0,053)$$

$M_u = 222,61$ kN·m, valor pràcticament idèntic al que s'ha calculat anteriorment.

La solució que més s'aproxima als resultats és la *a*.

Exercici FC-07

Considereu una secció rectangular com la de la figura adjunta (b=0,40 m, h=0,50 m) construïda amb els materials següents:

- Formigó: HA25/B/20/IIa f_{ck} = 25 N/mm²
- Acer: B500-S f_{ik} = 500 N/mm²

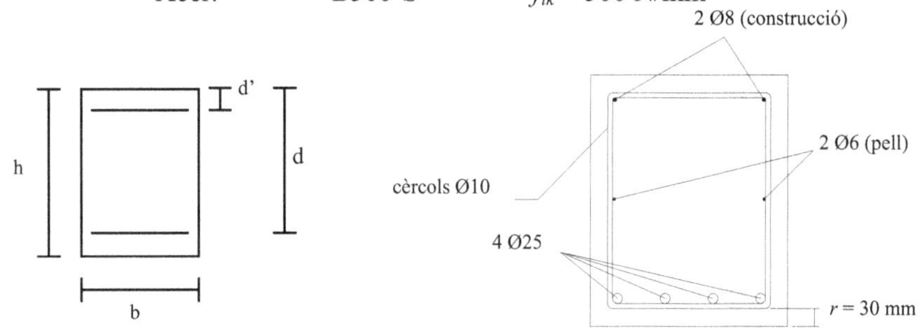

Fig. 5.9 Geometria de la secció i disposició de les barres

Calculeu el moment M_u màxim que pot resistir la secció sense considerar la contribució de l'armadura de construcció, sabent que l'armadura de tracció la formen 4 Ø25.

Respostes possibles:

a) M_u = 221 kN·m
b) M_u = 328 kN·m
c) M_u = 420 kN·m
d) M_u = 450 kN·m

Solució

Per a resoldre el problema, se suposa ruptura dúctil. L'àrea d'acer a tracció que s'ha de considerar és A_s = 4 · 490,87 = 1.963,5 mm². El cantell útil es calcula com el cantell total h, menys el recobriment r, el diàmetre dels cèrcols transversals (Ø10) i el radi corresponent a les barres longitudinals (Ø25). Així doncs, d = 500 – 30 – 10 – 12,5 = 447,5 mm. El valor d' es calcula com la suma del recobriment, el diàmetre de les barres transversals i el radi de les barres de construcció (Ø8): d' = 30 + 10 + 4 = 44 mm:

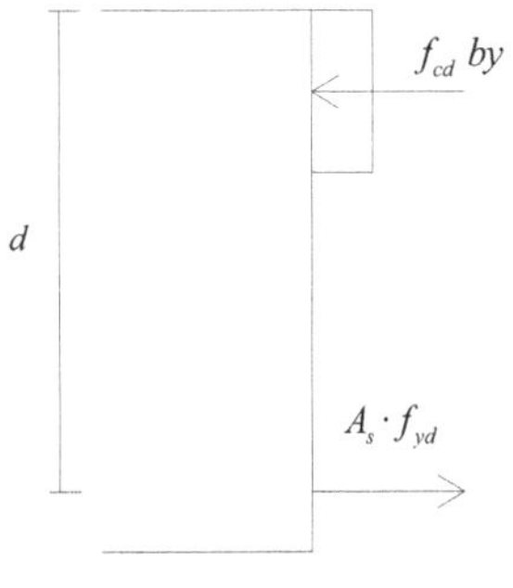

Les resistències de càlcul són:

$$f_{cd} = \frac{f_{ck}}{1,5} = \frac{25}{1,5} = 16,67 \text{ N/mm}^2$$

$$f_{yd} = \frac{f_{yk}}{1,15} = 435 \text{ N/mm}^2$$

$$y = \frac{A_s \cdot f_{yd}}{f_{cd}\, b} = \frac{1.963,5 \cdot 435}{16,67 \cdot 400} = 128,12 \text{ mm}$$

$$M_u = A_s \cdot f_{yd} (d - \frac{y}{2}) = 1.963,5 \cdot 435 \left(447,5 - \frac{128,12}{2}\right) = 327.505.425,4 \text{ N·mm} = 327,5 \text{ kN·m}$$

Es pot resoldre el problema mitjançant el mètode simplificat per al càlcul de seccions rectangulars sotmeses a flexió simple (annex 7, cap. 3):

$$U_0 = f_{cd}\, bd = 16.667 \cdot 0,40 \cdot 0,4475 = 2.983,33 \text{ kN}$$

$$U_V = 2U_0 \frac{d'}{d} = 2 \cdot 2.983,33 \cdot \frac{44}{447,5} = 586,67 \text{ kN}$$

$$U_{s1} = A_s \cdot f_{yd} = 1.963,5 \cdot 435 = 854.122,5 \text{ N} = 854,12 \text{ kN}$$

$$U_{s2} = A_s' \cdot f_{yd} = 0 \text{ kN (no hi ha armadura de compressió)}$$

$$U_{s1} - U_{s2} = 854,12 - 0 = 854,12 \text{ kN} > U_V$$

$$0,5 \cdot U_0 = 0,5 \cdot 2.983,33 = 1.491,66 \text{ kN} > U_{s1} - U_{s2}$$

S'apliquen les expressions corresponents al 2n cas del capítol 3.2 ja que es compleix que $U_V \le U_{s1} - U_{s2} \le 0,5 \cdot U_0$:

$$\mathrm{M_u} = \left(\mathrm{U_{s1}} - \mathrm{U_{s2}}\right)(1 - \frac{\mathrm{U_{s1}} - \mathrm{U_{s2}}}{2\mathrm{U_0}})\mathrm{d} + \mathrm{U_{s2}}(\mathrm{d} - \mathrm{d}') =$$

$$= (854,12 - 0)(1 - \frac{854,12 - 0}{2 \cdot 2.983,33}) \cdot 0,4475 + 0$$

$M_u = 327,5$ kN·m, que coincideix amb el resultat obtingut anteriorment.

Comprovació de ruptura dúctil:

$$x = 1,25y = 160,15 \text{ mm} < x_{lim} = 0,617d = 276,1 \text{ mm}$$

Exercici FC-08

Considereu una biga de formigó pretensat amb una secció en T com la de la figura adjunta. L'armadura activa està formada per un tendó de 12 Ø0,6'' (Àrea total: A_p = 1.680 mm^2). S'introdueix una tensió de pretensatge de $\sigma_{P_0} = 1.400$ N/mm^2 i es considera que les pèrdues totals són d'un 25%:

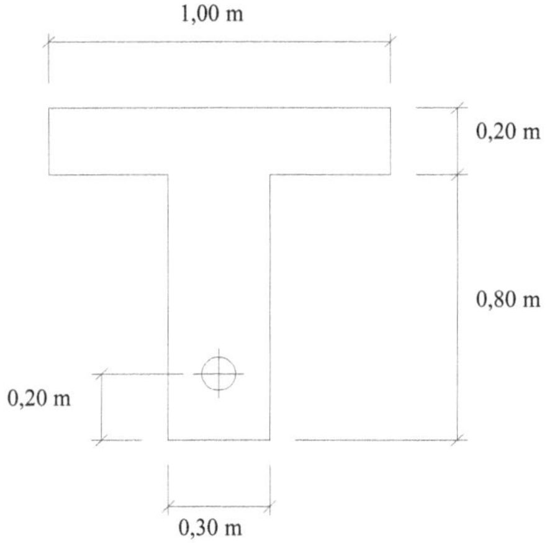

Fig. 5.10 Geometria de la secció

Els materials utilitzats són:

- Formigó: HP45/P/12/IIb
- Armadura activa: Y1860-S7

Obteniu el moment últim M_u i el valor de la profunditat de l'eix neutre, x, en ruptura.

Respostes possibles:

a) M_u = 1.583,4 kN·m; x = 0,405 m
b) M_u = 1.583,4 kN·m; x = 0,324 m
c) M_u = 2.029 kN·m; x = 0,133 m
d) M_u = 1.884 kN·m; x = 0,103 m

Solució

Es calculen, en primer lloc, les resistències de càlcul dels materials:

- Formigó:

$$f_{ck} = 45 \text{ N/mm}^2$$

$$f_{cd} = \frac{f_{ck}}{1,5} = \frac{45}{1,5} = 30 \text{ N/mm}^2$$

- Armadura activa:

$$f_{pu} = 1.860 \text{ N/mm}^2$$

$$f_{pyk} = 1.700 \text{ N/mm}^2$$

$$f_{pyd} = \frac{f_{pyk}}{1,15} = \frac{1.700}{1,15} = 1.478 \text{ N/mm}^2$$

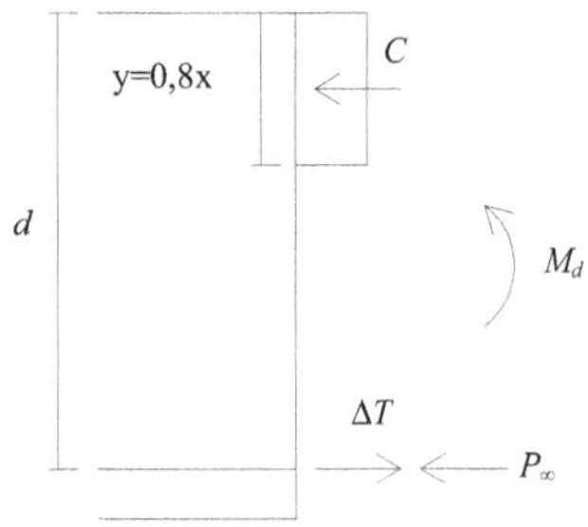

Plantejant l'equilibri a la secció s'obté:

$$\begin{cases} P_\infty = C - \Delta T \\ M_d = C\left(d - \frac{y}{2}\right) \end{cases}$$

Es pren la hipòtesi de ruptura dúctil, és a dir, es considera que l'acer està plastificat i, per tant, $\varepsilon_{p0} + \Delta\varepsilon_p \geq \varepsilon_{py}$. En aquestes condicions, es compleix que:

$$C = P_\infty + \Delta T = A_p f_{pyd} = f_{cd} b y$$

$$y = \frac{A_p f_{pyd}}{f_{cd} b} = \frac{1.680 \cdot 1.478}{30 \cdot 1.000} = 82,768 \text{ mm}$$

S'ha de comprovar que el valor de y sigui inferior a l'alçada de l'ala, $y < h_{ala}$. Efectivament, 82,768 mm < 200 mm.

El valor de x és: $y = 0,8x \Rightarrow x = 1,25y = 1,25 \cdot 82,768 = 103,46 \text{ mm} = 0,10346 \text{ m}$

Calculem el moment últim al C.d.g de l'armadura per simplificar càlculs:

$$M_u = A_p f_{pyd}\left(d - \frac{y}{2}\right) = 2483 \cdot \left(0.80 - \frac{0.082768}{2}\right) = 1883,65 \text{ kN·m}$$

Finalment, s'ha de verificar que es compleix la hipòtesi de ruptura dúctil:

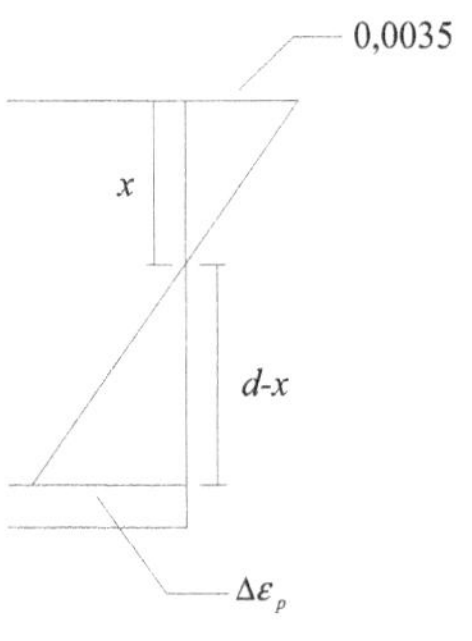

$$\varepsilon_{p0} + \Delta\varepsilon_p \geq \varepsilon_{py}$$

$$\frac{\Delta\varepsilon_p}{d - x} = \frac{0,0035}{x}$$

$$\Delta\varepsilon_p = 0,0035 \cdot \frac{d - x}{x} = 0,0035 \cdot \frac{0,80 - 0,10346}{0,10346} = 0,0236$$

$$\varepsilon_{p\infty} = \frac{\sigma_{p\infty}}{E_p} = \frac{0,75 \cdot 1.400}{190.000} = 0,0055 \text{ i } \varepsilon_{py} = \frac{f_{pyd}}{E_p} = \frac{1.478}{190.000} = 0,0078$$

$\varepsilon_p = \varepsilon_{p\infty} + \Delta\varepsilon_p = 0,0055 + 0,0236 = 0,029 > 0,0078 = \varepsilon_{py}$, es compleix.

Per tant, la solució correcta és la *d*.

Exercici FC-09

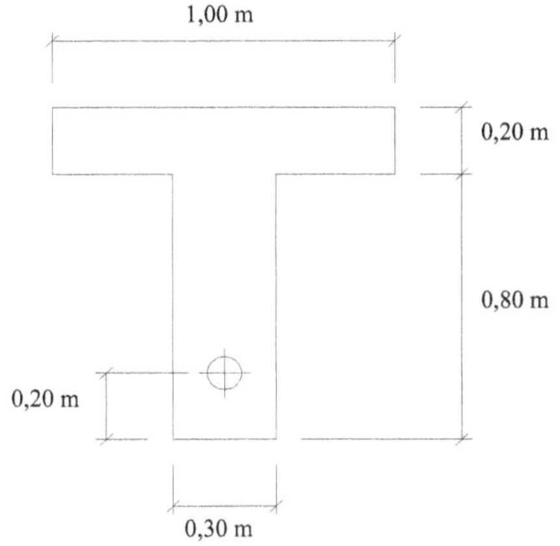

Considereu una biga de formigó pretensat amb una secció en T com la de la figura adjunta. L'armadura activa està formada per un tendó de 12 Ø0.6'' (àrea total: A_p = 1.680 mm^2). S'introdueix una tensió de pretensatge de $\sigma_{P_0} = 1.400$ N/mm^2 i es considera que les pèrdues totals són d'un 25%.

Els materials utilitzats són:

- Formigó: HP45/P/12/IIb
- Armadura activa: Y1860-S7

Fig. 5.10 Geometria de la secció

Se sotmet la biga a un moment de càlcul M_d = 2.000 kN·m. Comproveu si resisteix o, en cas contrari, calculeu l'àrea d'armadura passiva necessària (B500-SD) per a resistir la sol·licitació. Considereu un control intens d'execució.

Respostes possibles:

a) No resisteix M_u = 1.884 kN·m < M_d, A_s = 412 mm^2
b) Resisteix M_u = 2.065 kN·m > M_d, A_s = 0 mm^2
c) Resisteix M_u = 2.500 kN·m > M_d, A_s = 0 mm^2
d) No resisteix M_u = 1.884 kN·m < M_d, A_s = 339 mm^2

Solució

Es calculen, en primer lloc, les resistències de càlcul dels materials:

- Formigó:
  $f_{ck} = 45$ N/mm^2
  $$f_{cd} = \frac{f_{ck}}{1,5} = \frac{45}{1,5} = 30 \text{ N/mm}^2$$
- Armadura activa:
  $f_{pu} = 1.860$ N/mm^2; $f_{pyk} = 1.700$ N/mm^2
  $$f_{pyd} = \frac{f_{pyk}}{1,15} = \frac{1.700}{1,15} = 1.478 \text{ N/mm}^2$$
- Armadura passiva:
  $f_{yk} = 500$ N/mm^2
  $$f_{yd} = \frac{f_{yk}}{1,15} = \frac{500}{1,15} = 435 \text{ N/mm}^2$$

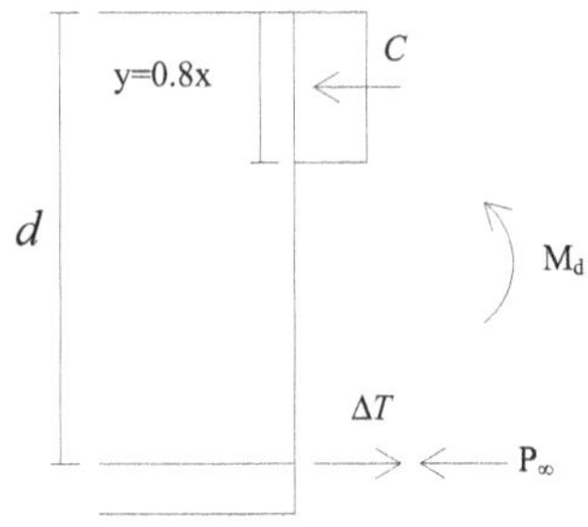

Plantejant l'equilibri a la secció, s'obté:

$$\begin{cases} P_\infty = C - \Delta T \\ M_d = C\left(d - \dfrac{y}{2}\right) \end{cases}$$

Es pren la hipòtesi de ruptura dúctil, és a dir, es considera que l'acer ja ha plastificat i, per tant, $\varepsilon_{p0} + \Delta\varepsilon_p \geq \varepsilon_{py}$. En aquestes condicions es compleix:

$$C = P_\infty + \Delta T = A_p f_{pyd} = f_{cd} b y \quad \text{i} \quad y = \frac{A_p f_{pyd}}{f_{cd} b} = \frac{1.680 \cdot 1.478}{30 \cdot 1.000} = 82{,}768 \text{ mm}$$

S'ha de comprovar que el valor de y és inferior a l'alçada de l'ala, $y < h_{ala}$. Efectivament, 103,46 mm < 200 mm.

El valor de x és: $y = 0{,}8x \Rightarrow x = 1{,}25y = 1{,}25 \cdot 82{,}768 = 103{,}46 \text{ mm} = 0{,}10346 \text{ m}$

Amb aquest valor de la profunditat de la fibra neutra s'ha de verificar que es compleix la hipòtesi de ruptura dúctil:

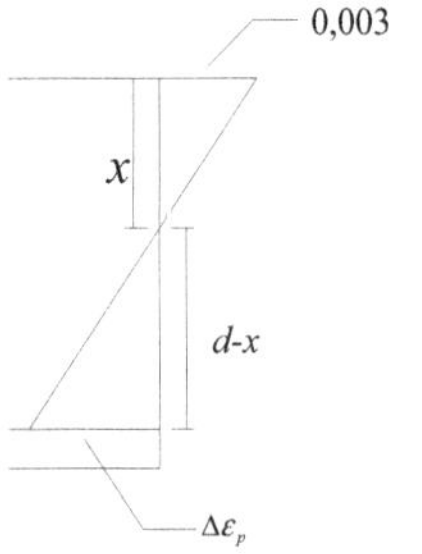

$$\varepsilon_{p0} + \Delta\varepsilon_p \geq \varepsilon_{py}$$

$$\frac{\Delta\varepsilon_p}{d - x} = \frac{0{,}0035}{x}$$

$$\Delta\varepsilon_p = 0{,}0035 \cdot \frac{d - x}{x} = 0{,}0035 \cdot \frac{0{,}80 - 0{,}10346}{0{,}10346} = 0{,}0236$$

$$\varepsilon_{p\infty} = \frac{\sigma_{p\infty}}{E_p} = \frac{0{,}75 \cdot 1.400}{190.000} = 0{,}0055 \quad \text{i} \quad \varepsilon_{py} = \frac{f_{pyd}}{E_p} = \frac{1.478}{190.000} = 0{,}0078$$

$$\varepsilon_p = \varepsilon_{p\infty} + \Delta\varepsilon_p = 0{,}0055 + 0{,}0236 = 0{,}029 > 0{,}0078 = \varepsilon_{py}, \text{ es compleix.}$$

Calculem el moment últim al C.d.g de l'armadura per simplificar càlculs:

$$M_u = A_p f_{pyd}\left(d - \frac{y}{2}\right) = 2483 \cdot \left(0.80 - \frac{0.082768}{2}\right) = 1883{,}64 \text{ kN·m}$$

Es pot observar que la peça no resisteix el moment sol·licitat, ja que $M_d = 2000$ kN·m $> 1.883{,}64$ kN·m $= M_u$. És necessària la col·locació d'armadura passiva de tracció.

Es calcula el recobriment nominal associat a raons de durabilitat, a partir del qual s'obtindrà el cantell útil corresponent a l'armadura passiva:

$r = r_{mín} + \Delta r$
$r_{mín}$ (ambient IIb + CEM I + $f_{ck} \geq 40$ N/mm²) = 25 mm (taula 37.2.4.1.a)
Δr (element *in situ*, control intens) = 5 mm
$r = r_{mín} + \Delta r = 25 + 5 = 30$ mm

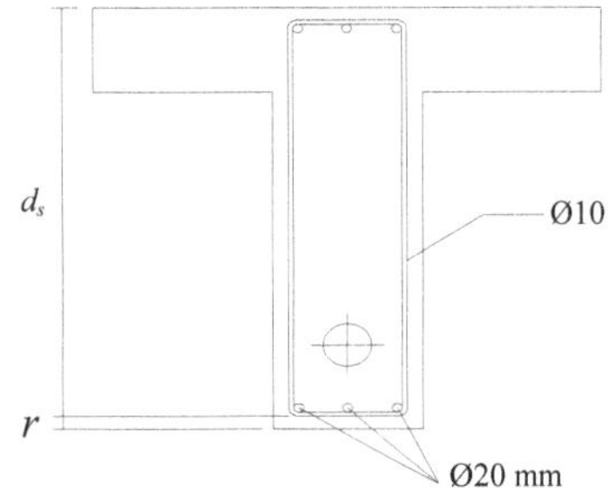

Suposant que s'utilitzaran rodons Ø20 per a la construcció de l'armadura passiva i que aquests estaran lligats per una armadura transversal formada per cèrcols Ø10, el valor del cantell útil és:

$$d_s = 1.000 - 30 - 10 - 10 = 950 \text{ mm}$$

Plantejant l'equilibri de forces horitzontals, s'obté:

$$P = C - \Delta T - U_{s1}$$
$$C = P + \Delta T + U_{s1} = A_p f_{pyd} + A_s f_{yd} = f_{cd} b y$$

A partir de l'equilibri de moments:

$$M_d - M_u = A_s f_{yd}\left(d_s - \frac{y}{2}\right) = U_{s1}\left(d_s - \frac{y}{2}\right)$$

Suposant que no varia el valor de y, es calcula U_{s1}:

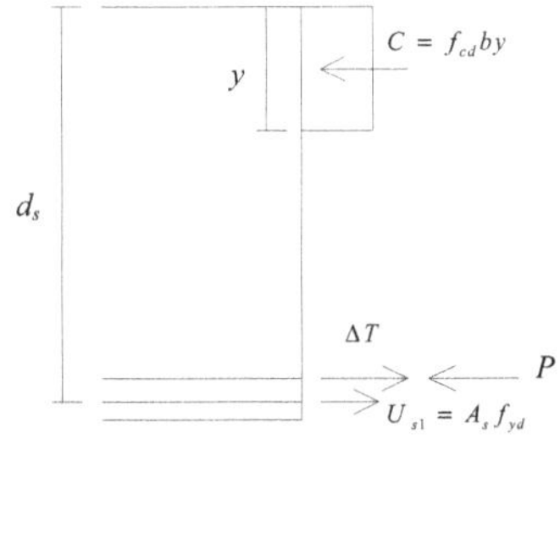

$$U_{s1} = \frac{M_d - M_u}{d_s - \frac{y}{2}} = \frac{2.000 - 1.883{,}64}{0{,}95 - \frac{0{,}082768}{2}} = 128{,}06 \text{ kN}$$

$$A_s = \frac{U_{s1}}{f_{yd}} = \frac{128.063}{435} = 294{,}4 \text{ mm}^2$$

Disposició de l'armadura de tracció, A_s = 294,4 mm^2 (es prova amb diferents combinacions ja que s'ha de calcular el valor de y, cosa que podria comportar modificacions del moment últim resistit per la secció):

a) 1 Ø10 + 2 Ø12 (A_s = 78,54 + 2·113,1 = 304,74 mm^2)
b) 3 Ø12 (A_s =3·113,1 = 339,3 mm^2)

Es recalcula, per als dos casos, el valor de y per tal de comprovar a continuació que la secció resisteix el moment sol·licitat:

a) 1 Ø10 + 2 Ø12 (A_s = 78,54 + 2·113,1 = 304,74 mm^2)

$$y = \frac{A_p f_{pyd} + A_s f_{yd}}{0.85 f_{cd} b} = \frac{1.680 \cdot 1.478 + 304,74 \cdot 435}{30 \cdot 1.000} = \frac{2.483.040 + 132.562}{30.000} = 87,19 \text{ mm}$$

$$M_u = f_{cd} b y \left(d_p - \frac{y}{2} \right) + A_s f_{yd} \left(d_s - d_p \right) =$$

$$= 30 \cdot 1.000 \cdot 87,19 \left(0,80 - \frac{0,08719}{2} \right) + 304,74 \cdot 435 \left(0,95 - 0,80 \right) =$$

$$= 1.998.412,844 = 1.998,4 \text{ kN·m}$$

b) 3 Ø12 (A_s =3·113,1 = 339,3 mm^2)

$$y = \frac{A_p f_{pyd} + A_s f_{yd}}{f_{cd} b} = \frac{1.680 \cdot 1.478 + 339,3 \cdot 435}{30 \cdot 1.000} = \frac{2.483.040 + 147.595,5}{30.000} = 87,688 \text{ mm}$$

$$M_u = f_{cd} b y \left(d_p - \frac{y}{2} \right) + A_s f_{yd} \left(d_s - d_p \right) =$$

$$= 30 \cdot 1.000 \cdot 87,688 \left(0,80 - \frac{0,087688}{2} \right) + 339,3 \cdot 435 \left(0,95 - 0,80 \right) =$$

$$= 2.011.313,55 = 2.011,3 \text{ kN·m}$$

Es pren com a solució correcta la disposició següent d'armadura passiva de tracció: 3 Ø12 (A_s =3·113,1 = 339,3 mm^2 amb la qual s'obté un moment últim M_u= 2.011,3 kN·m, superior al moment de càlcul M_d = 2.000 kN·m.

Exercici FC-10

Una secció quadrada de formigó armat de 0,50 m de cantell, amb armadura simètrica a dues cares oposades, constituïda per 4 Ø20, es trenca en un pla com es mostra a la figura adjunta. Els materials utilitzats són:

- Formigó: HA30/P/20/IIa
- Acer: B500-SD

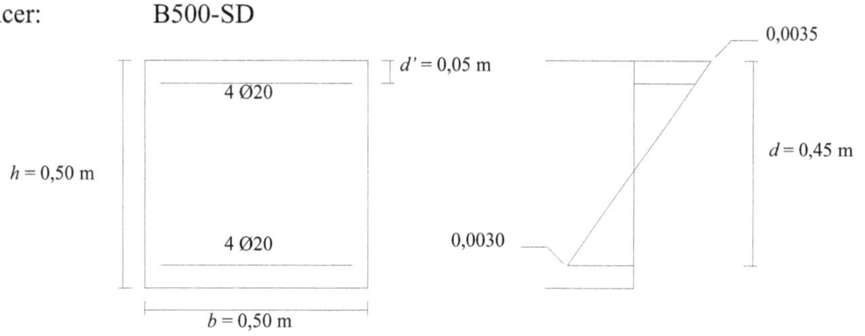

Fig. 5.11 Pla de ruptura de la secció

Indiqueu quin és el domini de ruptura i calculeu quins esforços (N_u, M_u) corresponen a aquest pla.

Nota. Utilitzeu el mètode del rectangle.

Respostes possibles:

a) Domini 2, $N_u = 0$ kN, $M_u = 800{,}7$ kN·m
b) Domini 3, $N_u = 0$ kN, $M_u = 800{,}7$ kN·m
c) Domini 3, $N_u = 1.649$ kN, $M_u = 800{,}7$ kN·m
d) Domini 3, $N_u = 1.940$ kN, $M_u = 515{,}5$ kN·m

Solució

Les resistències de càlcul del formigó i de l'acer són, respectivament:

$$f_{cd} = \frac{f_{ck}}{1{,}5} = \frac{30}{1{,}5} = 20 \text{ N/mm}^2$$

$$f_{yd} = \frac{f_{yk}}{1{,}15} = \frac{500}{1{,}15} = 435 \text{ N/mm}^2$$

S'està en el domini 3, ja que: $\varepsilon_s > \varepsilon_y$, $\varepsilon_c = \varepsilon_{cu}$

Per compatibilitat:

$$\frac{0{,}0035}{x} = \frac{0{,}0030}{d - x} \qquad \frac{d - x}{x} = \frac{0{,}0030}{0{,}0035} = \frac{6}{7} \qquad \frac{d}{x} = 1 + \frac{6}{7} = \frac{13}{7}$$

$$x = \frac{7}{13}d = 0{,}54d$$

$$y = 0{,}8x = 0{,}43d = 0{,}194 \text{ m}$$

$$\frac{0.0035}{x} = \frac{\varepsilon'_s}{x - d'} \qquad \varepsilon'_s = \frac{x - d'}{x}0.0035 = 0.00278$$

$$\varepsilon'_s > \varepsilon_y$$

S'adopta $\sigma'_s = 435 = f_{yd}$

Per equilibri:

$$N_d = f_{cd}by + A'_s\sigma'_s - A_s\sigma_s = f_{cd}by = 1.940 \text{ kN}$$

$$N_d{\cdot}e = f_{cd}by(d - \frac{y}{2}) + A'_s\sigma'_s(d - d') = 684{,}82 + 218{,}66 = 903{,}48 \text{ kN·m}$$

$$e = \frac{M_d}{N_d} + d - \frac{h}{2} \qquad N_d{\cdot}e = M_d + N_d(d - \frac{h}{2})$$

$$M_d = N_d{\cdot}e - N_d(d - \frac{h}{2}) = 903{,}48 - 1.940{\cdot}(0{,}45 - 0{,}25) = 515{,}48 \text{ kN·m}$$

Exercici FC-11

Una secció rectangular de formigó de b=0,50 m i h=0,50 m està armada amb armadura simètrica a dues cares oposades, constituïda per 4 Ø20. Els materials utilitzats són:

- Formigó: HA30/P/20/IIa
- Acer: B500-SD

Obteniu l'axial pel qual el moment resistit és màxim, i també el valor del moment corresponent, per a d = 0,45 m, d' = 0,05 m.

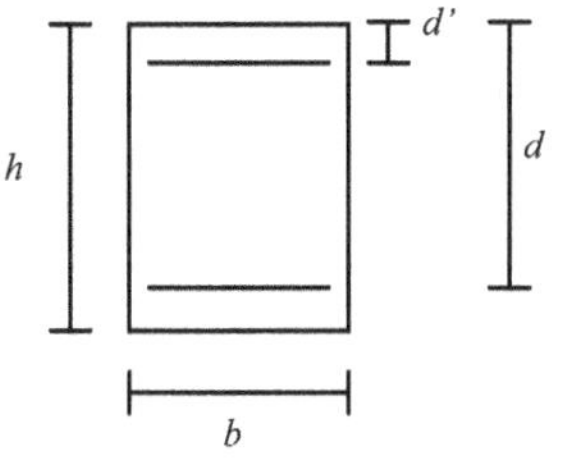

Fig. 5.12 Geometria de la secció

Respostes possibles:

a) $N_d = 2.219$ kN, $M_d = 527$ kN·m
b) $N_d = 1.885$ kN, $M_d = 858$ kN·m
c) $N_d = 1.491$ kN, $M_d = 678$ kN·m
d) $N_d = 1.491$ kN, $M_d = 380$ kN·m

Solució

D'acord amb el diagrama d'interacció, aquest axial correspon al pla de ruptura crític:

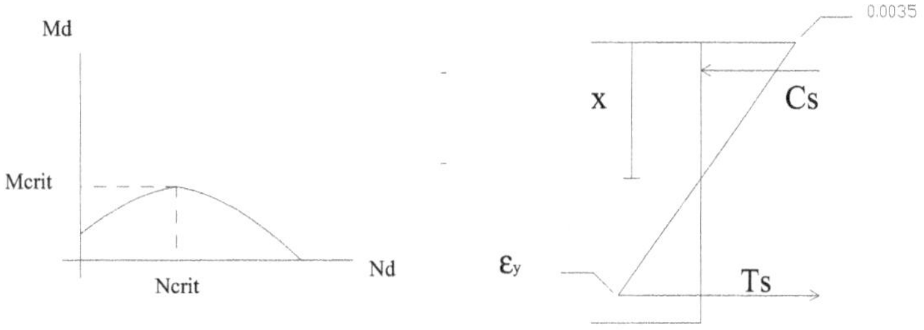

Fig. 5.13 Pla de ruptura

$$\varepsilon_s = \varepsilon_y = \frac{f_{yd}}{E_s} = \frac{435}{2 \cdot 10^5} = 0,002175$$

$$\varepsilon_c = \varepsilon_{cu} = 0,0035$$

$$\frac{0,0035}{x} = \frac{0,002175}{d - x}$$

$$\frac{d - x}{x} = \frac{0,002175}{0,0035} = 0,621 \quad \Rightarrow \quad x = 0,617\text{d} \qquad y = 0,493\text{d} \qquad y = 0,22185 \text{ m}$$

$$N_d = f_{cd}by + A_s^{'} f_{yd} - A_s f_{yd} = 0,493 f_{cd}bd$$

$C_s = T_s$ s'anul·len

$$N_d e = 0,493 f_{cd}bd\left(d - {}^{y}\!/_{2}\right) + A_s^{'} f_{yd}\left(d - d^{'}\right) = 0,3715 f_{cd}bd^2 + A_s^{'} f_{yd}\left(d - d^{'}\right)$$

Per tant,

$$f_{cd} = 20\,\frac{\text{N}}{\text{mm}^2}, f_{yd} = 435\,\frac{\text{N}}{\text{mm}^2}, d = 450 \text{ mm}, d' = 50 \text{ mm},$$

$$b = 500 \text{ mm}, A_s = A'_s = 1256,637 \text{ mm}^2$$

$$N_d = 2.218,5 \text{ kN}, N_d e = 970,9425 \text{ kNm},$$

$$M_d = N_d e - N_d\left(d - \frac{h}{2}\right) = 970,9425 - 2.218,5(0,45 - 0,25) = 527,2425 \text{ kNm}$$

Exercici FC-12

Considereu un pilar de 50x50 cm^2 de HA30/P/20/IIa, construït *in situ* amb control normal de l'execució i armat com s'indica a la figura adjunta. El ciment és tipus CEM I i les armadures tenen un acer B500-SD. El temps de vida útil és de 100 anys.

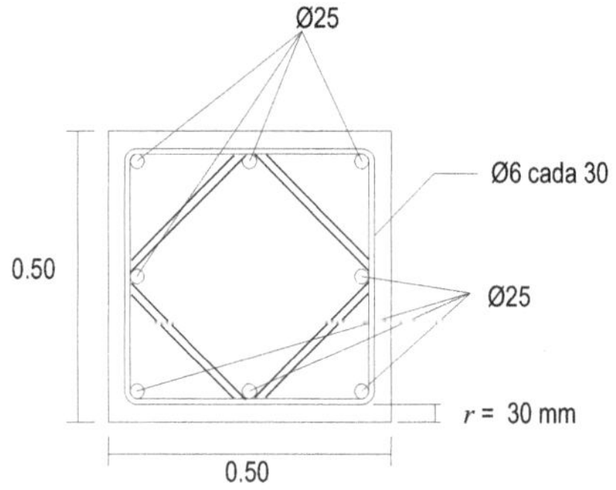

Fig. 5.14 Armat de la secció

Indiqueu si la disposició de les armadures és correcta o, en cas contrari, quins errors s'han comès.

Respostes possibles:

a) Hi ha dos errors: la separació entre armadures i el diàmetre de les barres transversals són excessius.
b) Hi ha un error: la separació entre armadures és excessiva.
c) Hi ha dos errors: el diàmetre de les barres transversals i el recobriment són massa petits.
d) No hi ha errors. La disposició és correcta.

Solució

S'han comès dos errors:

1) El diàmetre de les barres transversals hauria de ser $\phi_t \geq \phi_{l\,\text{màx}}/4 = 25/4 = 6{,}25$ mm i resulta que és $\phi_t = 6$ mm (massa petit). *Article 42.3.1. Generalidades. Disposiciones relativas a las armaduras.*

2) El recobriment corresponent a l'ambient especificat (IIa, CEM I, $25 \leq f_{ck} \leq 40$, t_d=100 anys) ha de ser $r = r_{\text{mín}} + \Delta r$, on $r_{\text{mín}} = 25$ mm (segons la Instrucció EHE, taula 37.2.4.1a) i $\Delta r = 10$ mm (considerant control d'execució normal). S'obté així que $r = 25 + 10 = 35$ mm i, per tant, el recobriment de 30 mm és insuficient (veure taules a l'annex).

Exercici FC-13

Indiqueu quina de les quatre disposicions que es mostren a la figura adjunta sembla la més indicada per a un pilar de formigó de 0,40x0,60 m, sotmès a fortes compressions. Justifiqueu la resposta.

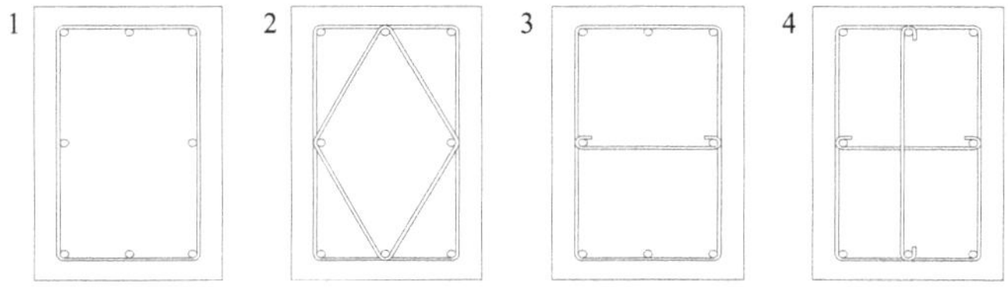

Fig. 5.15 Disposicions de l'armat

Respostes possibles:

a) Totes són correctes.
b) Les solucions 2 i 4 són correctes però és preferible la 2, per raons constructives.
c) La solució 4 és la més adequada, ja que té lligades totes les barres longitudinals mitjançant barres transversals.
d) La solució 1 és la més indicada, perquè és la més fàcil de construir.

Solució

Les solucions 2 i 4 són correctes, perquè l'armadura transversal lliga les armadures longitudinals, i així n'evitem el vinclament. No obstant això, la disposició 2 pot resultar més fàcil de construir, a més a més de facilitar el formigonatge.

Exercici FC-14

Calculeu el cantell útil mínim que ha de tenir la secció rectangular de formigó armat, d'ample b=0,50 m, de la figura adjunta per a resistir un moment flexor de càlcul M_d = 1345 kN·m sense necessitat de disposar armadura de compressió. Els materials utilitzats són:

- Formigó: HA30/B/20/IIa
- Armadures d'acer B500-S

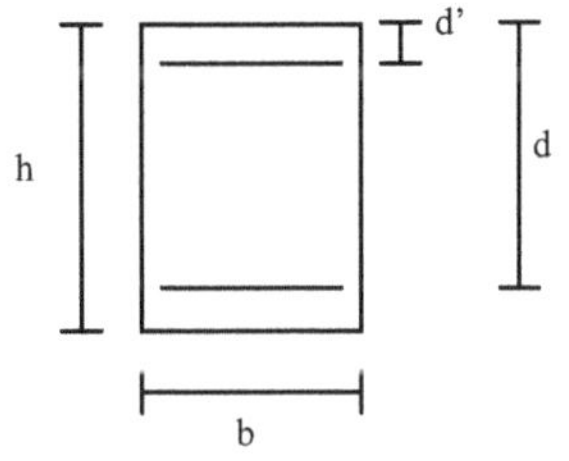

Fig. 5.16 Detall de la secció

Respostes possibles:

a) $d = 0{,}74$ m
b) $d = 0{,}55$ m
c) $d = 0{,}60$ m
d) $d = 0{,}50$ m

Solució

La resistència de càlcul del formigó és: $f_{cd} = \dfrac{30}{1{,}5} = 20$ N/mm^2 = 20.000 kN/m^2

La resistència de càlcul de l'acer és: $f_{yd} = \dfrac{500}{1{,}15} = 435$ N/mm^2.

Perquè no faci falta armadura de compressió, el moment de càlcul no ha de superar el moment límit, que es defineix precisament com el màxim moment que una secció de formigó armat pot resistir només amb armadura de tracció.

Aquest moment correspon a la ruptura crítica, definida com aquella que es produeix quan el formigó s'esgota ($\varepsilon_c = \varepsilon_{cu}$ = 0,0035), a la vegada que l'acer arriba a la seva deformació d'inici de la plastificació $\left(\varepsilon_s = \varepsilon_{sy} = \dfrac{f_{yd}}{E_s}\right)$.

Per a aquest pla de ruptura, la profunditat de la fibra neutra és:

$$x = \frac{d}{1+\frac{\varepsilon_{yd}}{\varepsilon_{cu}}} = \frac{d}{1+\frac{f_{yd}}{E_s \cdot \varepsilon_{cu}}} = \frac{d}{1+\frac{435}{200.000 \cdot 0,0035}} = 0,61674 \cdot d$$

La profunditat del bloc de compressions val $y = 0,8 \cdot x = 0,4934 \cdot d$

Llavors, el moment límit val:

$$M_{\lim} = f_{cd} b y \left(d - \frac{y}{2} \right) = 0,372 f_{cd} b d^2$$

Imposant que $M_d = M_{lim}$ i aïllant, el cantell útil d queda:

$$d = \sqrt{\frac{M_d}{0,372 f_{cd} b}} = \sqrt{\frac{1.345}{0,372 \cdot 20.000 \cdot 0,5}} = 0,6 \text{ m}$$

Exercici FC-15

Una secció rectangular de 70x28 cm^2 està armada amb una armadura de tracció de cinc rodons de Ø20 mm com mostra la figura.

Els materials utilitzats són:

- Formigó: HA25/P/20/IIa
- Acer: B500-SD

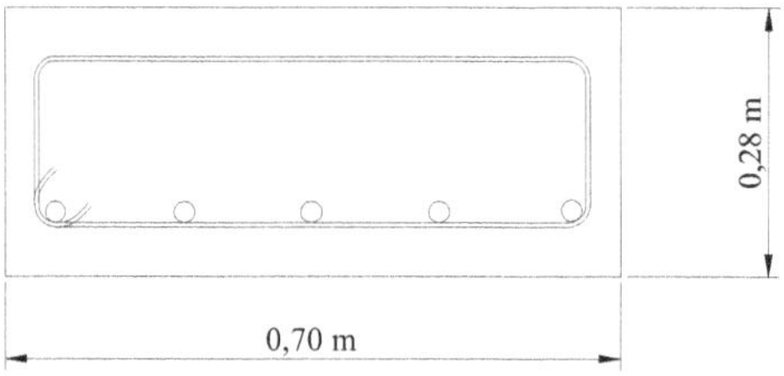

$h = 0,28$ m
$b = 0,70$ m
$d = 0,23$ m
$d' = 0,05$ m

Fig. 5.17 Geometria de la secció

Calculeu la quantia mínima d'armadura de compressió A'_s, mantenint la de tracció, que caldria afegir perquè la profunditat de la fibra neutra en ruptura compleixi la relació: $\frac{x}{d} \leq 0,45$.

Respostes possibles:

a) $A'_s = 0$ mm^2
b) $A'_s = 264$ mm^2
c) $A'_s = 625$ mm^2
d) $A'_s = 850$ mm^2

Solució

Suposant que es tracta d'un cas de flexió simple, les resistències de càlcul del formigó i de l'acer són, respectivament:

$$f_{cd} = f_{ck}/1{,}5 = 25/1{,}5 = 16{,}67 \text{ N/mm}^2$$
$$f_{yd} = f_{yk}/1{,}15 = 500/1{,}15 = 435 \text{ N/mm}^2$$

Fent equilibri de forces horitzontals, es pot veure si es necessita armadura de compressió o no:

$$U_{s2} + y \cdot b \cdot f_{cd} = U_{s1}$$
$$U_{s2} = -y \cdot b \cdot f_{cd} + U_{s1}$$
$$y = 0{,}8 \cdot x = 0{,}80 \cdot 0{,}45d = 0{,}8 \cdot 0{,}45 \cdot 230 = 82{,}8 \text{ mm}$$
$$U_{s1} = A_{s1} \cdot f_{yd} = 314{,}16 \cdot 5 \cdot 435 = 683.298 \text{ N}$$
$$U_{s2} = -82{,}8 \cdot 0{,}7 \cdot 16{,}7 + 683{,}298 = -282{,}7 \text{ kN}$$

Aquest resultat mostra que per mantenir la relació $x/d \leq 0{,}45$ no cal que hi hagi armadura de compressió, i que en aquest cas $x/d < 0{,}45$.

Per tant la solució correcta és la *a*.

Exercici FC-16

Dimensioneu les armadures de tracció i compressió necessàries en una secció 0,70x0,28 m^2, per resistir un moment de càlcul de M_d = 200 kN·m, de forma que la profunditat de la fibra neutra en la ruptura sigui $\frac{x}{d} = 0{,}45$. Els materials utilitzats són:

- Formigó: HA25/P/20/IIa
- Acer: B500-SD

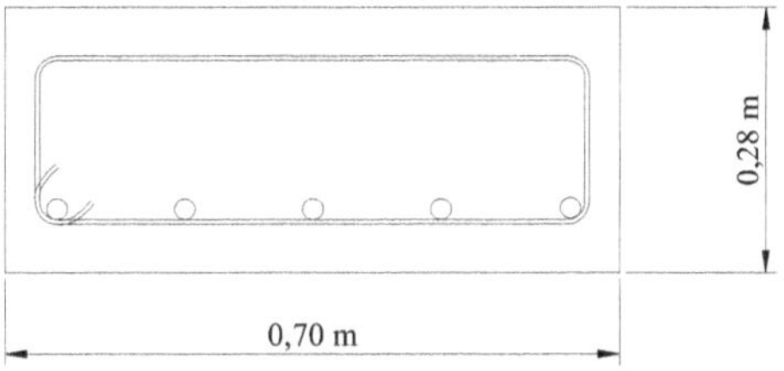

h = 0,28 m
b = 0,70 m
d = 0,23 m
d' = 0,05 m

Fig. 5.18 Geometria de la secció

Respostes possibles:

a) A_s = 2.448 mm^2, A'_s = 228 mm^2
b) A_s = 2.448 mm^2, A'_s = 0 mm^2
c) A_s = 1.952 mm^2, A'_s = 64 mm^2
d) $A_s = A'_s$ = 1.076 mm^2

Solució

$$\left.\begin{array}{l} M_{lim} = f_{cd} b y_{lim}\left(d - y_{lim}/2\right) \\ y_{lim} = 0{,}8 x_{lim} = 0{,}8 \cdot 0{,}45d = 0{,}36d \end{array}\right\} M_{lim} = 0{,}2952 f_{cd} b d^2 = 182{,}188 \text{ kNm}$$

$$U_{s2} = \frac{M_d - M_{lim}}{d - d'} = \frac{200 - 182{,}188}{0{,}18} = 98{,}96\ \text{kN} \longrightarrow A_s' = 227{,}5\ \text{mm}^2\ ;\ 3\,\Phi 10$$

$$U_{s1} = f_{cd}by + U_{s2} = 966 + 98{,}96 = 1064{,}96\ \text{kN} \longrightarrow A_s = 2.448{,}2\ \text{mm}^2\ ;\ 8\,\Phi 20$$

Exercici FC-17

Un suport de formigó armat de bxh = 0,40x0,60 m^2 està sotmès a un esforç axial de compressió N_d = 2,200 kN i a un moment flexor M_d = ±180 kN·m. Els materials utilitzats són:

- Formigó: HA30/P/20/IIa
- Acer: B500-SD

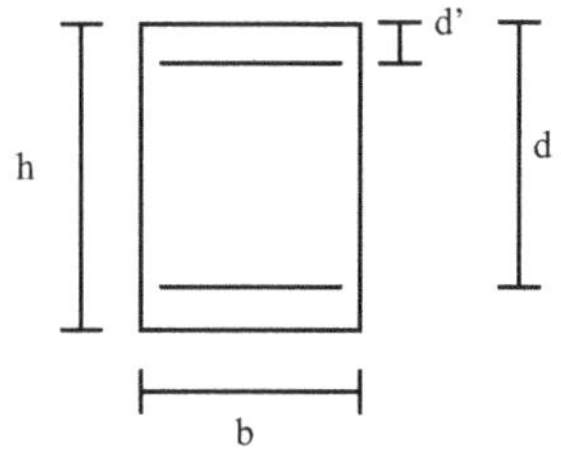

Fig. 5.19 Geometria de la secció

Calculeu les armadures estrictament necessàries per resistir aquests esforços de càlcul, suposant que d = 0,9h i d' = 0,1h.

Respostes possibles:

a) $A_{s1} = A_{s2} = 480$ mm^2
b) $A_{s1} = A_{s2} = 402$ mm^2
c) $A_{s1} = A_{s2} = 852$ mm^2
d) $A_{s1} = 402$ mm^2, $A_{s2} = 0$ mm^2

Solució

Com que el moment pot ser positiu o negatiu, s'ha de disposar una armadura simètrica.

Les resistències de càlcul del formigó i de l'acer són, respectivament:

$$f_{cd} = \frac{f_{ck}}{1{,}5} = \frac{30}{1{,}5} = 20\ \text{N/mm}^2$$

$$f_{yd} = \frac{f_{yk}}{1{,}15} = \frac{500}{1{,}15} = 435\ \text{N/mm}^2$$

Els valors corresponents al cantell útil, d, i al recobriment mecànic de l'armadura de compressió, d', són:

$$d = 0{,}9h = 0{,}9 \cdot 600 = 540\ \text{mm}$$

$$d' = 0{,}1h = 0{,}1 \cdot 600 = 60\ \text{mm}$$

Seguint la formulació de l'*annex 7* de la Instrucció EHE, per al càlcul simplificat de seccions rectangulars sotmeses a flexió composta:

$$U_0 = f_{cd}bd = 20.000 \cdot 0{,}40 \cdot 0{,}54 = 4.320\ \text{kN}$$

$$N_d = 2.200\ \text{kN} > 0{,}5\,U_0 = 0{,}5 \cdot 4.320 = 2.160\ \text{kN}$$

Es compleix:

$$m_1 = (N_d - 0,5U_0)\cdot(d-d') = (2.200-2.160)\cdot(0,48) = 19,2$$
$$m_2 = 0,5N_d\cdot(d-d') - M_d - 0,32U_0(d-2,5d') =$$
$$0,5\cdot 2.200\cdot 0,48 - 180 - 0,32\cdot 4.320\cdot(0,54-2,5\cdot 0,06) = -191,136$$

Per tant:

$$\alpha = \frac{0,480m_1 - 0,375m_2}{m_1 - m_2} \le 0,5\cdot\left(1-\left(\frac{d}{d'}\right)^2\right) = \frac{0,48\times 19,2 - 0,375\cdot(-191,136)}{19,2-(-191,136)} =$$
$$= 0,3846 \le 0,494$$
$$U_{s1} = U_{s2} = \frac{M_d}{d-d'} + \frac{N_d}{2} - \alpha\frac{U_0 d}{d-d'} = \frac{180}{0,48} + \frac{2.200}{2} - 0,3846\frac{4.320\cdot 0,54}{0,48} = -394,156 < 0$$

D'aquest resultat es dedueix que l'armat no respon a necessitats mecàniques sinó a quanties mínimes:

S'ha de comprovar:

1) La quantia mínima mecànica (Article *42.3.3. Compresión simple o compuesta*):

$$A'_{s1} = A'_{s2} \ge \frac{0,05\cdot N_d}{f_{yc,d}} \qquad f_{yc,d} = f_{yd} \le 400 \text{ N/mm}^2$$

$$A'_{s1} = A'_{s2} \ge \frac{0,05\cdot 2.200.000}{400} = 275 \text{ mm}^2$$

2) La quantia mínima geomètrica en un suport (Article *42.3.5.Cuantías geométricas mínimas*):

$$A'_{s1} = A'_{s2} = \frac{0,004\cdot(0,4\cdot 0,6)}{2} = 480 \text{ mm}^2$$

Per tant, la quantia mínima és 480 mm^2, solució *a*.

Exercici FC-18 (Dimensionament amb armadura simètrica)

Un suport de formigó armat de bxh = 0,40x0,60 m^2 ha de resistir un esforç axial de compressió de càlcul N_d = 1.200 kN i un moment flexor M_d = ±600 kN·m. Els materials utilitzats són:

- Formigó: HA30/B/20/IIa
- Acer: B500-SD

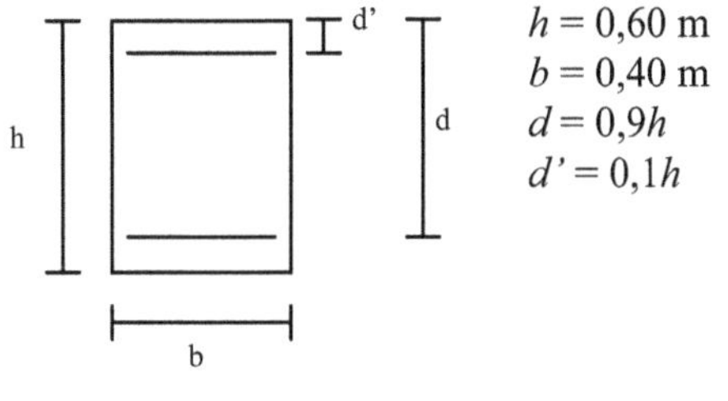

Fig. 5.20 Geometria de la secció

Calculeu l'armadura estrictament necessària, disposada simètricament en dues cares oposades, per resistir aquests esforços de càlcul, suposant que el recobriment mecànic és de 60 mm.

Respostes possibles:

a) 1.580 mm^2 a cada cara
b) 2.873 mm^2 a cada cara
c) 1.494 mm^2 a cada cara
d) No fa falta armadura

Solució

Les resistències de càlcul del formigó i de l'acer són, respectivament:

$$f_{cd}=\frac{f_{ck}}{1,5}=\frac{30}{1,5}=20\ \text{N/mm}^2$$

$$f_{yd}=\frac{f_{yk}}{1,15}=\frac{500}{1,15}=435\ \text{N/mm}^2$$

Els valors corresponents al cantell útil, *d*, i al recobriment mecànic de l'armadura de compressió, *d'*, són:

$$d=0,9h=0,9\cdot 600=540\ \text{mm}$$
$$d'=0,1h=0,1\cdot 600=60\ \text{mm}$$

Seguint la formulació de l'*annex 7* de la Instrucció EHE, per al càlcul simplificat de seccions rectangulars sotmeses a flexió composta recta:

$$U_0=f_{cd}bd=20.000\cdot 0,40\cdot 0,54=4.320\ \text{kN}$$
$$N_d=1200\ \text{kN}<0.5\,U_0=0.5\cdot 4320=2160\ \text{kN}$$

$$U_{s1}=U_{s2}=\frac{M_d}{d-d'}+\frac{N_d}{2}-\frac{N_d\,d}{d-d'}\left(1-\frac{N_d}{2U_0}\right)=$$
$$=\frac{600}{0,48}+\frac{1.200}{2}-\frac{1.200\cdot 0,54}{0,48}\left(1-\frac{1.200}{2\cdot 4.320}\right)=$$
$$=687,5\ \text{kN}$$

$$A_s=A_s'=\frac{U_{s1}}{f_{yd}}=\frac{687.500}{435}=1.580,46\ \text{mm}^2$$

Exercici FC-19 (Dimensionament amb armadura simètrica)

Un suport de formigó armat de bxh = 0,40x0,60 m^2 ha de resistir un esforç axial de compressió de càlcul N_d = 2.300 kN i un moment flexor M_d = ±800 kN·m. Els materials utilitzats són:

- Formigó: HA30/B/20/IIa
- Acer: B500-SD

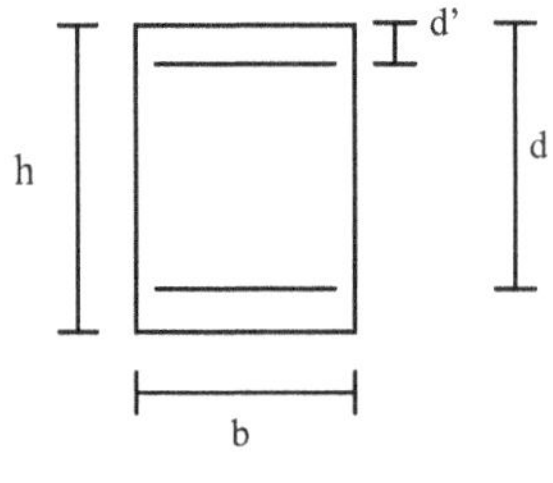

Fig. 5.21 Geometria de la secció

Calculeu l'armadura estrictament necessària, disposada simètricament en dos cares oposades, per resistir aquests esforços de càlcul, suposant que el recobriment mecànic és de 60 mm.

Respostes possibles:

a) 2.300 mm^2 a cada cara
b) 2.193 mm^2 a cada cara
c) Armadura mínima
d) 1.800 mm^2 a cada cara

Solució

$$f_{cd} = \frac{30}{1,5} = 20\ \mathrm{N/mm^2}\ ;\ f_{yd} = \frac{500}{1,15} = 435\ \mathrm{N/mm^2}\ ;\ d = 540\ \mathrm{mm}\ ;\ d' = 60\ \mathrm{mm}$$

$$U_0 = f_{cd} b d = 4.320\ \mathrm{kN} \qquad N_d > 0,5U_0 \qquad 2.300\ \mathrm{kN} > 2.160\ \mathrm{kN}$$

D'acord amb l'annex 7 de l'EHE, es tracta d'un cas en què la profunditat de la fibra neutra és superior a $0,625d$.

$$U_{s1} = U_{s2} = \frac{M_d}{d-d'} + \frac{N_d}{2} - \alpha\frac{U_0 d}{d-d'} = \frac{800}{0.48} + \frac{2300}{2} - 0.38326\frac{4320 \cdot 0.54}{0.48} = 954,02KN$$

$$\left.\begin{array}{l} \alpha = \dfrac{0.48m_1 - 0.375m_2}{m_1 - m_2} \leq 0.5\left(1-\left(\dfrac{d'}{d}\right)^2\right) \\ m_1 = (N_d - 0.5U_0)(d-d') = 67,2 \\ m_2 = 0.5N_d(d-d') - M_d - 0.32U_0(d-2.5d') = -787,136 \end{array}\right\} \alpha = 0.38326 \leq 0.5\left(1-\left(\frac{0.06}{0.54}\right)^2\right) = 0.494$$

$$A_s = A_s' = \frac{U_{s1}}{f_{yd}} = 2193,16mm^2$$

Llavors, hem de col·locar 2.193,16 mm^2 a cada cara. La solució correcta és la *b*.

Exercici FC-20

Un pescant de formigó armat està sotmès al seu pes propi i a una sobrecàrrega de 500 kN, puntual i fixa a l'extrem, tal com s'indica a la figura adjunta. La secció de tota la peça és de 0.50x0.80 m^2.

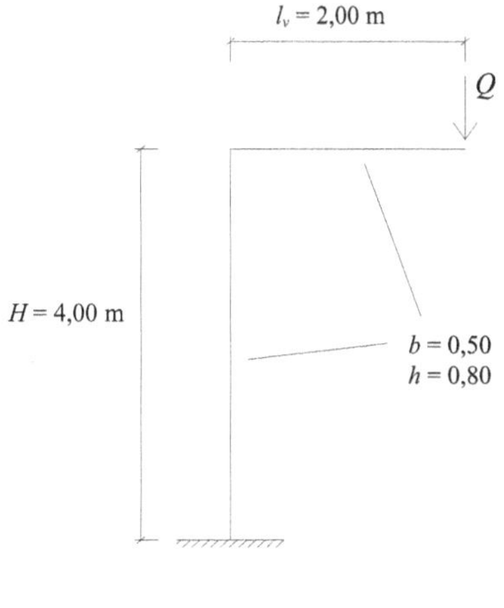

Fig. 5.22 Esquema del pescant

El formigó utilitzat és HA30/P/20/IIb i les armadures són d'acer B500-SD.

Calculeu l'àrea d'acer estrictament necessària en la secció de la base del suport per resistir les càrregues actuants, si se suposa un recobriment mecànic de 80 mm. El control d'execució és intens i la peça es troba travada en sentit perpendicular al del pla del dibuix.

Respostes possibles:

a) $A_s = 5.451\ mm^2$, $A'_s = 0\ mm^2$
b) $A_s = 5.636\ mm^2$, $A'_s = 512,07\ mm^2$
c) $A_s = 7.361\ mm^2$, $A'_s = 0\ mm^2$
d) $A_s = A'_s = 5.420\ mm^2$

Solució

Les resistències dels materials són:

$$f_{cd} = \frac{30}{1,5} = 20 \text{ N/mm}^2 \qquad \text{i} \qquad f_{yd} = \frac{500}{1,15} = 435 \text{ N/mm}^2$$

El cantell útil de la secció és: $d = 800 - 80 = 720$ mm

Els esforços a què la secció està sotmesa són els següents:

- Pes propi ($\gamma_c = 25$ kN/m^3):

$$g = 0,50 \cdot 0,80 \cdot 25 = 10 \text{ kN/ml}$$
$$g_d = 1,35 \cdot 10 = 13,5 \text{ kN/ml}$$

Flexió: $M_{gd} = \frac{g_d \cdot l_v^2}{2} = \frac{13.5 \cdot 2^2}{2} = 27$ kN·m

Axil: $N_{gd} = g_d\ l_v + g_d\ H = 13,5 \cdot 2 + 13,5 \cdot 4 = 81$ kN

- Sobrecàrrega:

$$Q_d = 1,50 \cdot 500 = 750 \text{ kN}$$

Flexió: $M_{qd} = 750 \cdot 2 = 1.500$ kN·m

Axil: $N_{qd} = 750$ kN

Els esforços de càlcul que sol·liciten la secció de la base són:

$$M_d = 1.500 + 27 = 1.527 \text{ kN·m}$$
$$N_d = 750 + 81 = 831 \text{ kN}$$
$$V_d = 0 \text{ kN}$$

Per dimensionar l'armadura, és necessari saber si fa falta o no considerar els efectes de segon ordre. La longitud de vinclament, en tractar-se d'una mènsula, és $l_e = 2H = 8$ m

L'esveltesa mecànica és $\lambda = \frac{l_e}{i} = \frac{l_e}{\sqrt{\frac{I}{A}}} = \frac{l_e}{\sqrt{\frac{bh^3}{12bh}}} = \frac{l_e\sqrt{12}}{h} = 34,64$

Per saber si podem menystenir els efectes de segon ordre, calculem l'esveltesa inferior segons l'*article 43.1.2 Campo de aplicación*:

$$\lambda_{\text{inf}} = 35\sqrt{\frac{C}{\nu}\left[1 + \frac{0,24}{e_2 / h} + 3,4\left(\frac{e_1}{e_2} - 1\right)^2\right]}$$

e_2= Excentricitat de primer orde a l'extrem del suport amb major moment, considerada positiva= $\frac{1.527\ kNm}{831\ kN} = 1,8375$ m

e_1=Excentricitat de primer orde a l'extrem del suport amb menor moment, positiva si té el mateix signe que e_2 $= \frac{1.527\ kNm}{831\ kN} = 1,8375$ m

$$\nu = \frac{N_d}{A_c \cdot f_{cd}} = \frac{831\ kN}{(0,5 \cdot 0,8) \cdot 20.000} = 0,103875$$

$\frac{e_1}{e_2} = 1$ (*Estructura translacional*)

C=0,24 per armadura simètrica en dues cares oposades en el pla de flexió.

$$\lambda_{\inf} = 35\sqrt{\frac{0,24}{0,103875}\left[1+\frac{\frac{0,24}{1,8375}}{0,8}+3,4(1-1)^2\right]} = 55,91$$

Per tant, com que $\lambda = 34,64 < \lambda_{\inf} = 55,91$, no fa falta considerar els efectes de segon ordre.

L'excentricitat respecte del *cdg* de la secció és $e_0 = \frac{M_d}{N_d} = \frac{1527}{831} = 1,8375$ m. D'altra banda, l'excentricitat respecte de l'armadura més traccionada és $e = e_0 + d - \frac{h}{2} = 1,8375 + 0,72 - \frac{0,80}{2} = 2,1575$ m; es tracta d'un cas de gran excentricitat.

$$f_{ck} \le 50MPa \Rightarrow \varepsilon_{cu} = 0,0035 \; (Article\ 39.5)$$

$$\varepsilon_{yd} = \frac{f_{yd}}{E} = \frac{435}{200 \cdot 10^3} = 0,002175$$

$$\xi = \frac{\varepsilon_{cu}}{\varepsilon_{cu}+\varepsilon_{yd}} = \frac{0,0035}{0,0035+0,002175} = 0,61674 \le 0,625 \; (Annex\ 7,\ Article\ 3.1.1)$$

$$U_o = f_{cd}bd = 7.200 \text{ kN}$$

$$M_f = 0,8 \cdot U_0 \cdot x_f \cdot \left(1 - 0,4 \cdot \frac{x_f}{d}\right) = 0,8 \cdot 7.200 \cdot 0,61674 \cdot 0,72 \cdot (1 - 0,4 \cdot 0,61674) = 1.926,759\ kN$$

$$N_d \cdot e = 831 \cdot 2,1575 = 1792,8825\ kN < M_f = 1.926,76\ kN \Rightarrow \textit{Únicament col·loquem armadura de tracció}\ A'_s = 0$$

$$A_s = \frac{U_o}{f_{yd}} \cdot \left(1 - \sqrt{1 - \frac{2 \cdot N_d \cdot e}{U_o \cdot d}}\right) - \frac{N_d}{f_{yd}} = \frac{7.200.000}{435} \cdot \left(1 - \sqrt{1 - \frac{2 \cdot 1.792,9}{7.200 \cdot 0,72}}\right) - \frac{831.000}{435} = 5451,15 \text{ mm}^2$$

Exercici FC-21

Una secció rectangular de formigó armat de 0,50x0,80 m^2 està sol·licitada per un axial de càlcul N_d = 1.800 kN i un moment flexor de càlcul M_d = 800 kN·m.

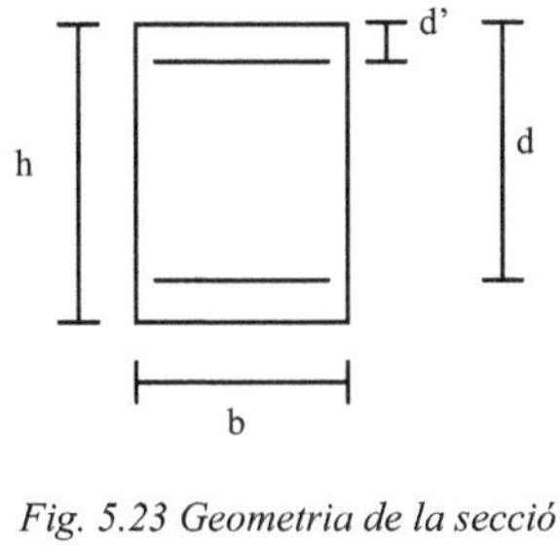

Fig. 5.23 Geometria de la secció

Calculeu l'àrea d'acer estrictament necessària per a resistir aquestes sol·licitacions, suposant que el recobriment mecànic de les armadures és de 80 mm i que els materials utilitzats són formigó HA30/P/20/IIb i acer B500-SD.

Respostes possibles:

a) A_s = 1.025 mm^2, A'_s = 0 mm^2
b) $A_s = A'_s$ = 0 mm^2
c) A_s = 1.077 mm^2, A'_s = 0 mm^2

d) $A_s = 1.310\ \text{mm}^2$, $A'_s = 310\ \text{mm}^2$

Solució

$$f_{cd} = \frac{30}{1,5} = 20\ \text{N}/\text{mm}^2\ ;\ f_{yd} = \frac{500}{1,15} = 435\ \text{N}/\text{mm}^2\ ;\ d = 800 - 80 = 720\ \text{mm}\ ;\ d' = 80\ \text{mm}$$

$$U_0 = f_{cd}bd = 7.200\ \text{kN}\ ;\ U_0 d = 5.184\ \text{kNm}$$

$$M_f = 0,8 \cdot U_0 \cdot x_f \cdot \left(1 - 0,4 \frac{x_f}{d}\right) = 0,8 \cdot 7.200 \cdot 0,61674 \cdot 0,72 \cdot (1 - 0,4 \cdot 0,61674) = 1926,76\ \text{kN·m}$$

L'excentricitat respecte a l'armadura més traccionada és:

$$e = e_0 + d - \frac{h}{2} = \frac{M_d}{N_d} + d - \frac{h}{2} = \frac{800}{1.800} + 0,72 - 0,40 = 0,7644\ \text{m}$$

$$N_d e = 1.800 \cdot 0,7644 = 1.376\ \text{kNm} < M_{lim} \Rightarrow A'_s = 0\ \text{mm}^2$$

$$A_s = \frac{U_o}{f_{yd}} \cdot \left(1 - \sqrt{1 - \frac{2 \cdot N_d \cdot e}{U_o \cdot d}}\right) - \frac{N_d}{f_{yd}} = \frac{7.200.000}{435} \cdot \left(1 - \sqrt{1 - \frac{2 \cdot 1.376}{7.200 \cdot 0,72}}\right) - \frac{1.800.000}{435} = 1076,94\ \text{mm}^2$$

Exercici FC-23

Una secció rectangular de formigó armat de dimensions b=0,30 m, h=0,60 m, com s'indica a la figura adjunta, amb d=0,54 m i d'=0,06 m, està sotmesa als següents esforços: $N_d = 400$ kN, $M_d = 300$ kN·m. Els materials utilitzats són formigó HA30/P/20/IIb i acer B400-S.

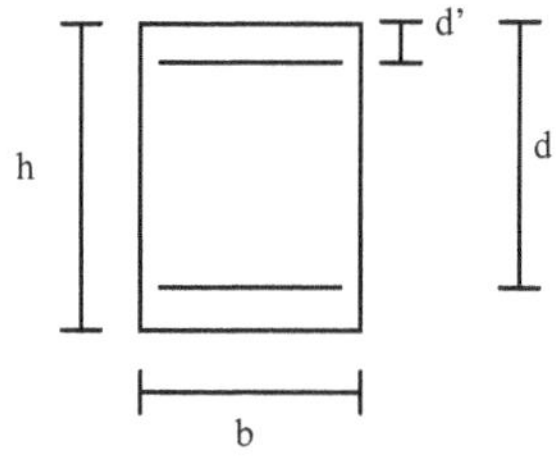

Fig. 5.25 Geometria de la secció

Comproveu si la secció pot resistir aquests esforços amb les armadures següents: $A_s = 2.000\ \text{mm}^2$, $A'_s = 600\ \text{mm}^2$. Obteniu el moment últim, referit al centre de la secció, per a l'axial de càlcul.

Respostes possibles:

a) No resisteix. $M_u = 280$ kN·m
b) Sí que resisteix. $M_u = 418$ kN·m
c) No resisteix. $M_u = 100$ kN·m
d) Sí que resisteix. $M_u = 300$ kN·m

Solució

$$f_{cd} = \frac{30}{1,5} = 20\ \text{N}/\text{mm}^2\ ;\ f_{yd} = \frac{400}{1,15} = 348\ \text{N}/\text{mm}^2\ ;\ \varepsilon_y = \frac{f_{yd}}{E_s} = \frac{348}{200000} = 0,00174$$

$$U_0 = f_{cd}bd = 3.240\ \text{kN}$$

$$U_{s1} = f_{yd} \cdot A_s = 348 \cdot 2000 = 696\ \text{kNm}$$

$$U_{s2} = f_{yd} \cdot A'_s = 348 \cdot 600 = 208,8\ \text{kNm}$$

Els axials corresponents als plans de ruptura que separen els diferents dominis són:

Frontera	*x/d*	*y/d=0,8·x/d*	*Equilibri*	*Nu*
Domini 2-3	$\frac{0,0035}{0,0035+0,01}$	0,2074	$N_u = 0,2074 \cdot U_0 + U_{s2} - U_{s1}$	184,8 kN
Domini 3-4	$\frac{0,0035}{0,0035+0,00174}$	0,5344	$N_u = 0,5344 \cdot U_0 + U_{s2} - U_{s1}$	1244,256 kN
Domini 4-4a	1	0,8	$N_u = 0,8 \cdot U_0 + U_{s2}$	2800,8 kN

184,8 kN < 400 kN < 1244,26 kN. Ens trobem al domini 3 de ruptura:

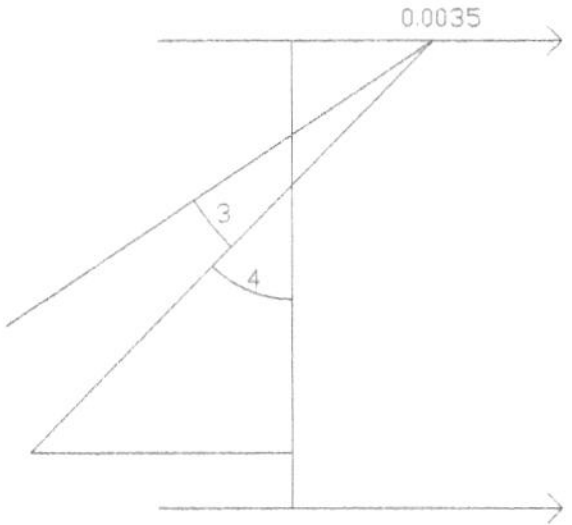

Fig. 5.26 Plans de ruptura

Per tant, les equacions de equilibri seran:

$$(1)\quad N_d = f_{cd}by + U_{s2} - U_{s1} = U_0\frac{y}{d} + U_{s2} - U_{s1}$$

$$(2)\quad M_u = U_0\frac{y}{d}\left(\frac{h-y}{2}\right) + U_{s2}\cdot\left(\frac{h}{2} - d'\right) + U_{s1}\left(d - \frac{h}{2}\right)$$

Per efectuar-ne la comprovació, s'aïlla *y/d* de l'equació d'equilibri de forces:

$$\frac{y}{d} = \frac{N_d + U_{s1} - U_{s2}}{U_0} = \frac{400 + 696 - 208,8}{3.240} = 0,274$$

i substituint a l'equació d'equilibri de moments, s'obté el valor del moment últim:

$$M_u = 3240 \cdot 0,274 \cdot \left(0,3 - \frac{0,274 \cdot 0,54}{2}\right) + 208,8 \cdot (0,3 - 0,06) + 696(0,54 - 0,3) = 417,8 \text{ kN·m}$$

M_d=300 kNm < M_u=417,8 kNm

Per tant, la secció resisteix. La solució correcta és la *b*.

Exercici FC-24

Una secció rectangular de formigó armat de dimensions *b*=0,30 m, *h*=0,60 m, com s'indica a la figura adjunta, amb *d*=0,54 m i *d'*=0,06 m, està sotmesa als esforços següents: N_d = 1.300 kN, M_d = 150 kN·m. Els materials utilitzats són formigó HA30/P/20/IIb i acer B400-S.

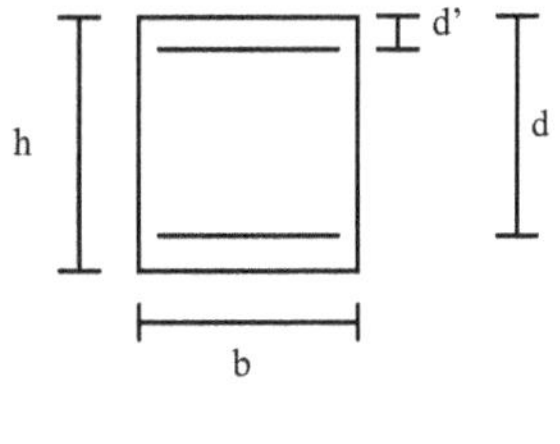

Fig. 5.27 Geometria

Comproveu si la secció pot resistir aquests esforços amb les armadures següents: A_s = 2.000 mm^2, A'_s = 600 mm^2. Obteniu el moment últim, referit al centre de la secció, per a l'axial de càlcul.

Respostes possibles:

a) Sí que resisteix. M_u = 600 kN·m
b) No resisteix. M_u = 300 kN·m
c) No resisteix. M_u = 140 kN·m
d) Sí que resisteix. M_u = 479 kN·m

Solució

$$f_{cd} = \frac{30}{1,5} = 20\ \text{N}/\text{mm}^2\ ;\ f_{yd} = \frac{400}{1,15} = 348\ \text{N}/\text{mm}^2\ ;\ \varepsilon_y = \frac{f_{yd}}{E_s} = \frac{348}{200000} = 0,00174$$

$$U_0 = f_{cd}bd = 3.240\ \text{kN}$$

$$U_{s1} = f_{yd} \cdot A_s = 348 \cdot 2000 = 696\ \text{kNm}$$

$$U_{s2} = f_{yd} \cdot A'_s = 348 \cdot 600 = 208,8\ \text{kNm}$$

Els axials corresponents als plans de ruptura que separen els diferents dominis són:

Frontera	*x/d*	*y/d=0,8·x/d*	*Equilibri*	*Nu*
Domini 2-3	$\frac{0,0035}{0,0035+0,01}$	0,2074	$N_u = 0,2074 \cdot U_0 + U_{s2} - U_{s1}$	184,8 kN
Domini 3-4	$\frac{0,0035}{0,0035+0,00174}$	0,5344	$N_u = 0,5344 \cdot U_0 + U_{s2} - U_{s1}$	1244,256 kN
Domini 4-4a	1	0,8	$N_u = 0,8 \cdot U_0 + U_{s2}$	2800,8 kN

Com que $N_d = 1.300$ kN , la ruptura es produeix en el domini 4.

Per a aquest pla, s'obté $\sigma'_s = f_{yd}$, $\sigma_s < f_{yd}$ i, a més a més de les equacions d'equilibri, s'ha de plantejar la compatibilitat de deformacions ja que no es coneix ε_s :

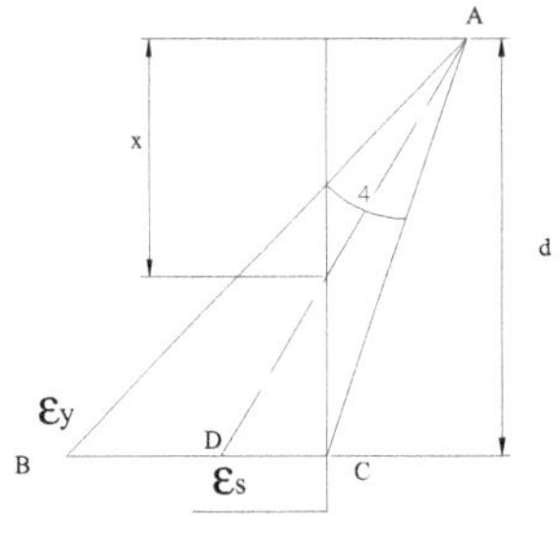

Fig. 5.28 Plans de ruptura

Les equacions d'equilibri són:

$$(1)\quad N_u = U_0 \cdot \frac{y}{d} + U_{s2} - A_s\sigma_s$$

$$(2)\quad M_u = U_0 \frac{y}{d}\left(\frac{h-y}{2}\right) + U_{s2} \cdot \left(\frac{h}{2} - d'\right) + \sigma_s \cdot A_s\left(d - \frac{h}{2}\right)$$

$$(3)\quad \frac{\varepsilon_s}{d - x} = \frac{\varepsilon_c}{x} = \frac{0,0035}{x} \rightarrow \varepsilon_s = 0,0035\frac{d-x}{x} = 0,0035\frac{d-1,25y}{1,25y}$$

$$\sigma_s = E_s\varepsilon_s = 2 \cdot 10^5 \cdot 3.5 \cdot 10^{-3}\frac{d-1,25y}{1,25y} = 560\frac{d-1,25y}{y}$$

Substituint en (1) s'obté:

$$N_d = 1.300 = 3.240\frac{y}{0,54} + 208,8 - 2000 \cdot 0,56\cdot\frac{0,54-1,25y}{y}$$

La solució de la qual és $y = 0.2928\ m$, *és a dir* $x = 1.25y = 0.366\ m$

La deformació de l'acer de tracció és:

$$\varepsilon_s = 0,0035\frac{d-1,25y}{1,25y} = 0,0035\frac{0,54-1,25\cdot 0,2928}{1,25\cdot 0,2928} = 0,001664 < \varepsilon_y = 0,00174$$

Amb aquest valor de la profunditat del bloc de compressions $y = 0.290m$, el moment últim val:

$$M_u = 3240\cdot\frac{0,293}{0,54}\left(0,3-\frac{0,293}{2}\right) + 208,8\cdot(0,3-0,06) + \frac{200.000}{1000}\cdot 0,00166\cdot 2000(0,54-0,3) = 479,325\ \text{kN·m}$$

M_d=479,325 kNm > M_u= 150 kNm

Per tant, la secció resisteix i la solució correcta és la *d.*

Exercici FC-25

Una secció rectangular de 0,40x0,60 m^2 està armada amb armadura simètrica en dues cares oposades, tal com s'indica a la figura adjunta. Els materials utilitzats són formigó HA30/P/20/IIb i acer B500-S, i el control d'execució és normal.

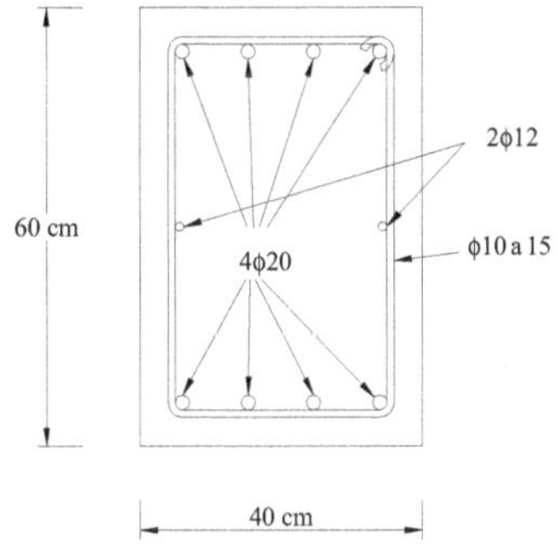

Fig. 5.29 Disposició de l'armat

Comproveu si la secció pot resistir la sol·licitació de flexocompressió recta següent: N_d = 1.800 kN, M_d = ±800 kN·m.

Respostes possibles:

a) No resisteix. M_u = 600 kN·m
b) No resisteix. M_u = 780 kN·m
c) Sí que resisteix. M_u = 995,8 kN·m
d) Sí que resisteix. M_u = 800 kN·m

Solució

$f_{cd} = 30/1,5 = 20\ \text{N/mm}^2$; $f_{yd} = 500/1,15 = 435\ \text{N/mm}^2$

$A_s = A_s' = 1.256,64\ \text{mm}^2$

$d = 600 - 40 - 10 - 10 = 540\ \text{mm}$ $\quad d' = 60\ \text{mm}$

$$U_0 = f_{cd}bd = 4.320 \text{ kN} \quad ; \quad U_{s1} = U_{s2} = A_s f_{yd} = 546.6 \text{ kN}$$

Els axials corresponents als plans de ruptura que separen els diferents dominis són:

Frontera	*x/d*	*y/d=0,8·x/d*	*Equilibri*	*Nu*
Domini 2-3	$\dfrac{0,0035}{0,0035+0,01}$	0,2074	$N_u = 0,2074 \cdot U_0 + U_{s2} - U_{s1}$	896 kN
Domini 3-4	$\dfrac{0,0035}{0,0035+0,002175}$	0,4934	$N_u = 0,4934 \cdot U_0 + U_{s2} - U_{s1}$	2131,5 kN
Domini 4-4a	1	0,8	$N_u = 0,8 \cdot U_0 + U_{s2}$	4002,6 kN

Com que $N_d = 1.800$ kN , la ruptura es produeix en el domini 3.

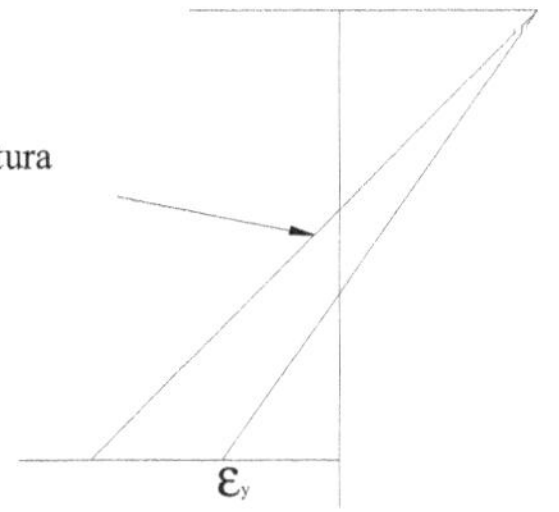

Fig. 5.30 Plans de ruptura

$$N_d = U_0 \cdot \frac{y}{d} + U_{s1} - U_{s2} \Rightarrow N_d = U_0 \cdot \frac{y}{d} \Rightarrow 1.800 = 4.320 \cdot \frac{y}{0,54} \Rightarrow y = 0,225 \text{ m}$$

$$M_u = U_0 \frac{y}{d}\left(\frac{h-y}{2}\right) + U_{s2} \cdot \left(\frac{h}{2} - d'\right) + U_{s1}\left(d - \frac{h}{2}\right) = 4.320 \cdot \frac{0,225}{0,54}\left(0,3 - \frac{0,225}{2}\right) + 546,8 \cdot (0,54 - 0,06) = 600 \text{ kNm}$$

M_d=800 kNm > M_u= 600 kNm

Per tant, no resisteix la sol·licitació. La solució correcta és la *a*.

Exercici FC-26

Una secció rectangular de 0,40x0,60 m^2 està armada amb armadura simètrica a dues cares oposades, tal com s'indica a la figura adjunta. Els materials utilitzats són formigó HA30/P/20/IIb i acer B500-S i el control d'execució és normal.

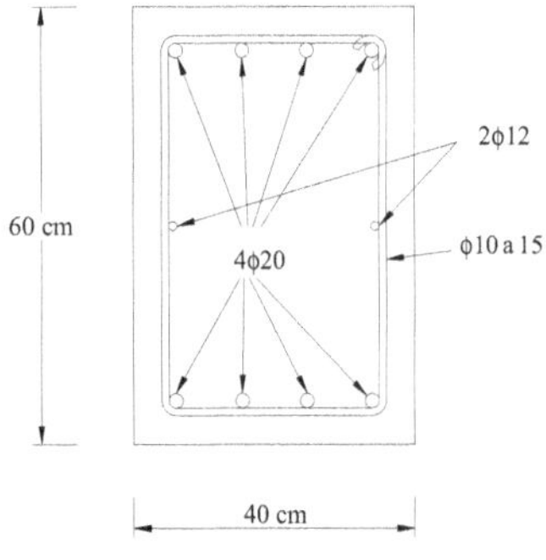

Fig. 5.31 Disposició de l'armat

Comproveu si la secció pot resistir la sol·licitació de flexocompressió recta següent: N_d = 1.800 kN, M_d = ±800 kN·m. Resoleu-ho utilitzant els diagrames d'interacció amb d = 0,9h i d' = 0,1h.

Respostes possibles:

a) Sí que resisteix. $M_u = 995{,}8$ kN·m
b) Sí que resisteix. $M_u = 800$ kN·m
c) No resisteix. $M_u = 547$ kN·m
d) No resisteix. $M_u = 750$ kN·m

Solució

$$f_{cd} = {}^{30}\!/_{1,5} = 20\ {}^{\text{N}}\!/_{\text{mm}^2}\ ;\ f_{yd} = {}^{500}\!/_{1,15} = 435\ {}^{\text{N}}\!/_{\text{mm}^2}$$

$$d = 600 - 400 - 10 - 10 = 540 \text{ mm} = 0{,}9\text{h}$$

$$d' = 40 + 10 + 10 = 60 \text{ mm} = 0{,}1\text{h}$$

$$e_0 = {}^{M_d}\!/_{N_d} = 0{,}444$$

$$A_c f_{cd} = 0{,}4 \cdot 0{,}6 \cdot 20.000 = 4.800 \text{ kN}$$

Valors adimensionals d'esforços i quantia mecànica d'armadura:

$$\upsilon_d = \frac{N_d}{A_c f_{cd}} = \frac{1.800}{4.800} = 0{,}375$$

$$\mu_d = \frac{N_d e_0}{A_c f_{cd} h} = \frac{800}{4.800 \cdot 0{,}6} = 0{,}278$$

$$\omega = \frac{A_{stot} f_{yd}}{A_c f_{cd}} = \frac{2 \cdot 546{,}6}{4.800} = 0{,}2278$$

Entrant en el diagrama d'interacció de la figura, vàlid per a una secció rectangular amb armadura simètrica $A_s = A_s'$ i $d' = 0{,}10h$, amb $\upsilon_d = 0{,}375$ i $\mu_d = 0{,}278$, la quantia d'armadura necessària és $\omega = 0{,}4$ que és molt superior a l'existent.

Una altra forma de veure-ho seria obtenir el moment últim resistit amb la quantia $\omega = 0{,}228$, obtinguda tallant (en el diagrama) la línia $\upsilon_d = 0{,}375$ amb la corba $\omega = 0{,}228$, que dóna un valor de $\mu = 0{,}205$.

$$M_u = \mu A_c h f_{cd} = 0{,}205 \cdot 4.800 \cdot 0{,}6 = 590{,}4 kNm < M_d = 800 kNm$$

Comparant amb l'exercici FC 25, en el qual el moment últim calculat era $M_u = 600$ kNm, s'observa que és $\approx 1{,}02$ vegades el que s'ha calculat amb el diagrama d'interacció. Per tant, la secció no resisteix la sol·licitació i la resposta correcta és la *c*.

Exercici FC-27

Una secció rectangular de 0,40x0,60 m^2 està armada simètricament, tal com s'indica la figura adjunta. Els materials utilitzats són formigó HA30/P/20/IIb i acer B500-S, i el control d'execució és normal.

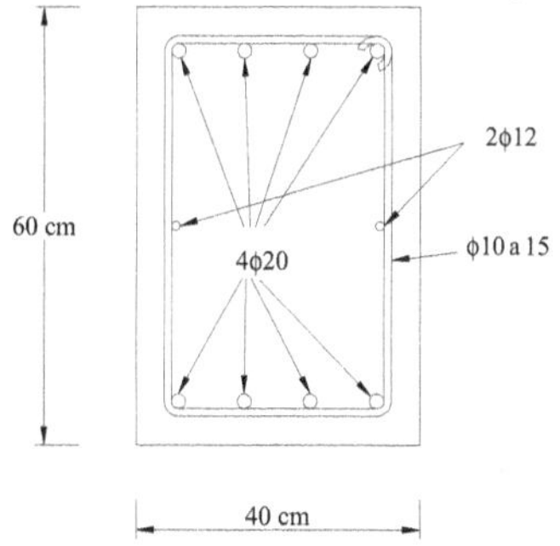

Fig. 5.32 Disposició de l'armat

Calculeu el moment últim de la secció quan l'axial de sol·licitació és N_d = 2.400 kN, per a d = 0,54 m, d' = 0,06 m.

Respostes possibles:

a) M_u = 1.071 kN·m
b) M_u = 1.440 kN·m
c) M_u = 597 kN·m
d) M_u = 380 kN·m

Solució

$$f_{cd} = {}^{30}\!/_{1,5} = 20\ {}^{\text{N}}\!/_{\text{mm}^2}\ ;\ f_{yd} = {}^{500}\!/_{1,15} = 435\ {}^{\text{N}}\!/_{\text{mm}^2}$$

$$d = 600 - 40 - 10 - 10 = 540 \text{ mm} = 0.9h$$
$$d' = 40 + 10 + 10 = 60 \text{ mm} = 0.1h$$
$$U_0 = f_{cd}bd = 4.320 \text{ kN}$$
$$U_{s1} = U_{s2} = A_s f_{yd} = 546,6 \text{ kN}\ ;\ A_c f_{cd} = 4.800 \text{ kN}$$

Observeu el domini de ruptura. Com que l'axial adimensional és $\nu_d = \frac{N_d}{A_c f_{cd}} = 0,5$, el domini de ruptura probable és el 4:

Els axials corresponents als plans de ruptura que separen els diferents dominis són:

Frontera	*x/d*	*y/d=0,8·x/d*	*Equilibri*	*Nu*
Domini 2-3	$\frac{0,0035}{0,0035+0,01}$	0,2074	$N_u = 0,2074 \cdot U_0 + U_{s2} - U_{s1}$	896 kN
Domini 3-4	$\frac{0,0035}{0,0035+0,002175}$	0,4934	$N_u = 0,4934 \cdot U_0 + U_{s2} - U_{s1}$	2131,5 kN
Domini 4-4a	1	0,8	$N_u = 0,8 \cdot U_0 + U_{s2}$	4002,6 kN

Per tant, efectivament domini 4.

En aquest domini, l'armadura comprimida està plastificada $(\sigma'_s = f_{yd})$ però l'armadura traccionada no, i la seva tensió $\sigma_s < f_{yd}$ és una incògnita. Per això, s'ha de plantejar l'equació de compatibilitat:

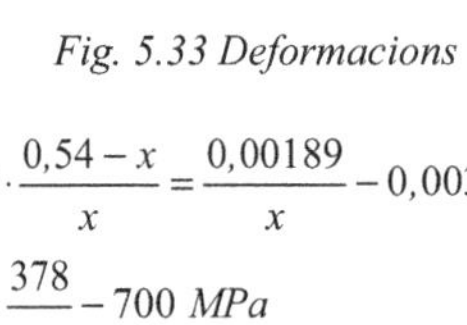

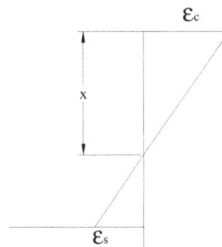

Fig. 5.33 Deformacions

$$\frac{\varepsilon_c}{x} = \frac{\varepsilon_s}{d-x} \rightarrow \varepsilon_s = \varepsilon_c \cdot \frac{d-x}{x} = 0,0035 \cdot \frac{0,54-x}{x} = \frac{0,00189}{x} - 0,0035$$

$$\sigma_s = E_s \cdot \varepsilon_s = \frac{2 \cdot 10^5 \cdot 0,00189}{x} - 700 = \frac{378}{x} - 700\ MPa$$

Equilibri de forces:

$$N_d = U_0 \frac{y}{d} + U_{s1} - A_s \sigma_s \Rightarrow 2.400 = 4.320 \frac{y}{0,54} + 546,6 - 1.256,6 \cdot 10^{-3} \cdot \left(\frac{378}{1,25y} - 700 \right)$$

La solució d'aquesta equació és: $y = 0,28714\ m \Rightarrow x = 1,25y = 0,359\ m$

$$\sigma_s = E_s \cdot \varepsilon_s = \frac{378}{x} - 700 = 353,13 \, N/_{mm^2}$$

$$M_u = U_0 \frac{y}{d}\left(\frac{h-y}{2}\right) + U_{s2} \cdot \left(\frac{h}{2} - d'\right) + \sigma_s \cdot A_s \left(d - \frac{h}{2}\right) =$$

$$M_u = 4.320 \cdot \frac{0,28714}{0,54}\left(0,3 - \frac{0,28714}{2}\right) + 546,64 \cdot (0,3 - 0,06) + \frac{1.256,64}{1.000} \cdot 353,13 \cdot (0,54 - 0,3) = 597 \text{ kNm}$$

Per tant, $M_u = 597 \text{ kN} \cdot \text{m}$

Exercici FC-28

Una secció rectangular de 0,40x0,60 m^2 està armada amb armadura simètrica en dues cares oposades, tal com s'indica a la figura adjunta. Els materials utilitzats són formigó HA30/P/20/IIb i acer B500-S, i el control d'execució és normal.

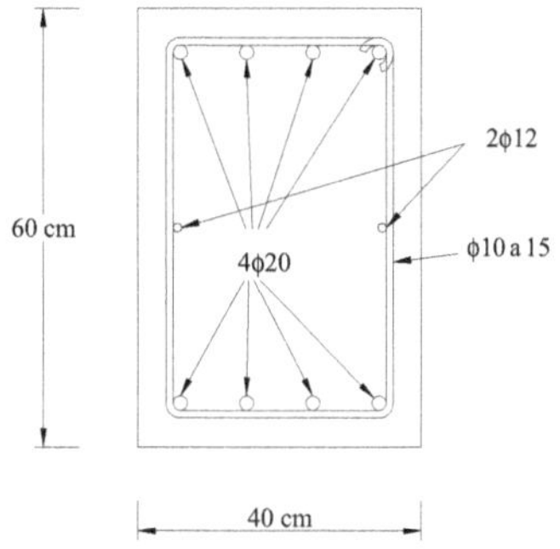

Fig. 5.34 Disposició de l'armat

Calculeu el moment últim de la secció quan l'axial de sol·licitació és de: N_d = 2.400 kN. Resoleu-ho utilitzant els diagrames d'interacció, per a d = 0,54 m = 0,9h i d' = 0,06m = 0,1h.

Respostes possibles:

a) M_u = 403 kN·m
b) M_u = 504 kN·m
c) M_u = 606 kN·m
d) M_u = 800 kN·m

Solució

$$f_{cd} = \frac{30}{1.5} = 20 \, \text{N}/_{\text{mm}^2} \quad ; \quad f_{yd} = \frac{500}{1.15} = 435 \, \text{N}/_{\text{mm}^2}$$

$d = 600 - 40 - 10 - 10 = 540 \text{ mm} = 0,9h$

$d' = 40 + 10 + 10 = 60 \text{ mm} = 0,1h$

$$A_c f_{cd} = 0{,}6 \cdot 0{,}4 \cdot 20.000 = 4.800 \text{ kN} \quad A_c h f_{cd} = 2.880 \text{ kN} \cdot \text{m}$$

$$\omega = \frac{A_{stot} f_{yd}}{A_c f_{cd}} = \frac{2 \cdot 1.256{,}6 \cdot 435 \cdot 10^{-3}}{4.800} = \frac{2 \cdot 546{,}6}{4.800} = 0{,}228$$

$$\upsilon_d = \frac{N_d}{A_c f_{cd}} = \frac{2.400}{4.800} = 0{,}5$$

El moment últim s'obté entrant en el diagrama d'interacció vàlid per a A_s=A'_s, secció rectangular, $d = 0{,}9$h, $d' = 0{,}1$h, amb el valor $\upsilon_d = 0{,}5$ i buscant el punt de tall amb la corba $\omega = 0{,}228$.

El resultat és $\mu = 0{,}21$, i per tant:

$$M_u = \mu \cdot A_c \cdot f_{cd} \cdot h = 0{,}21 \cdot 4.800 \cdot 0{,}6 = 604{,}8 \text{ kN} \cdot \text{m}$$

Per tant, la solució correcta és la *b*.

El lector recordarà que l'exercici FC-27, resolt mitjançant el mètode del rectangle, proporcionava un valor M_u = 597 kN · m quasi idèntic a l'obtingut mitjançant els diagrames d'interacció.

Exercici FC-29

Una secció rectangular de 0,40x0,60 m^2 està armada amb armadura simètrica en dues cares oposades, tal com s'indica a la figura adjunta. Els materials utilitzats són formigó HA30/P/20/IIb i acer B500-SD.

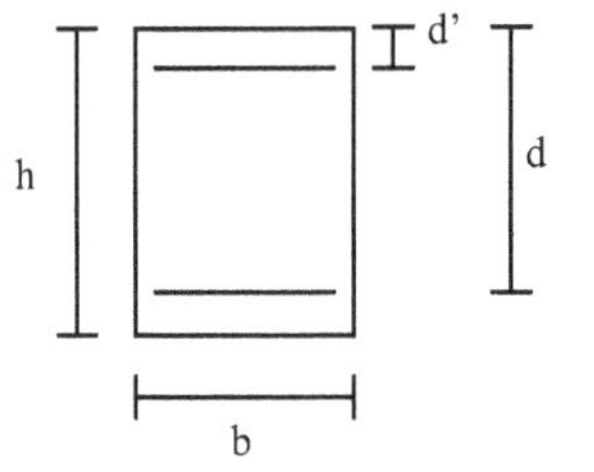

$A_s = A'_s = 6\ \phi\ 20$

Fig. 5.35 Geometria de la secció

Obteniu el moment últim que resisteix aquesta secció quan estigui sol·licitada per un esforç axial de compressió de N_d = 5.200 kN.

Respostes possibles:

a) 300 kN · m
b) 190 kN · m
c) 125 kN · m
d) 275 kN · m

Solució

$$f_{cd} = \frac{30}{1.5} = 20 \text{ N/mm}^2 \quad ; \quad f_{yd} = \frac{500}{1.15} = 435 \text{ N/mm}^2$$

$$d = 600 - 40 - 10 - 10 = 540 \text{ mm}$$
$$d' = 40 + 10 + 10 = 60 \text{ mm}$$

$$U_o = f_{cd}bd = 4.320kN$$
$$U_{s1} = U_{s2} = A_s f_{yd} = 6·314{,}19·435·10^{-3} = 820kN$$

El axial relatiu és $\upsilon_d = \frac{N_d}{A_c f_{cd}} = \frac{4.800}{4.800} = 1{,}0$; per tant, cal esperar que s'estigui al domini 5.

Els axials corresponents als plans de ruptura que separen els diferents dominis són:

Frontera	*x/d*	*y/d=0,8·x/d*	*Equilibri*	*Nu*
Domini 2-3	$\frac{0{,}0035}{0{,}0035+0{,}01}$	0,2074	$N_u = 0{,}2074·U_0 + U_{s2} - U_{s1}$	896 kN
Domini 3-4	$\frac{0{,}0035}{0{,}0035+0{,}002175}$	0,4934	$N_u = 0{,}4934·U_0 + U_{s2} - U_{s1}$	2131,5 kN
Domini 4-4a	1	0,8	$N_u = 0{,}8·U_0 + U_{s2}$	4002,6 kN
Domini 4a-5	h/d	0,8889	$N_u = 0{,}8889·U_0 + U_{s2} + \sigma_s A_s$	4791,95 kN

En el domini 4a-5, l'acer inferior:

$$\frac{\varepsilon_{cu}}{h} = \frac{\varepsilon_s}{h-d} \Rightarrow \varepsilon_s = \frac{0{,}0035·(0{,}6-0{,}54)}{0{,}6} = 0{,}00035$$

$$\sigma_s = E_s·\varepsilon_s = 0{,}00035·200.000 = 70MPa$$

Efectivament, el domini de ruptura és el 5. Per a aquest domini, s'han de plantejar les equacions d'equilibri i compatibilitat, ja que σ_s és desconegut.

Les armadures estaran comprimides amb tensions σ_s i σ'_s desconegudes a priori, però els seus valors es poden expressar per mitjà de l'equació de compatibilitat, en funció de x, com s'indica a la figura adjunta. En ella s'observa, a més a més, que com que la ruptura es produeix en el domini 5, el pla de ruptura ha de passar pel pivot, és a dir, el punt O, situat a una distància de $\frac{3}{7}h$ de la fibra més comprimida, que té una deformació de $\varepsilon = -0{,}002$.

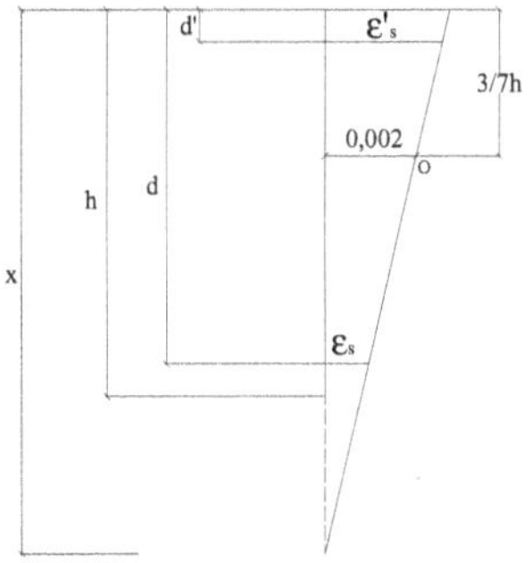

Fig. 5.37 Deformacions

$$\frac{\varepsilon'_s}{x-d'} = \frac{\varepsilon'_s - 0{,}002}{\frac{3}{7}h - d'}$$

$$\frac{\varepsilon_s}{x-d} = \frac{\varepsilon'_s}{x-d'}$$

d'on s'obté

$$\varepsilon'_s = 0{,}002\frac{x-d'}{x-\frac{3}{7}h} \qquad \varepsilon_s = 0{,}002\frac{x-d}{x-\frac{3}{7}h}$$

L'esforç axial de càlcul valdrà, per equilibri de forces:

$N_d = f_{cd}by + A'_s\sigma'_s + A_s\sigma_s$ (1)

$\sigma_s = E_s\varepsilon_s = 200.000\cdot 0,002\dfrac{x-d}{x-\frac{3}{7}h} = 400\cdot\dfrac{1,25y-d}{1,25y-\frac{3}{7}h}$ (2)

$\sigma'_s \simeq f_{yd}$ (ja que en ser $\varepsilon'_s = 0,002\dfrac{x-d'}{x-\frac{3}{7}h}$, la deformació $\varepsilon'_s \geq \varepsilon_y$) i, per tant:

$N_d = U_0\dfrac{y}{d} + U_{s2} + A_s\cdot 400\dfrac{1,25y-d}{1,25y-\frac{3}{7}h}$ (3)

$5200 = 4320\dfrac{y}{0,54} + 820 + 1884,96\cdot\dfrac{400}{1.000}\dfrac{1,25y-0,54}{1,25y-\frac{3}{7}\cdot 0,6} \Rightarrow y = 0,521\ m < h$ (per ser possible)

$M_u = U_0\dfrac{y}{d}\left(\dfrac{h-y}{2}\right) + U_{s2}\cdot\left(\dfrac{h}{2}-d'\right) - \sigma_s\cdot A_s\left(d-\dfrac{h}{2}\right) =$

$M_u = 4.320\cdot\dfrac{0,521}{0,54}\left(0,3-\dfrac{0,521}{2}\right) + 820\cdot(0,3-0,06) + 1884,96\cdot\dfrac{400}{1.000}\dfrac{1,25\cdot 0,521-0,54}{1,25\cdot 0,521-\frac{3}{7}\cdot 0,6}\cdot(0,54-0,3) = 310,36\ \text{kNm}$

Per tant, $M_u = 310,36\ \text{kN}\cdot\text{m}$

Exercici FC-30

Una secció rectangular de 0.40x0.60 m^2 està armada amb armadura simètrica en dues cares oposades, tal com s'indica a la figura adjunta. Els materials utilitzats són formigó HA30/P/20/IIb i acer B500-SD.

$A_s = A'_s = 6\ \phi\ 20$

$d = 0,54$ m
$d' = 0,06$ m

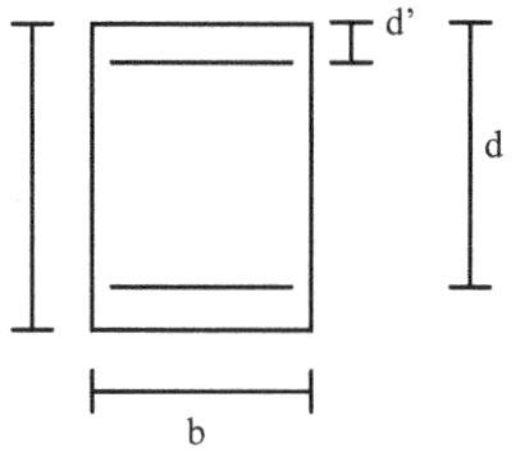

Fig. 5.38 Geometria

Obteniu el moment últim que resisteix aquesta secció quan està sol·licitada per un esforç axial de compressió de $N_d = 5.200$ kN. Resoleu-ho utilitzant els diagrames d'interacció amb d=0,9h i d'=0,1h.

Respostes possibles:

a) $190\ \text{kN}\cdot\text{m}$
b) $124\ \text{kN}\cdot\text{m}$
c) $275\ \text{kN}\cdot\text{m}$
d) $220,8\ \text{kN}\cdot\text{m}$

Solució

$f_{cd} = \dfrac{30}{1,5} = 20\ \text{N/mm}^2$; $f_{yd} = \dfrac{500}{1,15} = 435\ \text{N/mm}^2$

$A_c f_{cd} = 4.800\ \text{kN}$; $A_c h f_{cd} = 2.880\ \text{kN}\cdot\text{m}$; $U_{stot} = 12\cdot 314,16\cdot 435\cdot 10^{-3} = 1.640\ \text{kN}\cdot\text{m}$

$\nu_d = \dfrac{N_d}{A_c f_{cd}} = \dfrac{5.200}{4.800} = 1,08$; $\omega = \dfrac{A_{stot} f_{yd}}{A_c f_{cd}} = \dfrac{1.640}{4.800} = 0,341$

El moment últim s'obté entrant en el diagrama d'interacció vàlid per a secció rectangular i $A_s = A'_s$, $d = 0,9h$, amb $\nu = 1,08$ i contingut a la corba $\omega = 0,341$ (vegeu annex).

El resultat és $\mu = 0,105 = \dfrac{M_u}{A_c f_{cd} h} \Rightarrow M_u = 0,105 \cdot 2.880 = 302,4 \text{ kN} \cdot \text{m}$

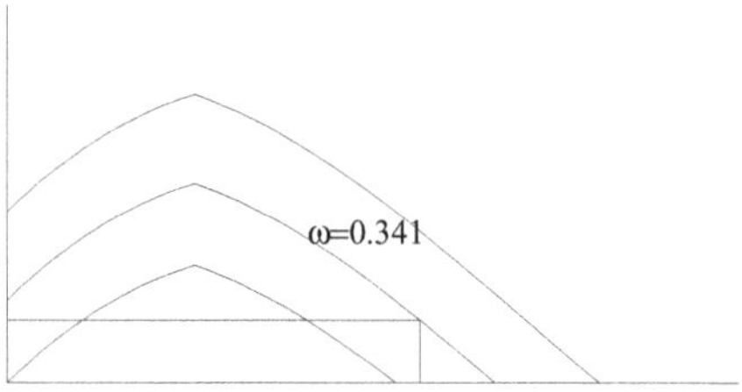

Fig. 5.39 Obtenció de μ

Per tant, la solució correcta és la *b*.

El lector recordarà que el mètode simplificat utilitzat a l'exercici FC 29 proporcionava un valor $M_u = 310,36 \text{ kN} \cdot \text{m}$, que és pràcticament idèntic l'obtingut en aquest exercici utilitzant diagrames d'interacció.

Exercici FC-31

Considereu una secció de formigó armat, rectangular, de *b*=0,40 m i *h*=0,60 m. Dimensioneu les armadures necessàries per resistir la sol·licitació de flexocompressió esbiaixada indicada, disposant armadura igualment repartida a les quatre cares i a les quatre cantonades. Es considera un recobriment mecànic de 60 mm. Els materials utilitzats són formigó HA30/P/20/IIb i acer B500-SD.

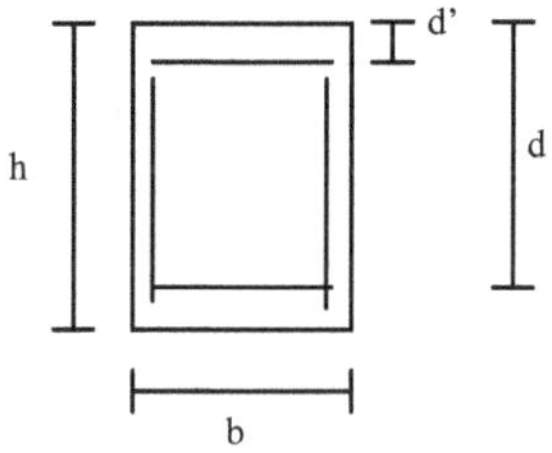

Fig. 5.40 Geometria

Sol·licitació: $N_d = 1.440$ kN
$M_{dx} = N_d \cdot e_y = 360$ kN·m
$M_{dy} = N_d \cdot e_x = 144$ kN·m

Nota. Utilitzeu el mètode simplificat de l'*annex 7* de la Instrucció EHE.

A la solució s'expressa l'armadura total.

Respostes possibles:

a) 8 Ø25 mm
b) 20 Ø16 mm
c) 12 Ø16 mm
d) 8 Ø20 mm

Solució

$$f_{cd} = 20\ \text{N}/\text{mm}^2;\quad f_{yd} = 435\ \text{N}/\text{mm}^2;\quad d = 540\ \text{mm};\quad d' = 60\ \text{mm}$$

$$\frac{h}{b} = \frac{600}{400} = 1{,}5\ ;\quad e_y = \frac{360}{1.440} = 0{,}25m\ ;\quad e_x = \frac{144}{1.440} = 0{,}1\ \text{m}$$

$$\frac{e_y}{e_x} = \frac{360}{144} = 2{,}5 \Rightarrow \frac{e_y}{e_x} > \frac{h}{b}$$

$$\upsilon = \frac{N_d}{A_c f_{cd}} = \frac{1.440}{4.800} = 0{,}30$$

Taula 5.1 Taula de valors de β

υ	0	0,1	0,2	0,3	0,4	0,5	0,6	0,7	≥ 0,8
β	0,5	0,6	0,7	0,8	0,9	0,8	0,7	0,6	0,5

Així doncs, l'excentricitat fictícia és:

$$e_y' = e_y + \beta e_x \frac{h}{b} = 0{,}25 + 0{,}8 \cdot 0{,}1 \cdot 1{,}5 = 0{,}37$$

El valor del moment serà:

$$M_d = 1.440 \cdot 0{,}37 = 532{,}8\ \text{kN} \cdot \text{m}$$

Es dimensiona amb armadura simètrica a dues cares per a $N_d = 1.440$ kN , $M_d = 532{,}8$ kN · m utilitzant les expressions de l'annex 7, apartat 5.1:

$$\left.\begin{aligned} U_0 = f_{cd} bd = 4.320\ \text{kN} \\ N_d < 0{,}5U_0 = 2160\ \text{kN} \end{aligned}\right\} \rightarrow U_{s1} = U_{s2} = \frac{M_d}{d-d'} + \frac{N_d}{2} - \frac{N_d d}{d-d'}\left(1 - \frac{N_d}{2U_0}\right) =$$

$$= \frac{532{,}8\ \text{kN}\cdot\text{m}}{0{,}54\ \text{m} - 0{,}06\ \text{m}} + \frac{1.440\ \text{kN}}{2} - \frac{1.440\ \text{kN}\cdot 0{,}54\ \text{m}}{0{,}54\ \text{m} - 0{,}06\ \text{m}}\left(1 - \frac{1.440\ \text{kN}}{2\cdot 4.320\ \text{kN}}\right) = 480\ \text{kN}$$

$$U_{s1} = U_{s2} = A_s f_{yd} = 480\ \text{kN} \rightarrow A_s = \frac{480\cdot 10^3\ \text{N}}{435\ \text{N}/\text{mm}^2} = 1103{,}45\ \text{mm}^2,\ \text{valor d'una cara.}$$

Per tal d'armar una cara, es necessita 1103,45 mm^2. Amb 6 ϕ16 que són un total de 1.206 mm^2 es té un valor suficient. També podríem efectuar l'armat amb 4 ϕ20 per cara, amb un total de 1256,6 mm^2. Com que amb 6 ϕ16 la solució és més ajustada, adoptarem aquesta com a bona.

Llavors, si es completen les altres dues cares, s'obté un total de 20 ϕ16.

Fig. 5.41 Disposició de l'armat

Exercici FC-32

Considereu una secció de formigó armat, rectangular, de b=0,40 m i h=0,60 m. Dimensioneu les armadures necessàries per resistir la sol·licitació de flexocompressió esbiaixada indicada, disposant armadura igualment en les quatre cares i en les quatre cantonades. Es considera un recobriment mecànic de 40 mm i cèrcols de Ø10 mm. Els materials utilitzats són formigó HA30/P/20/IIb i acer B500-SD.

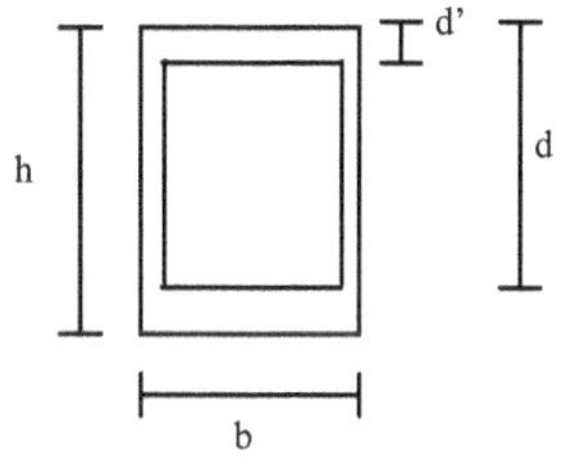

Fig. 5.42 Geometria

Sol·licitació: $N_d = 1.440$ kN
$M_{dx} = N_d \cdot e_i = 360$ kN·m
$M_{di} = N_d \cdot e_x = 144$ kN·m

Nota. Resoleu-ho mitjançant diagrames d'interacció (àbac en roseta inclòs a l'annex).

A la solució es mostra l'armat total.

Respostes possibles:

a) 8 Ø25 mm
b) 16 Ø16 mm
c) 12 Ø16 mm
d) 8 Ø20 mm

Solució

$$f_{cd} = 20 \text{N}/\text{mm}^2 \;\; ; \;\; f_{yd} = 435 \text{N}/\text{mm}^2 \;\; ; \;\; d = 540 \text{ mm} \;\; ; \;\; d' = 60 \text{ mm}$$

$$a = h = 0{,}60 \;\; ; \;\; b = b = 0{,}40$$

$$\upsilon_d = \frac{N_d}{A_c f_{cd}} = \frac{1.440}{4.800} = 0{,}30$$

$$\mu_a = \frac{M_{dx}}{A_c \cdot f_{cd} \cdot a} = \frac{360}{2.880} = 0{,}125; \mu_b = \frac{144}{1.920} = 0{,}075$$

Entrant en els àbacs en roseta, per al cas d'armadura igual a les quatre cares i a les quatre cantonades, amb $d = 0{,}9h$, s'obté:

$$\left.\begin{array}{l} \text{Per } \nu = 0{,}2, \;\; \mu_a = 0{,}125, \mu_b = 0{,}075, \omega = 0{,}24 \\ \text{Per } \nu = 0{,}4, \;\; \mu_a = 0{,}125, \mu_b = 0{,}075, \omega = 0{,}18 \end{array}\right\} \omega = 0{,}21$$

$$\omega = \frac{A_s \cdot f_{yd}}{A_c \cdot f_{cd}}$$

$$A_{stot} = \omega \frac{A_c \cdot f_{cd}}{f_{yd}} = 0{,}21 \cdot \frac{600 \cdot 400 \cdot 20}{435} = 2.317 \text{ mm}^2$$

Si es prova amb ϕ16, s'obté un armat de 12 ϕ16, que correspon a una quantitat de 2412,7 mm^2; en canvi, si es disposen ϕ20, es necessita una quantitat de vuit rodons que fan un total de 2.513,27 mm^2. Per tant, s'escull l'opció de 12 ϕ16, que és més ajustada.

Si es compara aquest resultat amb el de l'exercici FC-31, 20ϕ16, es pot veure que, quan s'utilitza el diagrama de roseta, més exacte, menys armat és suficient.

Fig. 5.43 Disposició de l'armat

Exercici FC-33

Considereu una secció de formigó armat, rectangular, de b=0,40 m i h=0,60 m. Dimensioneu les armadures necessàries per resistir la sol·licitació de flexocompressió esbiaixada indicada, disposant-ne igualment a les quatre cares i a les quatre cantonades. Es considera un recobriment mecànic de 60 mm. Els materials utilitzats són formigó HA30/P/20/IIb i acer B500-SD.

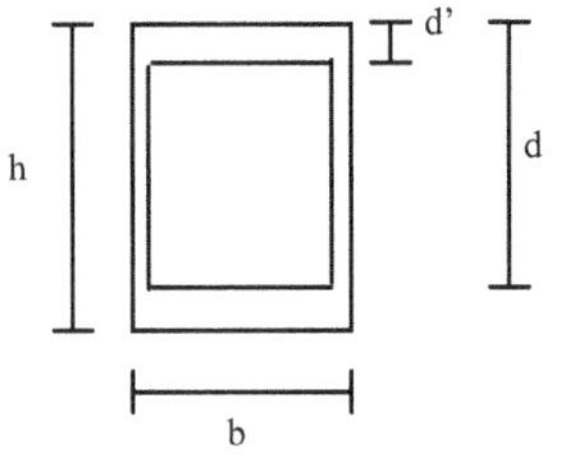

Fig. 5.44 Geometria

Sol·licitació: $N_d = 1.440$ kN
$M_{dx} = N_d \cdot e_i = 192$ kN·m
$M_{di} = N_d \cdot e_x = 192$ kN·m

Nota. Utilitzeu el mètode simplificat de l'*annex 7* de la Instrucció EHE.

A la solució es mostra l'armat total.

Respostes possibles:

a) 12 Ø16 mm
b) 8 Ø25 mm
c) 20 Ø20 mm
d) 8 Ø20 mm

Solució

$$f_{cd} = 20\,\mathrm{N/mm^2};\quad f_{yd} = 435\,\mathrm{N/mm^2};\quad d = 540\ \mathrm{mm};\quad d' = 60\ \mathrm{mm}$$

$$h/b = 600/400 = 1{,}5 \quad ; \quad e_y = 192/1.440 = 0{,}133 \text{ m} \quad ; \quad e_x = 192/1.440 = 0{,}133 \text{ m}$$

$$\frac{e_y}{e_x} = 1 < \frac{h}{b} = 1{,}5 \rightarrow \text{Per tant, el que es fa és considerar: } b{=}0{,}6 \text{ i } h{=}0{,}4$$

$$\upsilon = \frac{N_d}{A_c f_{cd}} = \frac{1.440}{4.800} = 0{,}30 \qquad d = 0{,}34 \text{ m}$$

El valor de β es dedueix de la taula de l'annex 7: $\beta(\nu = 0{,}3) = 0{,}8$. I així l'excentricitat fictícia és:

$$e_y' = e_y + \beta e_x \frac{h}{b} = 0{,}13 + 0{,}8 \cdot 0{,}13 \cdot 0{,}67 = 0{,}201$$

El valor del moment serà:

$$M_d = 1.440 \cdot 0{,}201 = 289{,}85 \text{ kN} \cdot \text{m}$$

Es dimensiona amb armadura simètrica a dues cares per a $N_d = 1.440$ kN , $M_d = 289.85kNm$ utilitzant les expressions de l'annex 7, apartat 5.1:

$$\left.\begin{array}{l} U_0 = f_{cd}bd = 4.080 \text{ kN} \\ N_d < 0{,}5U_0 = 2.040 \text{ kN} \end{array}\right\} \rightarrow U_{s1} = U_{s2} = \frac{M_d}{d-d'} + \frac{N_d}{2} - \frac{N_d d}{d-d'}\left(1 - \frac{N_d}{2U_0}\right) =$$

$$= \frac{289{,}85 \text{ kN} \cdot \text{m}}{0{,}34 \text{ m} - 0{,}06 \text{ m}} + \frac{1.440 \text{ kN}}{2} - \frac{1.440 \text{ kN} \cdot 0{,}34 \text{ m}}{0{,}34 \text{ m} - 0{,}06 \text{ m}}\left(1 - \frac{1.440 \text{ kN}}{2 \cdot 4.080 \text{ kN}}\right) = 315{,}18 \text{ kN}$$

$U_{s1} = U_{s2} = A_s f_{yd} = 315{,}18KN \rightarrow A_s = \dfrac{315{,}18 \cdot 10^3 N}{435N/mm^2} = 724{,}55mm^2$ → amb 3ϕ 20 s'obté una quantia de 942,5 mm^2, i amb l'opció de posar 4 ϕ16 tenim 804,25 mm^2; per tant, escollim la segona opció.

Aquest armat és a una cara; per tant, si s'arma a totes les cares simètricament, s'obté un armat de 12 ϕ16.

Fig. 5.45 Disposició de l'armat

Exercici FC-34

Considereu una secció de formigó armat, rectangular, de b=0,40 m i h=0,60 m. Dimensioneu les armadures necessàries per resistir la sol·licitació de flexocompressió esbiaixada indicada, disposant-ne igualment a les quatre cares i a les quatre cantonades. Es considera un recobriment mecànic de 40 mm i cèrcols de Ø10 mm. Els materials utilitzats són formigó HA30/P/20/IIb i acer B500-SD.

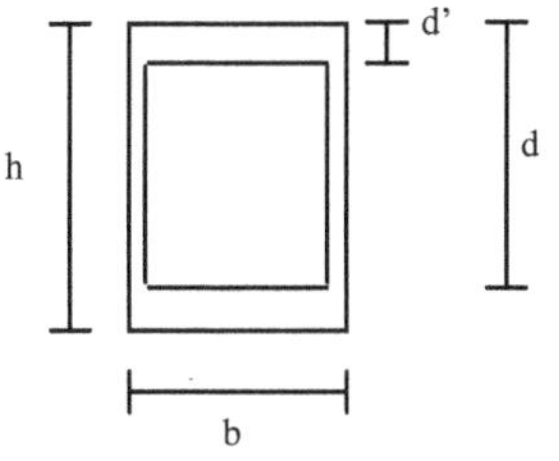

Fig. 5.46 Geometria

Sol·licitació: $N_d = 1.440$ kN
$M_{dx} = N_d \cdot e_i = 192$ kN·m
$M_{di} = N_d \cdot e_x = 192$ kN·m

Nota. Resoleu-ho mitjançant diagrames d'interacció (àbac en roseta inclòs a l'annex).

A la solució es mostra l'armat total.
Respostes possibles:

a) 8 Ø16 mm
b) 20 Ø16 mm
c) 12 Ø16 mm
d) 8 Ø20 mm

Solució

$$f_{cd} = 20\ \mathrm{N/mm^2} \quad ; \quad f_{yd} = 435\ \mathrm{N/mm^2}$$

$$a = h = 0,60 \quad ; \quad b = b = 0,40$$

$$\upsilon_d = \frac{N_d}{A_c f_{cd}} = \frac{1.440}{4.800} = 0,30$$

$$\mu_a = \frac{192}{4.800 \cdot 0,6} = 0,0667 \quad ; \quad \mu_b = \frac{192}{4.800 \cdot 0,4} = 0,1$$

$$\mu_b > \mu_a \rightarrow \quad \mu_1 = \mu_b \,, \mu_2 = \mu_a$$

Entrant als àbacs en roseta, per al cas d'armadura igual a les quatre cares i a les quatre cantonades, amb $d = 0,9h$, s'obté:

Per a $\nu = 0,2$ $\mu_1 = 0,1$ $\mu_2 = 0,067$ $\omega = 0,14$
Per a $\nu = 0,4$ $\mu_1 = 0,1$ $\mu_2 = 0,067$ $\omega = 0,07$
$\Big\}$ $\omega = 0,105$

$$A_{stot} = \omega \frac{A_c \cdot f_{cd}}{f_{yd}} = 0,105 \cdot \frac{600 \cdot 400 \cdot 20}{435} = 1.159\ \mathrm{mm^2}$$

amb 4ϕ20, obtenim una quantia de 1.257 mm^2 i, amb 6ϕ16, 1206 mm^2, que és més ajustat. Com que hem d'arribar a una simetria i això implica disposar 4, 8, 12, 16, 20... barres segons les barres per cara, disposarem 8ϕ16, que ens deixaran del cantó de la seguretat.

Fig. 5.47 Disposició de l'armat

Exercici FC-35

Considereu una secció de formigó armat, rectangular, de b = 0,40 m i h = 0,60 m. Obteniu les armadures necessàries per resistir la sol·licitació de flexocompressió esbiaixada indicada, disposant igual armadura a les quatre cares i a les quatre cantonades i amb d=0,54 m i d'=0,06 m. Es considera un recobriment de 40 mm. Els materials utilitzats són formigó HA30/P/20/IIb i acer B500-SD.

Sol·licitació:

N_d = 3.840 kN
M_{dx} =432 kNm
M_{dy} =192 kNm

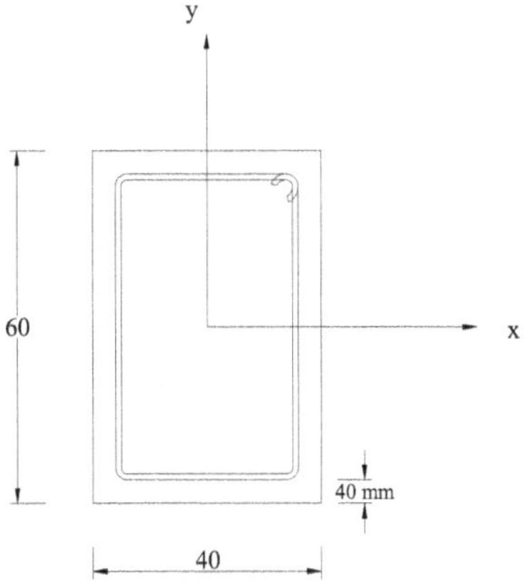

Fig. 5.48 Geometria de la secció

Nota. Resoleu-ho utilitzant àbacs en roseta (vegeu annex).

Respostes possibles:

a) 28 Ø16
b) 12 Ø20
c) 20 Ø20
d) 24 Ø20

Solució

$$f_{cd} = 20\ \mathrm{N/mm^2};\quad f_{yd} = 435\ \mathrm{N/mm^2};\quad d = 540\ \mathrm{mm};\quad d' = 60\ \mathrm{mm}$$

$$A_c f_{cd} = 0{,}4 \cdot 0{,}6 \cdot 20.000 = 4.800\ \mathrm{kN} \qquad \nu_d = \frac{N_d}{A_c f_{cd}} = \frac{3.840}{4.800} = 0{,}8$$

$$A_c h f_{cd} = 4.800 \cdot 0{,}6 = 2.880\ \mathrm{kN \cdot m} \qquad \mu_{dx} = \frac{M_{dx}}{A_c h f_{cd}} = \frac{432}{2.880} = 0{,}15$$

$$A_c b f_{cd} = 4.800 \cdot 0{,}4 = 1.920\ \mathrm{kN \cdot m} \qquad \mu_{dy} = \frac{M_{dy}}{A_c b f_{cd}} = \frac{192}{1.920} = 0{,}10$$

Entrant a l'àbac amb $\nu = 0{,}8$ $\mu_1 = \mu_x = 0{,}15$ i $\mu_2 = \mu_y = 0{,}10$, s'obté:

$$\omega = 0{,}48 \rightarrow A_{stot} = \frac{\omega A_c f_{cd}}{f_{yd}} = \frac{0{,}48 \cdot 4.800}{0{,}435} = 5.296{,}55\ \mathrm{mm^2}.$$

Si fem servir ϕ16, amb una quantitat de 27ϕ16 s'obté un armat de 5.429 mm^2, valor força ajustat a l'àrea que es necessita.

Com que per tal que l'armadura sigui simètrica hem de disposar de 28 (7 rodons per cara), ens quedarien encara més pel costat de la seguretat. Per tant, la solució correcta és la *a*, 28ϕ16.

Exercici FC-36

Considereu una secció de formigó armat, rectangular, de b = 0,40 m i h = 0,60 m. Obteniu les armadures necessàries per resistir la sol·licitació de flexocompressió esbiaixada indicada, disposant igual armadura a les quatre cares i a les quatre cantonades i amb d=0,54 m i d'=0,06 m. Es considera un recobriment de 40 mm i cèrcols de Φ = 10 mm. Els materials utilitzats són formigó HA30/P/20/IIb i acer B500-SD.
Sol·licitacions:

N_d = 3.840 kN
M_{dx} =432 kNm
M_{di} =192 kNm

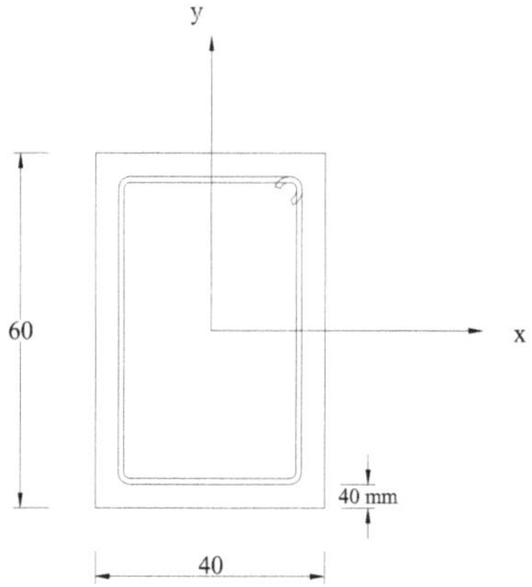

Fig. 5.49 Geometria de la secció

Nota. Resoleu-ho amb el mètode simplificat de l'*annex 8* de la Instrucció EHE.

Respostes possibles:

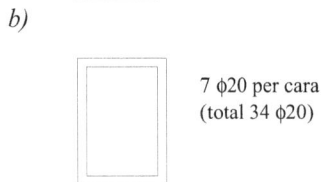

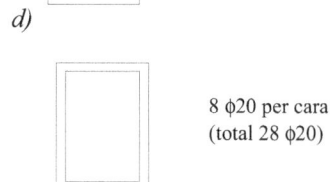

a)

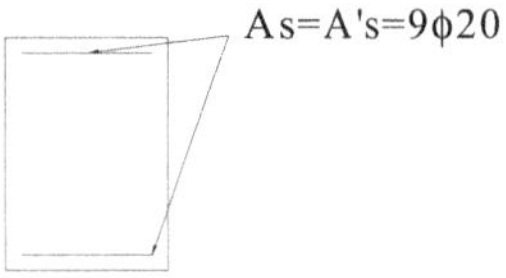

b)

7 ϕ20 per cara
(total 34 ϕ20)

c)

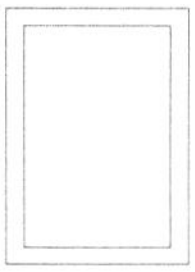

6 ϕ20 per cara
(total 20 ϕ20)

d)

8 ϕ20 per cara
(total 28 ϕ20)

Solució

$f_{cd} = 20\ \mathrm{N/mm^2};\quad f_{yd} = 435\ \mathrm{N/mm^2};\quad d = 540\ \mathrm{mm};\quad d' = 60\ \mathrm{mm}$

$A_c f_{cd} = 4.800\ \mathrm{kN}$

$$e_y = \frac{M_{dx}}{N_d} = \frac{432}{3840} = 0.1125m \quad ; \quad e_x = \frac{M_{dy}}{N_d} = \frac{192}{3840} = 0.05m \quad ; \quad v_d = \frac{3840}{4800} = 0.80$$

$$\beta(v_d) = 0.5 \quad ; \quad \frac{e_y}{e_x} = \frac{0.1125}{0.05} = 2.25 > \frac{h}{b} = 1.5 \quad \Rightarrow$$

$$e'_y = e_y + \beta e_x \frac{h}{b} = 0.1125 + 0.5 \cdot 0.05 \cdot 1.5 = 0.15m$$

$$M'_{dx} = N_d \cdot e'_y = 576\ kNm$$

$$U_0 = f_{cd} bd = 4.320$$

Dimensionament amb armadura simètrica a dues cares, amb N_d = 3.840 kN > $0,5U_0$:

$$U_{s1} = U_{s2} = \frac{M_d}{d-d'} + \frac{N_d}{2} - \alpha \frac{U_0 d}{d-d'} = \frac{576}{0,48} + \frac{3.840}{2} - 0,4561 \frac{4.320 \cdot 0,54}{0,48} = 903,354 \text{ kN}$$

on

$$\alpha = \frac{0,480 m_1 - 0,375 m_2}{m_1 - m_2} = \frac{0,48 \cdot 655,2 + 0,375 \cdot 193,536}{655,2 + 193,536} = 0,4561 \leq 0,5\left(1 - \left(\frac{d'}{d}\right)^2\right)$$

$$m_1 = (N_d - 0,5U_0) \cdot (d - 2,5d') = 655,2 \text{ kN} \cdot \text{m}$$

$$m_2 = 0,5N_d(d-d') - M_d - 0,32U_0(d - 2,5d') = -193,536 \text{ kN} \cdot \text{m}$$

$$\rightarrow A_s = A'_s = 2076,7 mm^2$$

Això comporta un total de 7 Φ20 per cara, és a dir, 24 Φ20 en total.

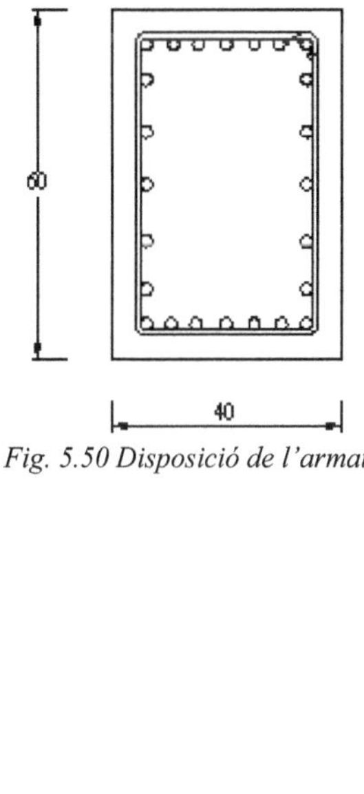

Fig. 5.50 Disposició de l'armat

Exercici FC-37

Una secció rectangular de formigó armat està armada com s'indica a la figura:

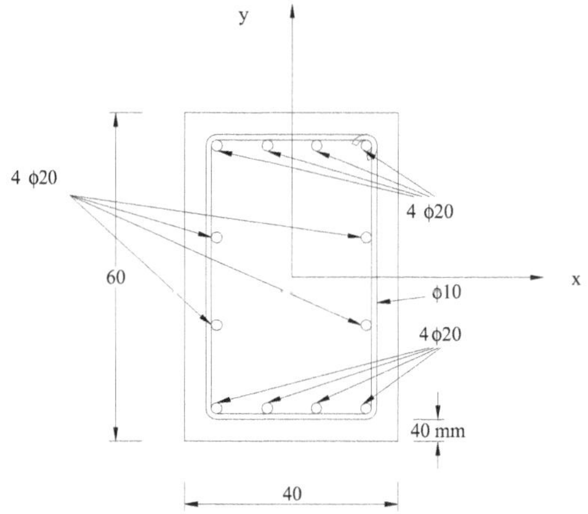

Fig. 5.51 Disposició de l'armat

Quins són els màxims moments M_{xd} i M_{id} que pot resistir la secció, essent l'esforç axial $N_d = 2.880$ kN, aplicat amb una relació d'excentricitats $\frac{e_y}{e_x} = 2$?

Respostes possibles:

a) $M_{dx} = 600$ kN·m , $M_{dy} = 400$ kN·m
b) $M_{dx} = M_{dy} = 400$ kN·m
c) $M_{dx} = 346$ kN·m , $M_{dy} = 173$ kN·m
d) $M_{dx} = 396$ kN·m , $M_{dy} = 198$ kN·m

Solució

$$f_{cd} = 20\,{}^{N}\!/_{mm^2} \quad ; \quad f_{yd} = 435\,{}^{N}\!/_{mm^2}$$

$$\nu_d = \frac{N_d}{A_c f_{cd}} = \frac{2880}{4800} = 0.6$$

$$\omega = \frac{A_{stot} f_{yd}}{A_c f_{cd}} = \frac{12 \cdot 314.16 \cdot 10^{-3} \cdot 435}{4800} = 0.342$$

Entrant a l'àbac en roseta vàlid per a $\nu_d = 0.6$, i traçant una recta $\frac{\mu_1}{\mu_2} = \frac{e_y}{e_x}\frac{b}{h} = \frac{2}{1{,}5}$, on talli a la corba $\omega = 0{,}34$, s'obté

$\mu_1 = 0{,}1375$ i $\mu_2 = 0{,}103$ (vegeu annex).

$$M_{dx} = 0{,}1375 \cdot 4800 \cdot 0{,}6 = 396\ kN \cdot m$$
$$M_{dy} = 0{,}103 \cdot 4800 \cdot 0{,}4 = 197{,}76\ kN \cdot m$$

Exercici FC-38

Dels esquemes següents d'armat de pilars quadrats que treballen a compressió composta, indiqueu aquell que no compleix les prescripcions de la Instrucció EHE.

Materials:

- HA-25/B/20/IIa
- B 400S

Respostes possibles:

a)

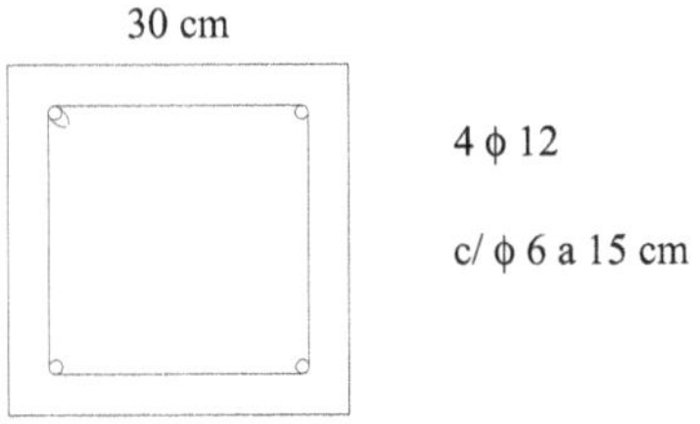

b)

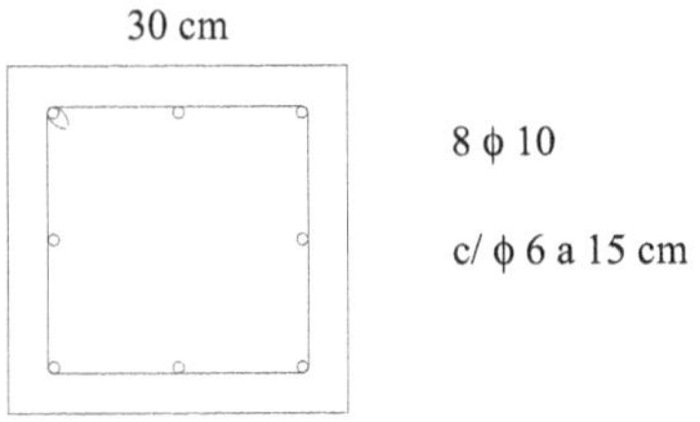

c)

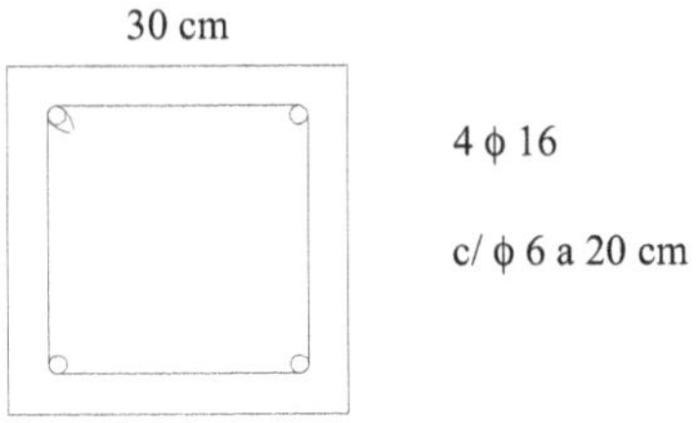

d)

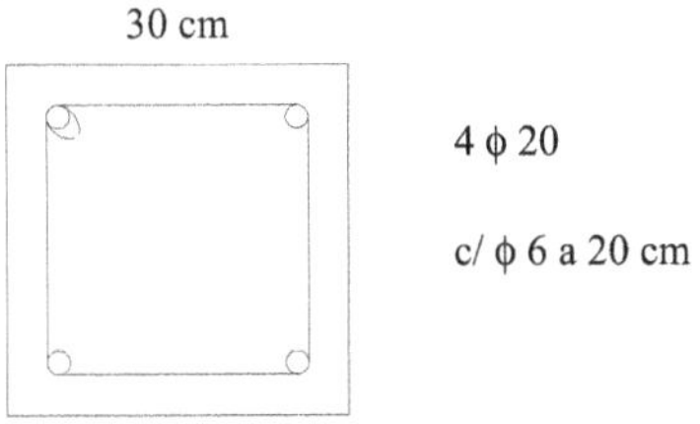

Solució

Comproveu que les seccions dels pilars compleixen les prescripcions de la Instrucció, que inclou diversos aspectes: diàmetre de l'armadura transversal ϕ_t en funció del diàmetre de l'armadura longitudinal ϕ_l, separació dels cèrcols, diàmetre mínim de l'armadura, quantia mínima, separació màxima, trava de les barres comprimides i armadura mínima de tallant.

Segons l'*article 54.Soportes* de la Instrucció EHE, el diàmetre menor de les barres comprimides no ha de ser inferior a 12 mm i l'esquema *b* consta de vuit barres de diàmetre 10 mm, inferior al valor limitat per la Instrucció.

Exercici FC-39

Dels esquemes següents d'armat de pilars quadrats que treballen a compressió composta.

Indiqueu aquell que no compleix les prescripcions de la Instrucció EHE.

Materials:

- HA-25/B/20/IIa
- B 400S

Respostes possibles:

a)

30 cm

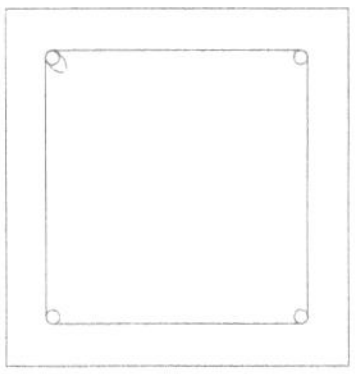

4 ϕ 12

c/ ϕ 6 a 15 cm

b)

30 cm

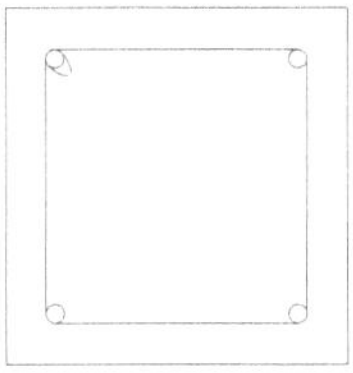

4 ϕ 16

c/ ϕ 6 a 20 cm

c)

30 cm

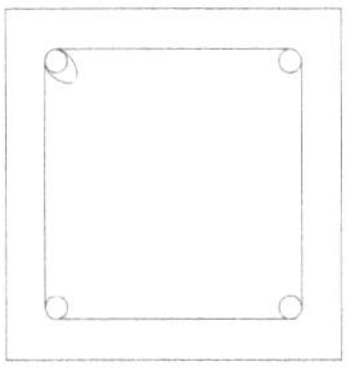

4 ϕ 20

c/ ϕ 6 a 30 cm

d)

30 cm

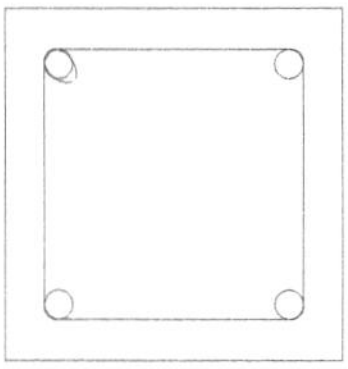

4 ϕ 25

c/ ϕ 6 a 40 cm

Solució

S'ha de comprovar que totes les seccions compleixin els requisits que l'EHE estableix referents a diàmetres de les barres transversals i longitudinals, separacions màximes, quanties mínimes, trava de les barres comprimides i armadura mínima de tallant.

Segons l'*article 42.3.1.Generalidades* de la Instrucció EHE, per a peces comprimides, la separació transversal de cèrcols ha de ser inferior a la dimensió menor de l'element i no superior a 30 cm.
L'esquema *d* és l'incorrecte ja que la separació dels cèrcols és de 40 cm, més gran que el valor que la Instrucció marca.

Exercici FC-40

Dels esquemes següents d'armat de pilars quadrats que treballen a compressió composta, indiqueu aquell que no compleix les prescripcions de la Instrucció EHE. Materials:

- HA-25/B/20/IIa
- B 400S

Respostes possibles:

a)

60 cm

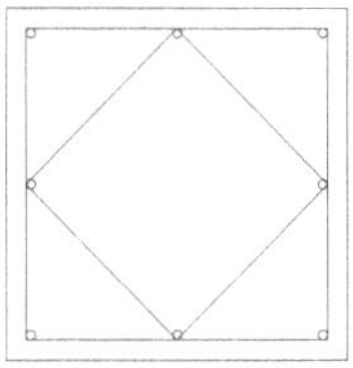

8 ϕ 16
c/ ϕ 8 a 20 cm

b)

60 cm

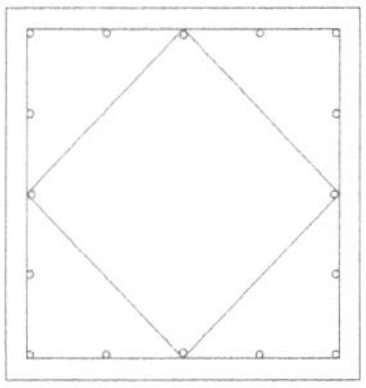

16 ϕ 12
c/ ϕ 8 a 20 cm

c)

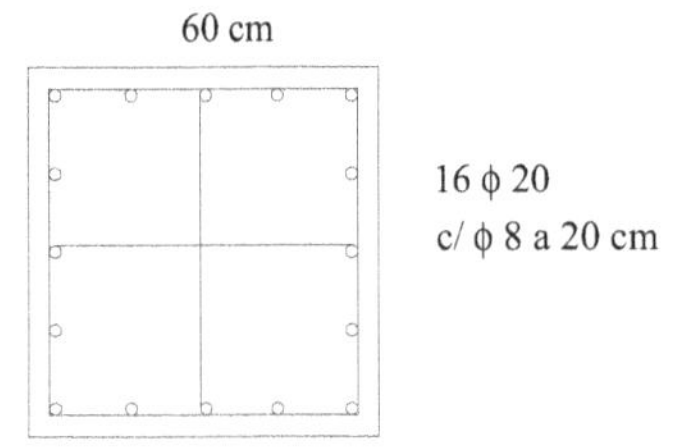

d)

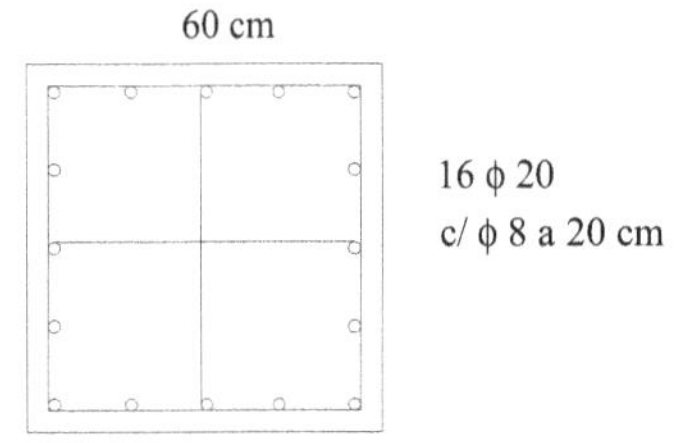

Solució

S'ha de comprovar que les seccions compleixin totes les prescripcions que la Instrucció estableix, referents a diàmetres d'armadures longitudinals i transversals, la seva separació, trava d'armadures longitudinals i quanties mínimes.

Si es comproven totes les seccions, s'observa que la secció *b* no compleix que la separació dels cèrcols sigui menor que 15 vegades el diàmetre mínim de l'armadura a compressió *(article 42.3.1.Generalidades)*; així doncs, és incorrecta.

Exercici FC-41

Dels esquemes següents d'armat de pilars que treballen a compressió composta, indiqueu aquell que no compleix les prescripcions de la Instrucció EHE.

Materials:

- HA-25/B/20/IIa
- B 400S

Respostes possibles:

a)

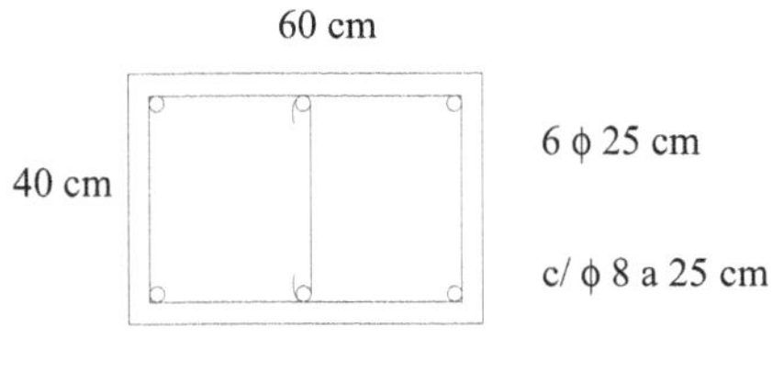

b)

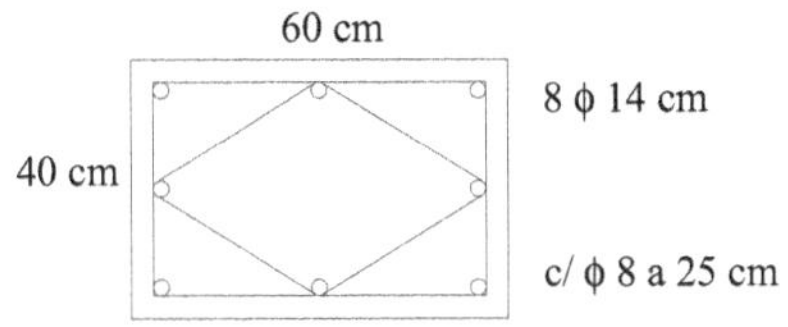

c)

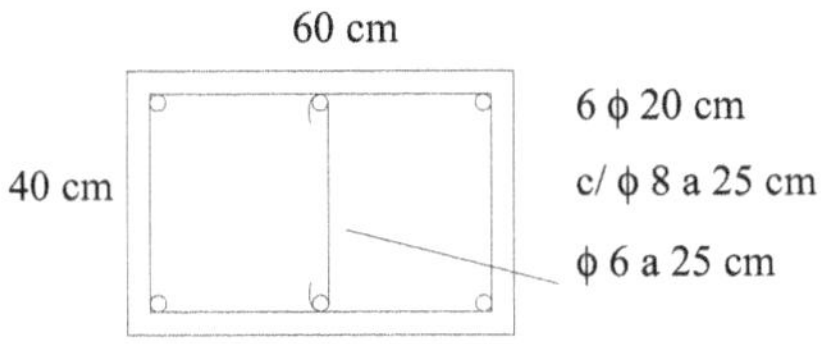

d)

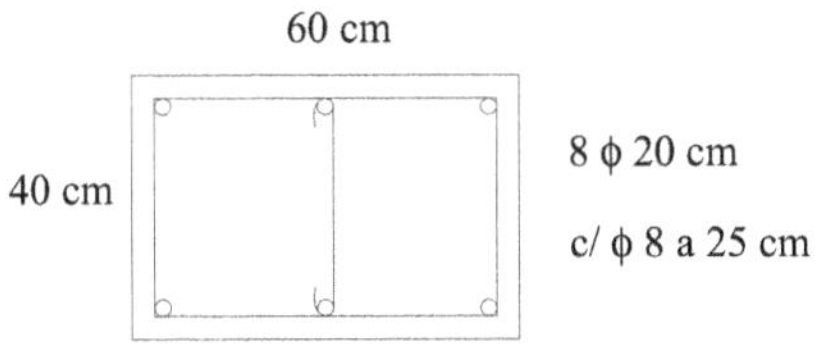

Solució

Comprovar que les seccions de pilars compleixin les prescripcions de la Instrucció inclou diversos aspectes: diàmetre de l'armadura transversal ϕ_t en funció del diàmetre de l'armadura longitudinal ϕ_l, separació dels cèrcols, diàmetre mínim de l'armadura, quantia mínima, separació màxima, trava de les barres comprimides i armadura mínima de tallant.

Comprovant totes les seccions, s'observa que la secció *b* no compleix que la separació dels cèrcols sigui menor que 15 vegades el diàmetre mínim de la secció *(article 42.3.1.Generalidades)*; per tant, la secció *b* és la incorrecta.

Exercici FC-42

Dels esquemes següents d'armat de pilars quadrats que treballen a compressió composta, indiqueu aquell que no compleix les prescripcions de la Instrucció EHE.

Materials:

- HA-25/B/20/IIa
- B 400

Respostes possibles:

a)

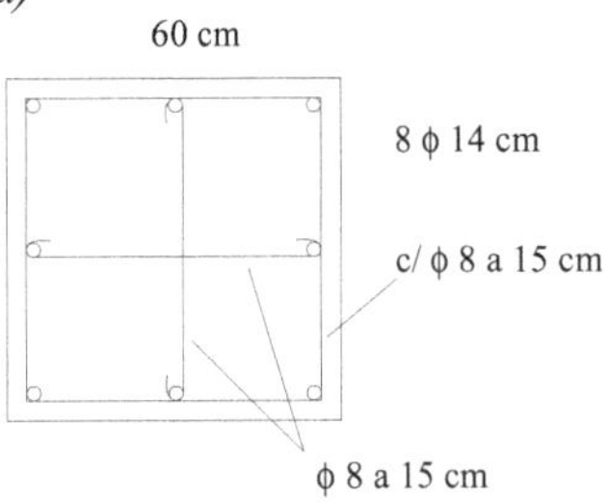

b)

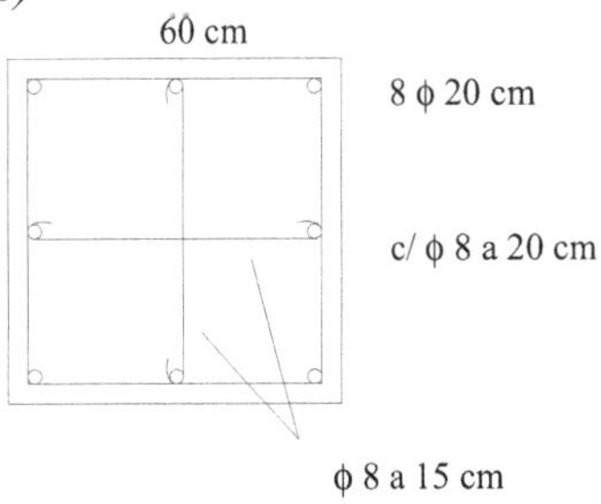

c)

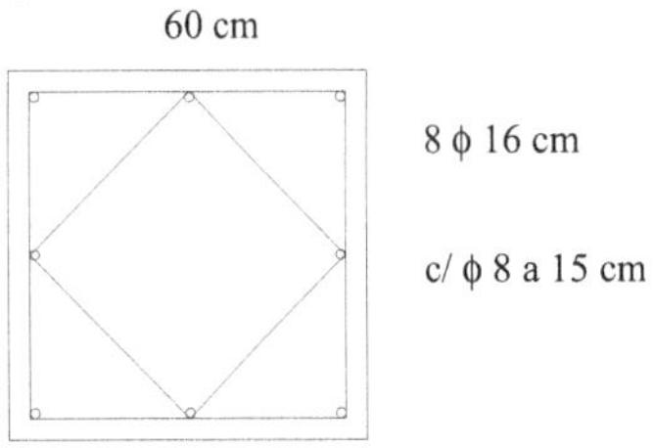

d)

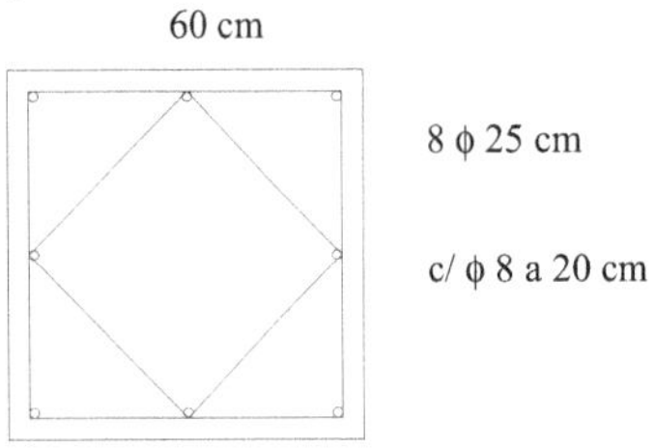

Solució

Comprovar que les seccions de pilars compleixin les prescripcions de la Instrucció inclou diversos aspectes: diàmetre de l'armadura transversal ϕ_t en funció del diàmetre de l'armadura longitudinal ϕ_l, separació dels cèrcols, diàmetre mínim de l'armadura, quantia mínima, separació màxima, trava de les barres comprimides i armadura mínima de tallant.

Segons l'*article 42.3.5 Cuantías geométricas mínimas* de la Instrucció EHE, la quantia geomètrica mínima en pilars ha de ser superior o igual a 0,004.

Si es comprova cada secció, la secció *a* resulta la incorrecta ja que la quantia és inferior al valor establert.

6. Estat límit d'inestabilitat

Exercici VI-01

Calculeu l'esveltesa mecànica del pilar tipus que s'indica a la figura que pertany al pòrtic d'un edifici intranslacional prefabricat, el forjat del qual està format per bigues isostàtiques de longitud l.

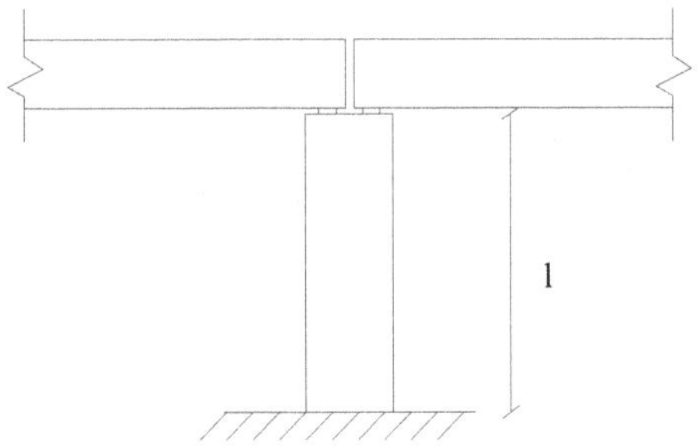

Fig. 6.1 Esquema del pilar

Respostes possibles:

a) $\lambda = \frac{1 \cdot l}{i}$

b) $\lambda = \frac{0,7 \cdot l}{i}$

c) $\lambda = \frac{0,5 \cdot l}{i}$

d) $\lambda = \frac{2 \cdot l}{i}$

Solució

Aplicant *l'article 43.3. Comprobación de estructuras intraslacionales*, l'esveltesa mecànica es defineix com el quocient entre la longitud de vinclament del suport i el radi de gir en la direcció considerada: $\lambda = \frac{l_0}{i}$.

La longitud de vinclament del suport depèn de les condicions de vinculació de la peça. En aquest cas, l'esquema estàtic és:

Moviment horitzontal impedit a l'extrem d'unió amb les bigues (perquè està travat) i encastament a la base.

A aquest esquema estàtic, li correspon $\alpha = 0{,}7$.

Per tant, $l_0 = \alpha \cdot l = 0{,}7 \cdot l$

Llavors, $\lambda = \dfrac{0{,}7 \cdot l}{i}$

Alternativament, es pot aplicar la fórmula establerta per la Instrucció EHE per a pòrtics intranslacionals:

$$\alpha = \frac{0{,}64 + 1{,}4 \cdot (\Psi_A + \Psi_B) + 3\Psi_A \Psi_B}{1{,}28 + 2 \cdot (\Psi_A + \Psi_B) + 3\Psi_A \Psi_B}$$

En el cas plantejat, $\Psi_A = 0$, ja que es tracta d'un encastament, i $\Psi_B = \infty$ (és suficient utilitzar el valor de 100), ja que és un punt en el qual no es transmeten moments.

Conseqüentment, s'obté $\alpha = 0{,}7$ i, per tant, $l_0 = \alpha l = 0{,}7 \cdot l$ i $\lambda = \dfrac{0{,}7 \cdot l}{i}$.

Exercici VI-02

Calculeu l'esveltesa mecànica del pilar que s'indica a l'estructura translacional de la figura, sabent que la fletxa horitzontal en coronació és inferior a H/750 sota l'efecte de les accions horitzontals:

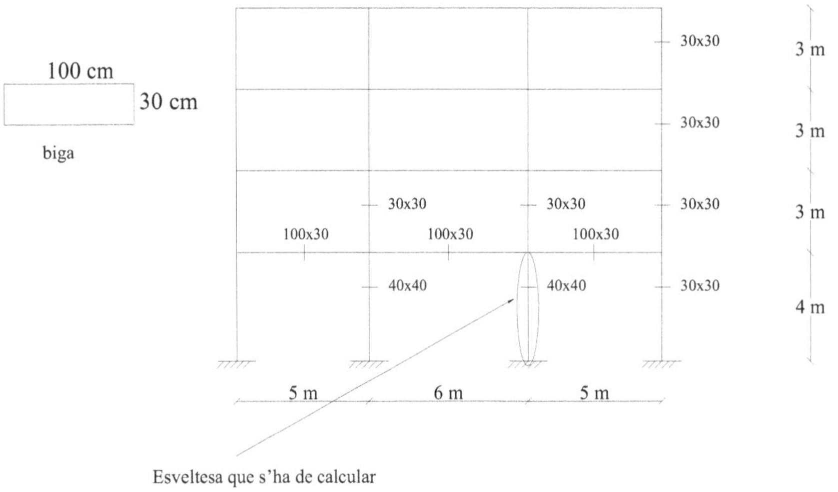

Fig. 6.2 Esquema de l'estructura

Respostes possibles:

a) $\lambda = \dfrac{0{,}87 \cdot l}{i}$

b) $\lambda = \dfrac{1 \cdot l}{i}$

c) $\lambda = \dfrac{1{,}15 \cdot l}{i}$

d) $\lambda = \dfrac{2 \cdot l}{i}$

Solució

Aplicant *l'article 43.4. Comprobación de estructuras traslacionales* L'esveltesa mecànica es calcula a partir de la longitud de vinclament del pilar, tenint en compte que l'edifici és translacional. El factor per calcular la longitud de vinclament que la Instrucció EHE estableix per a estructures translacionals és el següent:

$$\alpha = \sqrt{\frac{7{,}5 + 4 \cdot (\Psi_A + \Psi_B) + 1{,}6 \cdot \Psi_A \cdot \Psi_B}{7{,}5 + (\Psi_A + \Psi_B)}}$$

El valor de Ψ_A és 0 perquè es tracta d'un encastament, i el valor de Ψ_B depèn de les rigideses dels elements que incideixen en aquest nus:

$$\Psi_B = \frac{\dfrac{I_{sop1}}{l_{sop1}} + \dfrac{I_{sop2}}{l_{sop2}}}{\dfrac{I_{biga1}}{l_{biga1}} + \dfrac{I_{biga2}}{l_{biga2}}} = \frac{\dfrac{\frac{1}{12} \cdot 40^4}{4} + \dfrac{\frac{1}{12} \cdot 30^4}{3}}{\dfrac{\frac{1}{12} \cdot 100 \cdot 30^3}{6} + \dfrac{\frac{1}{12} \cdot 100 \cdot 30^3}{5}} = 0{,}919$$

$$\alpha = \sqrt{\frac{7{,}5 + 4 \cdot (\Psi_A + \Psi_B) + 1{,}6 \cdot \Psi_A \cdot \Psi_B}{7{,}5 + (\Psi_A + \Psi_B)}} = 1{,}15; \text{ per tant, } \lambda = \frac{1{,}15 \cdot l}{i}$$

Exercici VI-03

Calculeu l'esveltesa mecànica del pilar indicat de l'estructura translacional de la figura, sabent que la fletxa horitzontal a la coronació és inferior a H/750 sota l'efecte de les accions horitzontals:

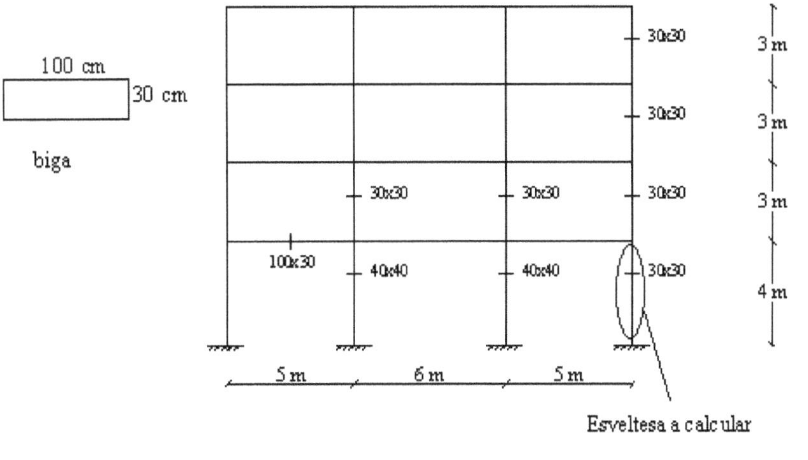

Fig. 6.3 Esquema de l'estructura

Respostes possibles:

a) $\lambda = \dfrac{0,87 \cdot l}{i}$

b) $\lambda = \dfrac{1 \cdot l}{i}$

c) $\lambda = \dfrac{1,15 \cdot l}{i}$

d) $\lambda = \dfrac{1,35 \cdot l}{i}$

Solució

Es tracta d'una estructura translacional; per tant, la longitud de vinclament es pot calcular, tal com diu la Instrucció EHE, com $l_0 = \alpha \cdot l$, on α :

$$\alpha = \sqrt{\frac{7,5 + 4 \cdot (\Psi_A + \Psi_B) + 1,6 \cdot \Psi_A \cdot \Psi_B}{7,5 + (\Psi_A + \Psi_B)}}$$

Com que el nus inferior és un encastament, Ψ_A és 0. El nus superior depèn de les rigideses dels elements que hi incideixen; per tant, Ψ_B pren el valor següent:

$$\Psi_B = \frac{\dfrac{I_{sop1}}{l_{sop1}} + \dfrac{I_{sop2}}{l_{sop2}}}{\dfrac{I_{biga1}}{l_{biga1}}} = \frac{\dfrac{\frac{1}{12} \cdot 30^4}{4} + \dfrac{\frac{1}{12} \cdot 30^4}{3}}{\dfrac{\frac{1}{12} \cdot 100 \cdot 30^3}{5}} = 0,875$$

I el factor de longitud de vinclament té el valor $\alpha = 1,15$.

Exercici VI-04

Calculeu l'esveltesa mecànica del pilar indicat de l'estructura translacional de la figura, sabent que la fletxa horitzontal a la coronació és inferior a H/750 sota l'efecte de les accions horitzontals:

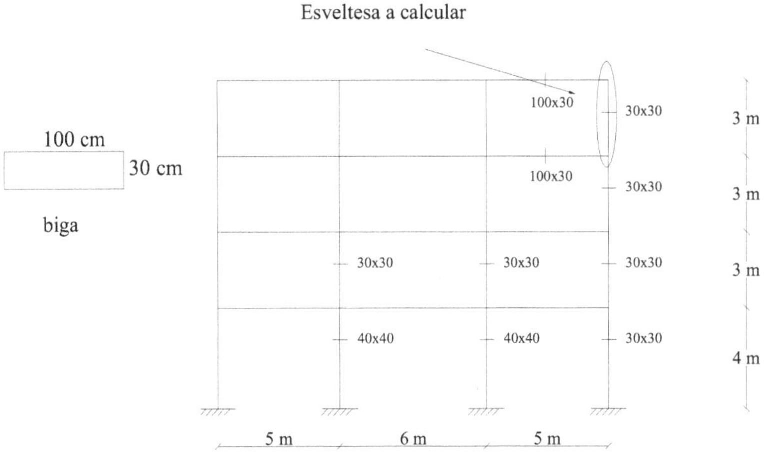

Fig. 6.4 Esquema de l'estructura

Respostes possibles:

a) $\lambda = \dfrac{0,7 \cdot l}{i}$

b) $\lambda = \dfrac{1 \cdot l}{i}$

c) $\lambda = \dfrac{1,27 \cdot l}{i}$

d) $\lambda = \dfrac{1,97 \cdot l}{i}$

Solució

L'esveltesa mecànica es calcula segons la fórmula que la Instrucció estableix per a estructures translacionals. En aquest cas, no es coneix a priori cap de les rigideses dels dos nusos del pilar; per tant, s'ha de calcular tenint en compte les rigideses dels elements que van a parar a cadascun dels nusos.

$$\Psi_A = \frac{\dfrac{I_{sop1}}{l_{sop1}} + \dfrac{I_{sop2}}{l_{sop2}}}{\dfrac{I_{biga1}}{l_{biga1}}} = \frac{\dfrac{\frac{1}{12}\cdot 30^4}{3} + \dfrac{\frac{1}{12}\cdot 30^4}{3}}{\dfrac{\frac{1}{12}\cdot 100 \cdot 30^3}{5}} = 1 \qquad \Psi_B = \frac{\dfrac{I_{sop1}}{l_{sop1}}}{\dfrac{I_{biga1}}{l_{biga1}}} = \frac{\dfrac{\frac{1}{12}\cdot 30^4}{3}}{\dfrac{\frac{1}{12}\cdot 100 \cdot 30^3}{5}} = 0,5$$

El factor de vinclament és:

$$\alpha = \sqrt{\frac{7,5 + 4\cdot(\Psi_A + \Psi_B) + 1,6\cdot\Psi_A\cdot\Psi_B}{7,5 + (\Psi_A + \Psi_B)}} = \sqrt{\frac{7,5 + 4\cdot(1 + 0.5) + 1,6\cdot 1\cdot 0,5}{7,5 + (1 + 0,5)}} = 1,27$$

Exercici VI-05

Calculeu l'esveltesa mecànica del pilar indicat de l'estructura translacional de la figura, sabent que la fletxa horitzontal a la coronació és inferior a H/750 sota l'efecte de les accions horitzontals:

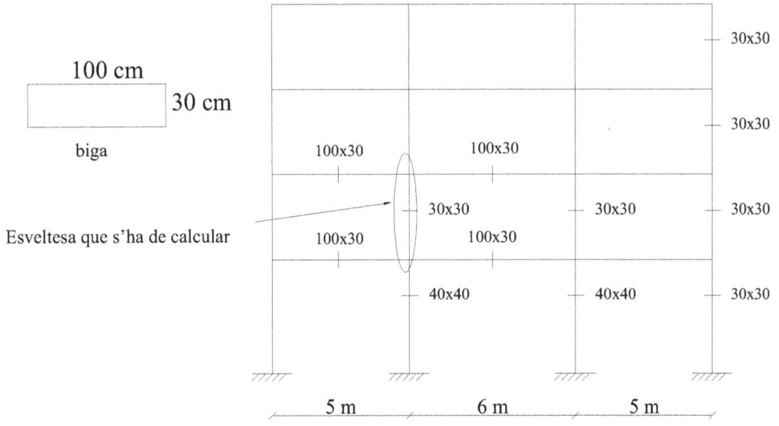

Fig. 6.5 Esquema de l'estructura

Respostes possibles:

a) $\lambda = \dfrac{0,5 \cdot l}{i}$

b) $\lambda = \dfrac{0,62 \cdot l}{i}$

c) $\lambda = \dfrac{1,26 \cdot l}{i}$

d) $\lambda = \dfrac{1,97 \cdot l}{i}$

Solució

L'esveltesa mecànica es calcula segons la fórmula que la Instrucció estableix per a estructures translacionals a partir de les rigideses dels nusos del pilar en qüestió.

Per al nus inferior, s'estableix que:

$$\Psi_A = \frac{\dfrac{I_{sop1}}{l_{sop1}} + \dfrac{I_{sop2}}{l_{sop2}}}{\dfrac{I_{biga1}}{l_{biga1}} + \dfrac{I_{biga2}}{l_{biga2}}} = \frac{\dfrac{\frac{1}{12} \cdot 40^4}{4} + \dfrac{\frac{1}{12} \cdot 30^4}{3}}{\dfrac{\frac{1}{12} \cdot 100 \cdot 30^3}{5} + \dfrac{\frac{1}{12} \cdot 100 \cdot 30^3}{6}} = 0,919$$

Per al nus superior:

$$\Psi_B = \frac{\dfrac{I_{sop1}}{l_{sop1}} + \dfrac{I_{sop2}}{l_{sop2}}}{\dfrac{I_{biga1}}{l_{biga1}} + \dfrac{I_{biga2}}{l_{biga2}}} = \frac{\dfrac{\frac{1}{12} \cdot 30^4}{3} + \dfrac{\frac{1}{12} \cdot 30^4}{3}}{\dfrac{\frac{1}{12} \cdot 100 \cdot 30^3}{5} + \dfrac{\frac{1}{12} \cdot 100 \cdot 30^3}{6}} = 0,545$$

El factor de vinclament és:

$$\alpha = \sqrt{\frac{7,5 + 4 \cdot (\Psi_A + \Psi_B) + 1,6 \cdot \Psi_A \cdot \Psi_B}{7,5 + (\Psi_A + \Psi_B)}} = \sqrt{\frac{7,5 + 4 \cdot (0,919 + 0,545) + 1,6 \cdot 0,919 \cdot 0,545}{7,5 + (0,919 + 0,545)}} = 1,26$$

Exercici VI-06

Calculeu l'esveltesa mecànica del pilar de l'estructura següent:

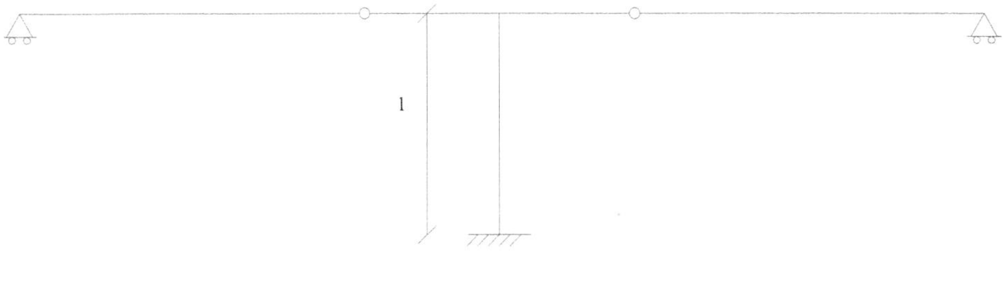

Fig. 6.6 Esquema de l'estructura

Respostes possibles:

a) $\lambda = \frac{2 \cdot l}{i}$

b) $\lambda = \frac{1 \cdot l}{i}$

c) $\lambda = \frac{0,7 \cdot l}{i}$

d) $\lambda = \frac{0,5 \cdot l}{i}$

Solució

L'esveltesa mecànica del pilar depèn de diversos factors. En primer lloc, es tracta d'una estructura translacional. El nus inferior del pilar és un encastament.

El nus superior del pilar es pot moure com ho faria una mènsula en cas de moure's tot el conjunt, sense que els trams de biga contigus a ell l'afectin.

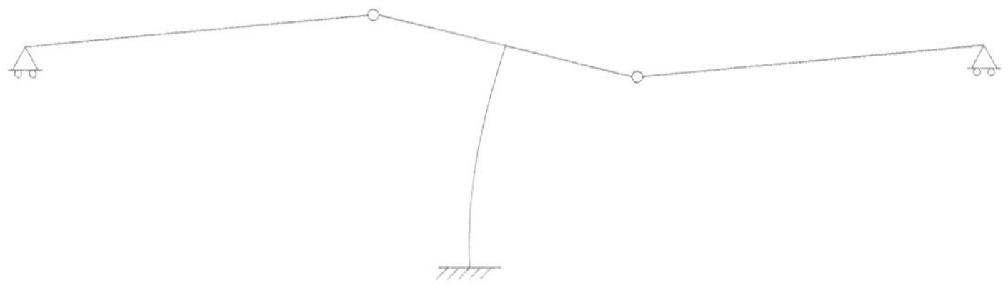

Fig. 6.7 Deformada de l'estructura

Per tant, es tracta d'un pilar amb un extrem encastat i l'altre lliure. Llavors, la seva esveltesa mecànica és $\lambda = \frac{2 \cdot l}{i}$.

Exercici VI-07

Calculeu l'esveltesa mecànica del pilar de l'estructura següent:

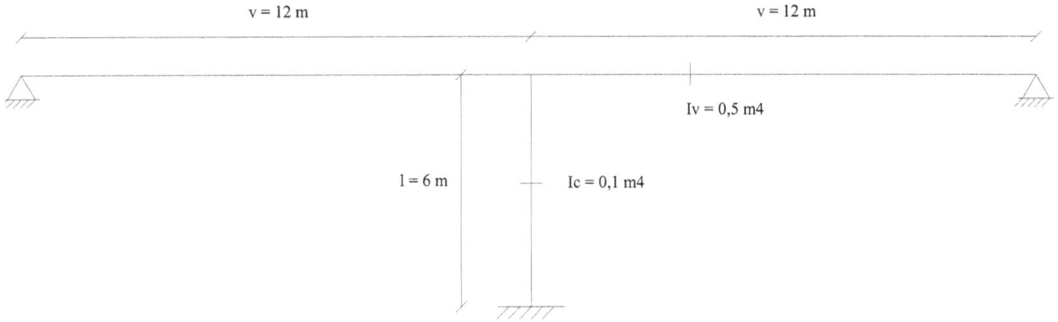

Fig. 6.8 Esquema de l'estructura

Respostes possibles:

a) $\lambda = \dfrac{0{,}7 \cdot l}{i}$

b) $\lambda = \dfrac{0{,}63 \cdot l}{i}$

c) $\lambda = \dfrac{0{,}55 \cdot l}{i}$

d) $\lambda = \dfrac{0{,}5 \cdot l}{i}$

Solució

El pòrtic que es planteja és intranslacional. El nus inferior és un encastament i el comportament del nus superior depèn de la rigidesa dels elements que hi vagin a parar. En una situació extrema, en què les inèrcies de les bigues laterals fossin nul·les, el conjunt seria equivalent a un suport articulat-encastat, amb la qual cosa es pot assegurar que l'esveltesa mecànica serà inferior a $\lambda = \dfrac{0{,}7 \cdot l}{i}$.

Interpretant que aquest pilar pertany a un pòrtic intranslacional, es pot calcular α amb l'expressió de la Instrucció:

$$\alpha = \frac{0{,}64 + 1{,}4 \cdot (\Psi_A + \Psi_B) + 3\Psi_A \Psi_B}{1{,}28 + 2 \cdot (\Psi_A + \Psi_B) + 3\Psi_A \Psi_B}$$

on:

$\Psi_A = 0$, perquè té encastament a la base;

$$\Psi_B = \frac{\dfrac{I_{sop1}}{l_{sop1}}}{\dfrac{I_{biga1}}{l_{biga1}} + \dfrac{I_{biga2}}{l_{biga2}}} = \frac{\dfrac{0{,}1}{6}}{2 \cdot \dfrac{0{,}5}{12}} = 0{,}2$$

El factor de vinclament és:

$$\alpha = \frac{0{,}64 + 1{,}4 \cdot (\Psi_A + \Psi_B) + 3\Psi_A \Psi_B}{1{,}28 + 2 \cdot (\Psi_A + \Psi_B) + 3\Psi_A \Psi_B} \qquad \alpha = \frac{0{,}64 + 1{,}4 \cdot 0{,}2}{1{,}28 + 2 \cdot 0{,}2} = 0{,}55$$

Exercici VI-08

Calculeu l'esveltesa mecànica del pilar de l'estructura següent:

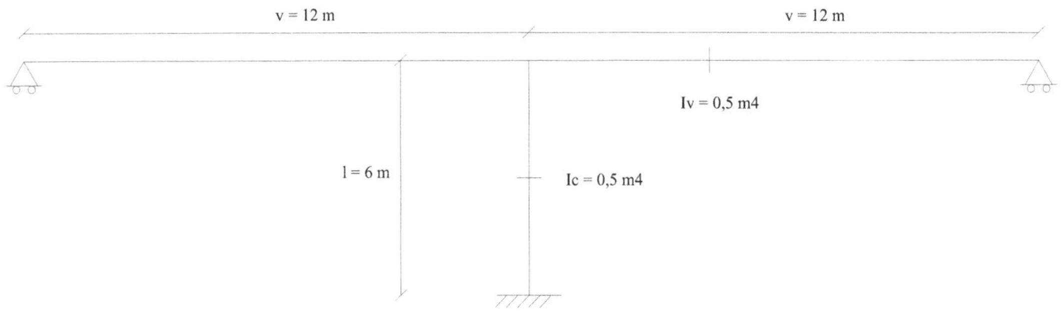

Fig. 6.9 Esquema de l'estructura

Respostes possibles:

a) $\lambda = \frac{2 \cdot l}{i}$

b) $\lambda = \frac{1,64 \cdot l}{i}$

c) $\lambda = \frac{1,16 \cdot l}{i}$

d) $\lambda = \frac{0,70 \cdot l}{i}$

Solució

El pòrtic que es planteja és translacional. El nus inferior del pilar és un encastament, i el nus superior es pot moure longitudinalment, però el seu comportament depèn de la rigidesa dels elements que hi van a parar (bigues i suport). Existirien dos casos extrems: d'una banda, que el pilar actués com a mènsula i, de l'altra, que actués com a suport encastat en un extrem i encastat amb rodets a l'altre (rigidesa infinita però amb possibilitat de moviment en ser translacional). En resum, l'esveltesa mecànica serà inferior a $\lambda = \frac{2 \cdot l}{i}$ i superior a $\lambda = \frac{1 \cdot l}{i}$.

Interpretant que aquest pilar pertany a un pòrtic translacional, es pot calcular α, tal com diu l'expressió de la Instrucció:

$$\alpha = \sqrt{\frac{7,5 + 4 \cdot (\Psi_A + \Psi_B) + 1,6 \cdot \Psi_A \cdot \Psi_B}{7,5 + (\Psi_A + \Psi_B)}}$$

on:

$\Psi_A = 0$, perquè té encastament a la base;

$$\Psi_B = \frac{\frac{I_{sop}}{l_{sop}}}{\frac{I_{biga1}}{l_{biga1}} + \frac{I_{biga2}}{l_{biga2}}} = \frac{\frac{0,5}{6}}{2 \cdot \frac{0,5}{12}} = 1$$

El factor de vinclament és 1,16.

Exercici VI-09

Calculeu l'esveltesa mecànica del pilar de l'estructura següent:

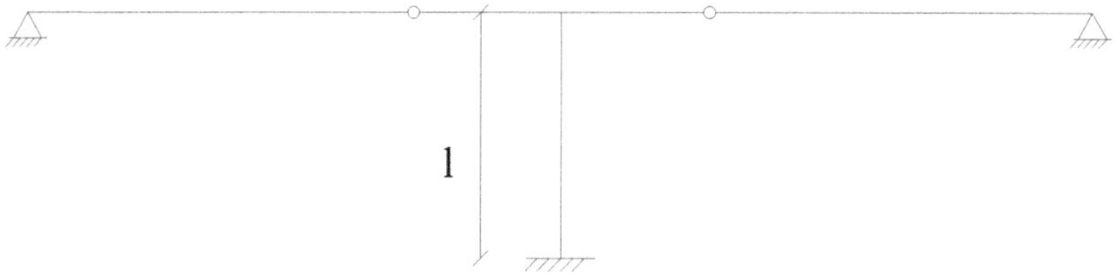

Fig. 6.10 Esquema de l'estructura

Respostes possibles:

a) $\lambda = \dfrac{1 \cdot l}{i}$

b) $\lambda = \dfrac{0,7 \cdot l}{i}$

c) $\lambda = \dfrac{0,5 \cdot l}{i}$

d) $\lambda = \dfrac{2 \cdot l}{i}$

Solució

Per determinar l'esveltesa mecànica del pilar s'ha de tenir en compte que es tracta d'una estructura intranslacional. En segon lloc, com que hi ha ròtules en les bigues, el gir del nus superior del pilar és lliure. El pilar es pot assimilar a un suport encastat-articulat (el nus superior és una articulació fixa a l'espai) i, per tant, l'esveltesa mecànica és $\lambda = \dfrac{0,7 \cdot l}{i}$.

Exercici VI-10

Un pilar d'un edifici té a la planta baixa una alçada de dues plantes (6 m). La secció és quadrada, de 45 cm de costat, i s'arma igual a les quatre cares. L'edifici té una direcció en la qual és intranslacional i en l'altra és translacional. El factor per calcular la longitud de vinclament en la direcció esmentada és β=2. El formigó és HA-25/B/20/IIa i l'acer de les barres corrugades B500S. Els esforços pèssims de disseny són:

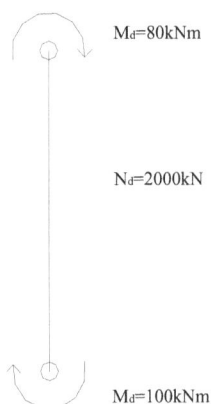

Fig. 6.11 Esforços al pilar

Calculeu l'excentricitat total amb la qual es dimensionarà l'armadura.

Respostes possibles:

a) e = 5,0 cm
b) e = 27,6 cm
c) e = 20,6 cm
d) e = 2,25 cm

Solució

Hem de calcular l'esveltesa de la peça per veure si es pot aplicar el mètode aproximat de càlcul per al cas de flexió composta recta de pilars esvelts que l'EHE proposa (*article 43.5.1. Método aproximado. Flexión compuesta recta*):

$$i_c = \sqrt{\frac{I}{A}} = \sqrt{\frac{3{,}417 \cdot 10^{-3}}{0{,}2025}} = 0{,}13 \text{ m}$$

$$\lambda = \frac{l_0}{i} = \frac{2 \cdot 6 \text{ m}}{0{,}13 \text{ m}} = 92{,}3$$

Ara calculem l'esbeltesa inferior segons l'*article 43.1.2 Campo de aplicación*:

$$\lambda_{\inf} = 35\sqrt{\frac{C}{\nu}\left[1 + \frac{0{,}24}{e_2 / h} + 3{,}4\left(\frac{e_1}{e_2} - 1\right)^2\right]}$$

e_2= Excentricitat de primer orde a l'extrem del suport amb major moment, considerada positiva=$\frac{100\ kNm}{2000\ kN} = 0{,}05\,\text{m}$

$$\nu = \frac{N_d}{A_c \cdot f_{cd}} = \frac{2000\ kN}{(0{,}45 \cdot 0{,}45) \cdot 16.666{,}67} = 0{,}5926$$

$$\frac{e_1}{e_2} = 1 \ (\textit{Estructura translacional})$$

C=0,2 per armadura igual a les 4 cares.

$$\lambda_{\inf} = 35\sqrt{\frac{0{,}2}{0{,}5926}\left[1 + \frac{0{,}24}{\frac{0{,}05}{0{,}45}} + 3{,}4(1-1)^2\right]} = 36{,}145$$

Per tant, com que $\lambda_{\inf} = 36{,}145 < \lambda = 92{,}3 < \lambda = 100$, podem aplicar el mètode aproximat.

L'excentricitat de primer ordre serà (e_e=e_2 perquè l'estructura és traslacional en el cas més desfavorable):

$$e_e = \frac{M_d}{N_d} = \frac{100 \text{ kN·m}}{2.000 \text{ kN}} = 5 \text{ cm}$$

Es pot comprovar que és més gran que els mínims que l'EHE exigeix a *l'article 42.2.1. Excentricidad mínima.*

L'excentricitat total ve donada per l'expressió:

$$e_{tot} = e_e + e_a$$

on e_a és l'excentricitat fictícia per representar els efectes de 2n ordre:

$$e_a = (1 + 0{,}12 \cdot \beta) \cdot (\varepsilon_y + 0{,}0035) \cdot \frac{h + 20 \cdot e_e}{h + 10 \cdot e_e} \cdot \frac{l_0^2}{50 \cdot i_c}$$

amb:

β = factor d'armat que la taula 43.5.1 de l'EHE proporciona (vegeu annex) per als casos de disposició d'armadures freqüents. Com que es vol armadura idèntica als quatre costats, el seu valor és 1,5.

ε_y = límit elàstic de deformació de l'acer = $\frac{f_{yd}}{E} = \frac{500/1.15}{200000} = 0{,}00217$

$h = 0{,}45$ m

$i_c = 0{,}13$ m

$l_0 = 12$ m

$$e_a = (1 + 0{,}12 \cdot 1{,}5) \cdot (0{,}00217 + 0{,}0035) \cdot \frac{0{,}45 + 20 \cdot 0{,}05}{0{,}45 + 10 \cdot 0{,}05} \cdot \frac{12^2}{50 \cdot 0{,}13} = 0{,}226 \text{ m}$$

$$e_{tot} = e_e + e_a = 5 \text{ cm} + 22{,}6 \text{ cm} = 27{,}6 \text{ cm}$$

Exercici VI-11

Un pilar d'un edifici té una alçada de 5 m. La secció és quadrada, de 45 cm de costat, i s'arma simètricament en dues cares. L'edifici té una direcció en la qual és intranslacional i en l'altra és translacional. El factor per calcular la longitud de vinclament en la direcció esmentada és β=2. El formigó és HA-30/B/20/IIa i l'acer de les barres corrugades B500S. Els esforços pèssims de disseny són:

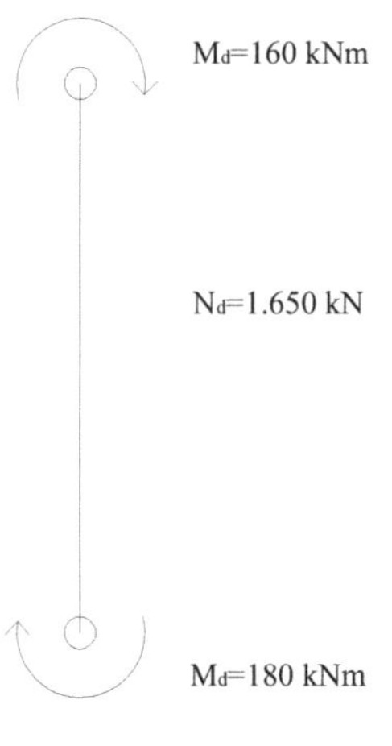

Fig. 6.12 Esforços al pilar

Calculeu l'armat del pilar utilitzant els diagrames d'interacció de flexocompressió recta.

Respostes possibles:

a) 10 ϕ20
b) 12 ϕ16
c) 12 ϕ20
d) 10 ϕ16

Solució

Cal calcular l'esveltesa de la peça per veure si es pot aplicar el mètode aproximat de càlcul per al cas de flexió composta recta de pilars esvelts que l'EHE proposa:

$$i = \sqrt{\frac{I}{A}} = \sqrt{\frac{3,417 \cdot 10^{-3}}{0,2025}} = 0,13 \text{ m}$$

$$\lambda = \frac{l_0}{i} = \frac{2 \cdot 5 \text{ m}}{0,13 \text{ m}} = 76,9$$

Ara calculem l'esbeltesa inferior segons l'*article 43.1.2 Campo de aplicación*:

$$\lambda_{\text{inf}} = 35\sqrt{\frac{C}{\nu}\left[1+\frac{0,24}{e_2/h}+3,4\left(\frac{e_1}{e_2}-1\right)^2\right]}$$

e_2= Excentricitat de primer orde a l'extrem del suport amb major moment, considerada positiva= $\frac{180\ kNm}{1.650\ kN} = 0,109$ m

$$\nu = \frac{N_d}{A_c \cdot f_{cd}} = \frac{1.650\ kN}{(0,45 \cdot 0,45) \cdot 20.000} = 0,4074$$

$\frac{e_1}{e_2} = 1$ (*Estructura translacional*)

C=0,24 per armadura simètrica en dues cares oposades al pla de flexió.

$$\lambda_{\text{inf}} = 35\sqrt{\frac{0,24}{0,4074}\left[1+\frac{0,24}{\frac{0,109}{0,45}}+3,4(1-1)^2\right]} = 37,9$$

Per tant, com que $\lambda_{\text{inf}} = 37,9 < \lambda = 76,9 < \lambda = 100$, podem aplicar el mètode aproximat.

L'excentricitat de primer ordre és:

$$e_e = \frac{M_d}{N_d} = \frac{180 \text{ kN·m}}{1.650 \text{ kN}} = 10,9 \text{ cm}$$

Es pot comprovar que és més gran que la mínima que dóna l'EHE.

L'excentricitat total ve donada per l'expressió:

$$e_{tot} = e_e + e_a$$

on e_a és l'excentricitat addicional, que es calcula de la manera següent:

$$e_a = (1+0,12 \cdot \beta) \cdot (\varepsilon_y + 0,0035) \cdot \frac{h+20 \cdot e_e}{h+10 \cdot e_e} \cdot \frac{l_0^2}{50 \cdot i_c}$$

amb:

β = factor d'armat que la taula 43.5.1 de l'EHE proporciona (vegeu annex) per als casos de disposició d'armadures freqüents. Com que l'armadura és simètrica a dos costats, el seu valor és 1.

ε_y = límit elàstic de deformació de l'acer = $\frac{f_{yd}}{E} = \frac{500/1,15}{200.000} = 0,00217$

h = 0,45 m

i_c = 0,13 m

l_0 = 10 m

$$e_a = (1+0,12 \cdot 1) \cdot (0,00217 + 0,0035) \cdot \frac{0,45+20 \cdot 0,109}{0,45+10 \cdot 0,109} \cdot \frac{10^2}{50 \cdot 0,13} = 0,16685 \text{ m}$$

$$e_{tot} = e_0 + e_e = 10{,}9 \text{ cm} + 16{,}685 \text{ cm} = 27{,}585 \text{ cm}$$

Amb els diagrames d'interacció (vegeu annex):

$$\nu_d = \frac{N_d}{f_{cd} \cdot b \cdot h} = \frac{1.650 \cdot 10^3}{20 \cdot 450 \cdot 450} = 0{,}41$$

$$\mu_d = \frac{N_d \cdot e_t}{f_{cd} \cdot b \cdot h^2} = \frac{1.650 \cdot 10^3 \cdot 275{,}85}{20 \cdot 450^3} = 0{,}24974$$

$$\omega = 0{,}325 = \frac{A_{tot} \cdot f_{yd}}{A_c \cdot f_{cd}} \Rightarrow A_{tot} = \frac{0{,}325 \cdot 20 \cdot 450 \cdot 450}{435} = 3.025{,}86 \text{ mm}^2$$

Amb aquesta armadura, hem de posar un total de $10\,\phi 20 = 3.142 \text{ mm}^2$ (cinc per cara).

7. Estat límit d'esgotament a tallant i estat límit de punxonament

Exercici TA-01

Determineu l'ample net mínim de càlcul a tallant de la biga de formigó armat la secció de la qual és (cotes en mm):

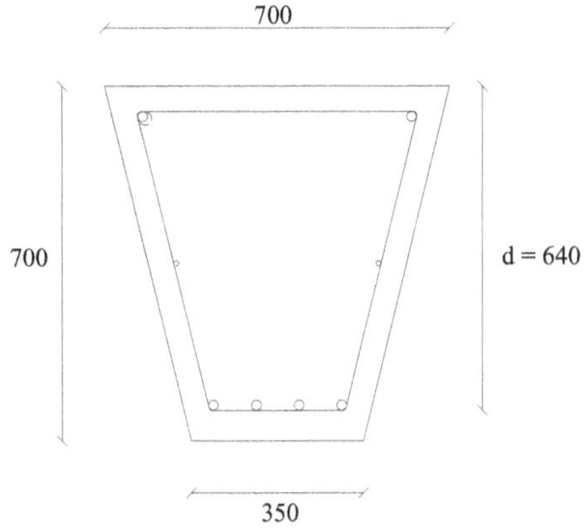

Fig. 7.1 Secció transversal

Respostes possibles:

a) 350 mm
b) 380 mm
c) 440 mm
d) 700 mm

Solució

Segons l'article 44.2.1. *Definición de la sección de cálculo* de la Instrucció, l'amplada neta mínima és l'amplada més petita que la secció presenti en una alçada igual a ¾ de *d*, comptada a partir de l'armadura de tracció.

Per tant, en aquesta secció l'amplada és a nivell de l'armadura de tracció:

$$b_0 = 700 - 350\frac{640}{700} = 380 \text{ mm}$$

Així doncs, la solució correcta és la *b*.

Exercici TA-02

Determineu l'amplada neta mínima de càlcul a tallant de la secció transversal de la passarel·la pretesada que es representa a la figura, les armadures actives de la qual són adherents (cotes en mm):

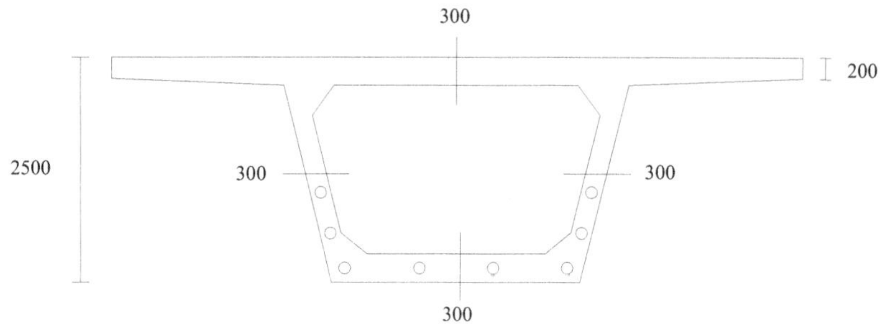

Fig. 7.2 Secció transversal

A la secció transversal s'han disposat vuit tendons de dotze cordons de 0,6". El diàmetre de les beines és de 85 mm.

Respostes possibles:

a) 300 mm
b) 430 mm
c) 515 mm
d) 600 mm

Solució

Segons els articles 44.2.1. *Definición de la sección de cálculo* i 40.3.5. *Bielas con interferencias de vainas con armaduras activas* de la Instrucció:

$$b_0 = b - \eta\ \Sigma\emptyset$$

on:

η és el coeficient que depèn de les característiques de l'armadura:

$\eta = 1{,}0$ per a beines amb armadura activa no adherent
$\eta = 0{,}5$ per a beines amb armadura activa adherent

$\Sigma\emptyset$ és la suma dels diàmetres de les beines, al nivell més desfavorable.

Per tant:

$$b_0 = b - 0{,}5 \cdot 2 \cdot 85 = (300 + 300)\text{ mm} - 85\text{ mm} = 515\text{ mm}$$

Exercici TA-03

Calculeu l'ample mínim que ha de tenir l'ànima de la biga en T de formigó armat de la figura, sabent que el formigó és HA-30/B/20/IIb, l'acer és B500S i el control d'execució és normal.

Accions que cal considerar:

- Pes propi
- Càrrega permanent: 40 kN/m
- Sobrecàrrega: 70 kN/m

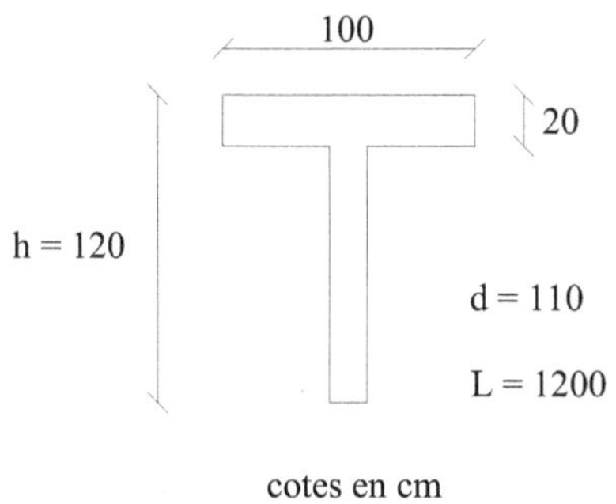

Fig. 7.3 Secció transversal

Nota. Tots els estreps són verticals.

Respostes possibles:

a) 200 mm
b) 250 mm
c) 300 mm
d) 350 mm

Solució

En no conèixer la geometria de la biga, s'estima un pes propi de 10 kN/m que correspongui a un gruix de l'ànima de 200 mm:

$$P_p = 25\frac{\text{kN}}{\text{m}^3}(1\text{m}\cdot 0,2\text{m} + 1\text{m}\cdot 0,2\text{m}) = 10\frac{\text{kN}}{\text{m}}$$

Llavors, el tallant de càlcul per a la comprovació de l'esgotament per compressió obliqua és:

$$V_d = \frac{12\text{ m}}{2}\cdot[(10+40)\cdot 1,35 + 70\cdot 1,50] = 6\cdot 172,5 = 1.035\text{ kN}$$

L'esforç tallant d'esgotament per compressió obliqua de l'ànima és (article 44.2.3.1 *Obtención de V_{u1}*):

$$V_{u1} = K\cdot f_{1cd}\cdot b_0\cdot d\frac{\cot\theta + \cot\alpha}{1+\cot^2\theta}$$

$\sigma'_{cd}=0$ K = 1,00

$d = 1.100$ mm

$f_{1cd} = 0,60\cdot f_{cd} = 0,6\cdot 20 = 12\text{ N/mm}^2$

θ formigó armat =45° α = 90° (angle cèrcols)

$$V_{u1} = 1\cdot 12\cdot 1.100\cdot b_0\frac{1}{2} \geq 1.035.000\text{ N}$$

$b_0 \geq 156,8$ mm

S'adopta $b_0 = 200$ mm. Posteriorment dimensionaríem els estreps per tal que $V_{rd} \leq V_{u2} = V_{cu} + V_{su}$

Exercici TA-04

Dimensioneu l'armadura de tallant de la biga en T de formigó armat de la figura, necessària per resistir $V_d = 100$ kN (cotes en mm).

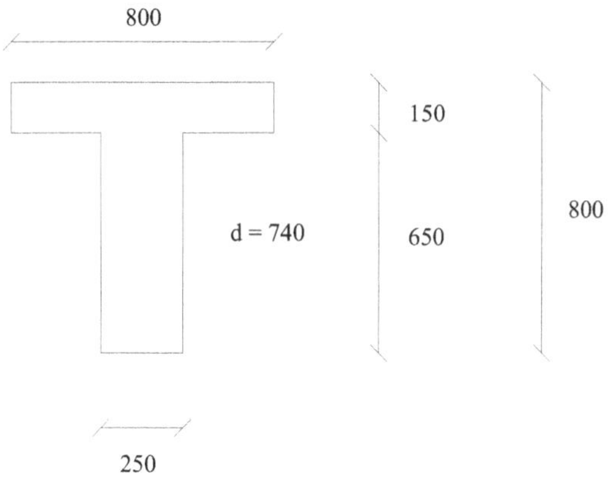

Fig. 7.4 Secció transversal

Materials:

- HA30/B/20/IIb
- B 500S
- Control normal de l'execució

L'armadura longitudinal de tracció de la secció d'estudi està formada per 3Ø 20. L'armadura transversal està formada per cèrcols tancats de 8 mm de diàmetre.

Respostes possibles:

a) Cèrcols Ø8 a 150 mm
b) Cèrcols Ø8 a 200 mm
c) Cèrcols Ø8 a 250 mm
d) Cèrcols Ø8 a 400 mm

Solució

En estat límit d'esgotament per esforç tallant, és necessari comprovar que es compleix simultàniament (article *44.2.3 Comprobaciones que hay que realizar*):

$$V_{rd} \leq V_{u1}$$
$$V_{rd} \leq V_{u2} = V_{cu} + V_{su}$$

En primer lloc, es calcula el tallant que resisteix el formigó per tal de trobar l'armadura transversal necessària (article *44.2.3.2.2 Piezas con armadura de cortante*):

$$V_{cu} = \left(\frac{0{,}15}{1{,}5}\cdot\xi\left(100\cdot\rho_l\cdot f_{cv}\right)^{1/3} + 0{,}15\cdot\sigma'_{cd}\right)b_0\cdot d\cdot\beta$$

on:

$\theta = \theta_e$ $\beta = 1$ $b_0 = 250$ mm $d = 740$ mm $\xi = 1 + \sqrt{\frac{200}{740}} = 1{,}520$

$\rho_l = \frac{3\cdot 314}{250\cdot 740} = 0{,}0051$ $\sigma'_{cd} = 0$ $f_{cv} = f_{ck} = 30\text{MPa}$

$$V_{cu} = 0{,}10\cdot 1{,}52\left(100\cdot 0{,}0051\cdot 30\right)^{1/3}\cdot 250\cdot 740 = 69.809 \text{ N} = 69{,}8 \text{ kN}$$

L'esforç tallant que resisteix l'armadura transversal ha de ser:

$$V_{su} \geq V_d - V_{cu} = 100 - 69{,}8 = 30{,}2 \text{ kN}$$

$$V_{su} = z\sin\alpha(\cot\alpha + \cot\theta)\,\Sigma\, A_\alpha \cdot f_{y\alpha,d}$$

Prenent $f_{y\alpha,d} = 400 \text{ N/mm}^2$ $\quad A_\alpha \geq \dfrac{30.200}{0{,}9 \cdot 740 \cdot 400} = 0{,}113\ \text{mm}^2/\text{mm}$

Cèrcols Ø8 $\quad S = \dfrac{2 \text{ branques} \cdot 50 \text{ mm}^2}{0{,}113} = 882 \text{ mm}$

S'obté una separació superior a la màxima. Es comprova la quantia mínima d'armadura a tallant:

$$f_{ct,m} = 0{,}3 \cdot f_{ck}^{2/3} = 0{,}3 \cdot 30^{2/3} = 2{,}8965 \text{ MPa}$$

$$A_{yad} \geq \frac{f_{ct,m} \cdot b_0 \cdot \sin\alpha}{f_{y\alpha,d} \cdot 7{,}5} = \frac{2{,}8965 \cdot 250 \cdot \sin 90}{400 \cdot 7{,}5} = 0{,}2414\ \text{mm}^2/\text{mm}$$

Amb cèrcols de Ø8 es necessita una separació entre ells de:

$$S = \frac{2 \text{ branques} \cdot 50 \text{ mm}^2}{0{,}2414} = 414{,}25 \text{ mm}$$

$V_{rd} = 100$ kN $\quad V_{u1} = K \cdot f_{1cd} \cdot b_0 \cdot d \dfrac{\cot\theta + \cot\alpha}{1 + \cot^2\theta} = 1 \cdot 0{,}6 \dfrac{30}{1{,}5} \cdot 250 \cdot 740 \dfrac{1}{2} = 1.110 \text{ kN}$ $\quad \dfrac{1}{5} V_{u1} = 222\text{kN}$ $\quad \dfrac{2}{3} V_{u1} = 740\text{kN}$

Segons l'article 44.2.3.4.1 *Armaduras transversales*:

$V_{rd} = 100 \text{ kN} \leq \dfrac{1}{5} V_{u1} = 222kN \Rightarrow s_t \leq 0{,}75d(1 + \cot g\alpha) \leq 600mm \Rightarrow s_t \leq 0{,}75 \cdot 740 \leq 555mm$

S < 555 mm = $S_{màx}$. Això implica que disposem cèrcols de Ø8 a 400 mm.

Exercici TA-05

Calculeu l'armadura transversal necessària (en forma de cèrcols) per a la secció de recolzament d'una biga de secció rectangular de formigó armat, tenint en compte que les càrregues permanents i les sobrecàrregues s'apliquen a la part inferior de la biga, i que l'armadura principal de tracció ancorada eficaçment al recolzament és de 5 Ø20.

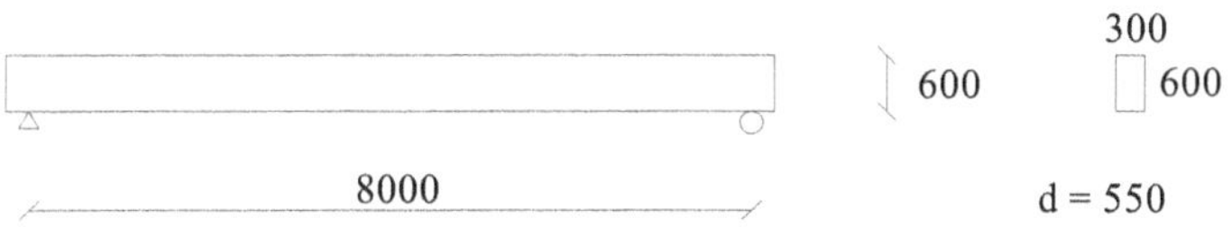

(cotes en mm)

Fig. 7.5 Dimensions de la peça

Accions:

- Pes propi
- Càrrega permanent: 10 kN/m
- Sobrecàrrega d'ús: 20 kN/m

Materials:

- HA-25/B/20/IIa
- B 500S
- Control normal d'execució

Respostes possibles:

a) Cèrcols de Ø6 a 15 cm
b) Cèrcols de Ø6 a 12,5 cm
c) Cèrcols de Ø6 a 10 cm
d) Cèrcols de Ø6 a 9 cm

Solució

L'armadura transversal d'aquesta biga ha de resistir el tallant i, a la vegada, ha de sostenir la càrrega que actua a la part inferior de la biga.

En primer lloc, es dimensiona l'armadura de tallant i, després, l'armadura de sosteniment.

V_d tallant de càlcul (a tracció de l'ànima), calculada a una distància d des del recolzament:

$$V_d = [1,35(25{\cdot}0,3{\cdot}0,6+10)+1,5{\cdot}20]{\cdot}\left(8/2 - 0,55\right) = 49,575{\cdot}3,45 = 171,03375 \text{ kN}$$

El tallant d'esgotament per tracció de l'ànima:

$$V_{u2} = V_{cu} + V_{su}$$

$$V_{cu} = \left(\frac{0,15}{1,5}{\cdot}\xi\left(100{\cdot}\rho_l{\cdot}f_{cv}\right)^{1/3} + 0,15{\cdot}\sigma'_{cd}\right)b_0{\cdot}d{\cdot}\beta = 0,461{\cdot}300{\cdot}550 = 76,1 \text{ kN}$$

$$\sigma'_{cd} = 0$$
$$\beta = 1$$
$$\xi = 1 + \sqrt{\frac{200}{550}} = 1,603$$
$$\rho_1 = \frac{5{\cdot}314}{550{\cdot}300} = 0,0095$$

$$V_{su} = z\sin\alpha(\cot\alpha + \cot\theta)\,\Sigma\, A_\alpha{\cdot}f_{y\alpha,d}$$

$$z = 0,9\text{d} = 0,495 \text{ m}$$
$$\alpha = 90^\circ$$
$$\theta = 45^\circ$$
$$f_{y\alpha,d} = 400 \text{ N/mm}^2$$

$$V_{su} \geq V_d - V_{cu} = 171,03375 - 76,1 = 94,93375\text{kN} = 0,495 \text{ m}{\cdot}400\ \Sigma\, A_\alpha$$

$$0,495 \text{ m}{\cdot}400\ \Sigma\, A_\alpha = V_{su} \geq 94.933,75 \text{ N}$$

$$\Sigma\, A_\alpha \geq 479,46 = 480 \text{ mm}^2\text{/m}$$

Aquesta és la quantitat d'armadura necessària per resistir el tallant. Per sostenir les càrregues, és necessari que:

$$q_d = 49,575 \text{ kN / m} \qquad A_{s\,susp} = \frac{59.575\ N/m}{400\ N/mm^2} = \frac{q_d}{f_{yad}} = 123,9375\ mm^2/m \Rightarrow A_{s\,susp} = 124\ mm^2/m$$

L'armadura vertical necessària és de 604 mm^2/m. Si es disposa c/ Ø6, es necessiten 10,68 cèrcols per metre: c/ Ø6 a 9 cm.

S'ha de comprovar que compleixi la quantia mínima:

$$f_{ct,m}=0{,}3\cdot f_{ck}^{2/3}=0{,}3\cdot 25^{2/3}=2{,}565\ \text{MPa}$$

$$A_{yad}\geq \frac{f_{ct,m}\cdot b_0\cdot \sin\alpha}{f_{ya,d}\cdot 7{,}5}=\frac{2{,}565\cdot 300\cdot \sin 90}{400\cdot 7{,}5}=0{,}2565\ \text{mm}^2/\text{mm}=256{,}5\ \text{mm}^2/\text{m}$$

$$\frac{1000\text{mm}}{90\text{mm}}\cdot 2\ \text{branques}\cdot\frac{\pi\cdot 6^2}{4}=628{,}32\ \text{mm}^2/\text{m}$$ La compleix.

Quant a la separació entre cèrcols, es pot dir que sí que la compleix, ja que en el cas més desfavorable seria:
$s\leq 0{,}30\cdot d\cdot(1+\cot g\alpha)\leq 300\Rightarrow s\leq 0{,}30\cdot 550=16{,}5\ cm$

Exercici TA-06

Dimensioneu el gruix mínim de la llosa massissa unidireccional de la figura per tal que no necessiti armadura de tallant:

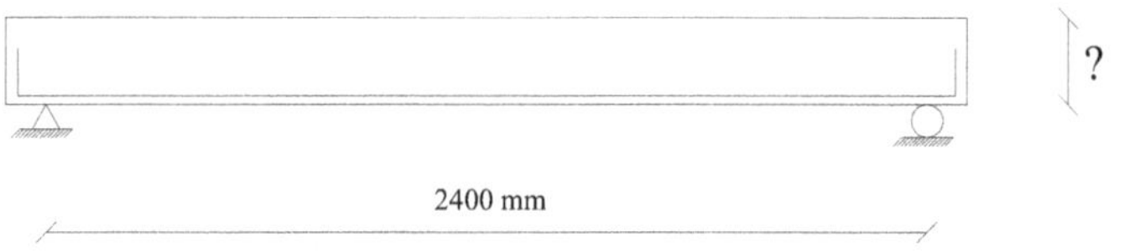

Fig. 7.6 Detall de la llosa

Las accions que s'han de considerar són:

- g_1 (pes propi)
- g_2 (càrrega permanent) = 10 kN/m^2
- q (sobrecàrrega d'ús) = 50 kN/m^2

Tenint en compte les dimensions de la llosa, tota l'armadura principal s'ha d'allargar fins als recolzaments.

Materials:

- HA25/B/20/IIa
- B 500S
- Control normal d'execució
- S'adopta $d = h$-50 mm

Tots els càlculs es realitzen per a un ample unitari.

Respostes possibles:

a) 150 mm
b) 160 mm
c) 170 mm
d) 180 mm

Solució

En primer lloc, s'ha de calcular l'armadura principal de flexió. Com que es tracta d'una llosa, suposarem que no volem armadura de compressió i per tant el canto haurà de tenir un valor mínim:

$$M_f = 0,8 \cdot U_0 \cdot x_f \cdot \left(1 - 0,4 \cdot \frac{x_f}{d}\right) = 0,8 \cdot \frac{25}{1,5} \cdot 1000 \cdot d \cdot 0,61674 \cdot d \cdot (1 - 0,4 \cdot 0,61674) = 6194,57 \cdot d^2 \ kNm$$

$$M_d = \left[1,35(25 \cdot (d + 0,05) + 10) + 1,5 \cdot 50\right] \frac{2,4^2}{8} = 64,935 + 24,3 \cdot d \ kNm / ml$$

Al límit: $M_f \geq M_d \Rightarrow 6194,57 \cdot d^2 \geq 64,935 + 24,3 \cdot d \Rightarrow d \geq 0,1044 \ m$

Optem per d=0,11m:

$M_d = 67,61 \ kNm / ml$ $\quad M_f = 74,95 \ kNm / ml$ $\quad A_s = 1795,36 mm^2$

$f_{ct,m} = 0,3 \cdot f_{ck}^{2/3} = 0,3 \cdot 25^{2/3} = 2.565 kN / m^2$

$$f_{ctm,fl} = máx\{(1,6 - h/1000) f_{ct,m}; f_{ct,m}\} = máx\{(1,6 - 160/1000) \cdot 2.565 kN / m^2; 2565 kN / m^2\} = 3.693,6 kN / m^2$$

$M_{fis} = \frac{b \cdot h^2}{6} f_{ct} = \frac{1 \cdot 0,16^2}{6} \cdot 3.693,6 = 15,76 \frac{kNm}{ml}$. Per tant la secció estarà fissurada.

V_d (a una distància d del recolzament per tal de comprovar la resistència a tracció de l'ànima):

$$V_d = \left[1,35(25 \cdot (0,16) + 10) + 1,5 \cdot 50\right] \cdot \left(\frac{2,4}{2} - 0,11\right) = 102,351 \ kN / ml$$

V_{u2} (tallant d'esgotament per tracció de l'ànima segons 44.2.3.2.1.2 *Piezas sin armadura de cortante en regiones fisuradas a flexión* $M_d > M_{fis}$):

$$V_{u2} = \left(\frac{0,18}{1,5} \cdot \xi \cdot (100 \cdot \rho_1 \cdot f_{cv})^{1/3} + 0,15 \cdot \sigma'_{cd}\right) \cdot b_0 \cdot d \geq V_{u2,\min} = \left(\frac{0,075}{1,5} \cdot \xi^{3/2} \cdot f_{cv}^{1/2} + 0,15 \cdot \sigma'_{cd}\right) \cdot b_0 \cdot d$$

$$\xi = 1 + \sqrt{\frac{200}{d}} = 2,348 \qquad \sigma'_{cd} = 0 \qquad \rho_l = \frac{1.795,36}{1.000 \cdot 110} = 0,01632$$

$V_{u2} = 0,12 \cdot 2,348 \cdot (100 \cdot 0,01632 \cdot 25)^{1/3} + 0) \cdot 1.000 \cdot 110 = 106,7 \text{ kN/m} > V_d$ i, per tant, la secció no necessita armadura transversal.

Llavors, $h = d + 50$mm = 110+50 = 160 mm = 16 cm és la solució.

Exercici TA-07

Calculeu el tallant d'esgotament per tracció de l'ànima d'una placa alveolar pretesada de 300 mm de cantell i 1.200 mm d'ample. Tota l'armadura està composta per filferros de 6 mm de diàmetre d'acer Y 1.860, tesats a 1.395 N/mm² (no porta cap tipus d'armadura passiva), $f_{pk} = 1.700 \ N/mm^2$

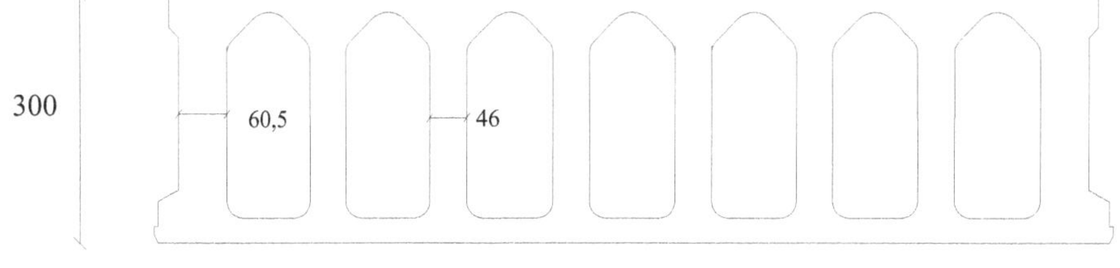

(cotes en mm)

Fig. 7.7 Placa alveolar

L'armadura activa inferior està formada per 32 Ø6 i presenta un recobriment mecànic de 30 mm. Les pèrdues a t_∞ són del 30%.

L'armadura activa superior està formada per 12 Ø6 i presenta un recobriment mecànic de 30 mm. Les pèrdues a t_∞ són del 20%.

- $A_c = 1.840\ cm^2$
- Formigó HP45/S/12/IIb

Respostes possibles:

a) 201,5 kN
b) 231,6 kN
c) 107,2 kN
d) 508,7 kN

Solució

El tallant d'esgotament per tracció de l'ànima segons 44.2.3.2.1.2 *Piezas sin armadura de cortante en regiones fisuradas a flexión $M_d>M_{fis}$*:

$$V_{u2} = (\frac{0,18}{1,5}\cdot\xi\cdot(100\cdot\rho_1\cdot f_{cv})^{1/3} + 0,15\cdot\sigma'_{cd})\cdot b_0\cdot d \geq V_{u2,\min} = (\frac{0,075}{1,5}\cdot\xi^{3/2}\cdot f_{cv}^{\ 1/2} + 0,15\cdot\sigma'_{cd})\cdot b_0\cdot d$$

d=0,9·h=270mm $\qquad \xi = 1+\sqrt{\frac{200}{d}} = 1+\sqrt{\frac{200}{270}} = 1,86$

$$\rho_l = \frac{A_s + A_p}{b_0 d} = \frac{32\cdot 28,274}{(60,5\cdot 2+46\cdot 6)\cdot 270} = \frac{32\cdot 28,274}{397\cdot 270} = \frac{904,779}{397\cdot 270} = 0,00844 \leq 0,02 \qquad \rho_1 = 0,00844$$

$$\sigma'_{cd} = \frac{N_d}{A_c} = \frac{\rho_p\cdot N_{p.}}{A_c} = \frac{32\cdot 28,27\cdot 1.395\cdot(1-0,3)+12\cdot 28,27\cdot(1-0,2)\cdot 1.395}{184.000\ \text{mm}^2} = \frac{1.261.973}{184.000} =$$

$\sigma'_{cd} = 6.86\ \text{N}/\text{mm}^2$ Tensió axial efectiva de compressió com a efecte del pretesatge a temps infinit

$$V_{u2} = (0,12\cdot 1,86\cdot(100\cdot 0,00844\cdot 45)^{1/3} + 0,15\cdot 6,86)\cdot 397\cdot 270 = 190.719\ \text{N} = 190,72\ \text{kN}$$

$$V_{u2,\min} = (0,05\cdot 1,86^{3/2}\cdot 45^{1/2} + 0,15\cdot 6,86)\cdot 397\cdot 270 = 201,5\ \text{kN}$$

Exercici TA-08

Dimensioneu l'armadura de rasant ala-ànima màxima necessària per a la biga en T isostàtica de 8 m de llum de formigó armat de la figura, utilitzant el mètode elàstic.

Les sol·licitacions són:

- $V_{dmàx} = 221,83$ kN
- $M_{dmàx} = 539,6$ kNm

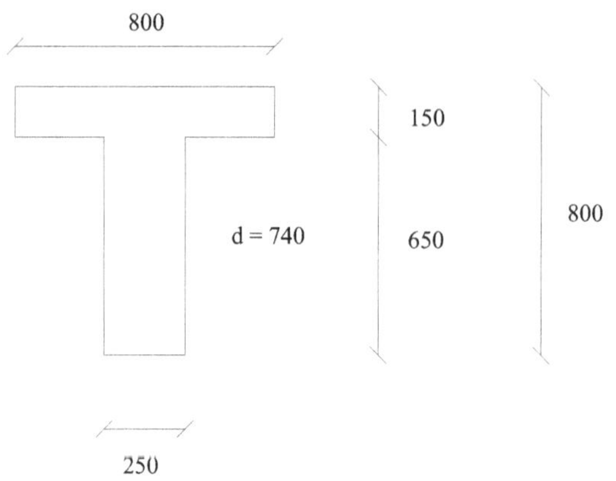

Fig. 7.8 Secció transversal

Materials:

- HA30/B/20/IIb
- B 500S
- Control normal d'execució

Respostes possibles:

a) No es necessita armadura de rasant ala-ànima.
b) 0,286 mm^2/mm
c) 0,862 mm^2/mm
d) El rasant és superior a S_{u1} i es trenca per esgotament del formigó.

Solució

El pla d'unió ala-ànima en una secció de gruix *dx* sotmesa a flexió positiva es troba en l'estat següent:

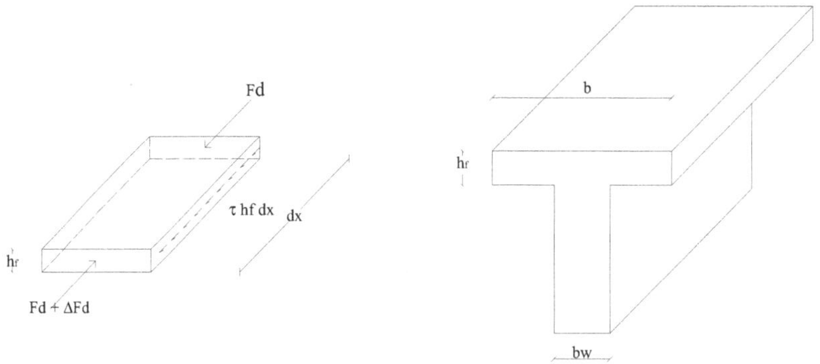

Fig. 7.9 Pla d'unió ala-ànima

Per equilibri: $\tau \cdot h_f \cdot dx = dF_d$

L'increment de compressió a tota l'ala:

$$\frac{dC}{dx} = \frac{dM}{dx}\frac{1}{z} = \frac{V}{z}$$

Llavors, en el pla d'unió amb una ala:

$$\frac{dF_d}{dx} = \frac{b - b_w}{2b}\frac{V}{z}$$

Si s'aplica la regla del cosit:

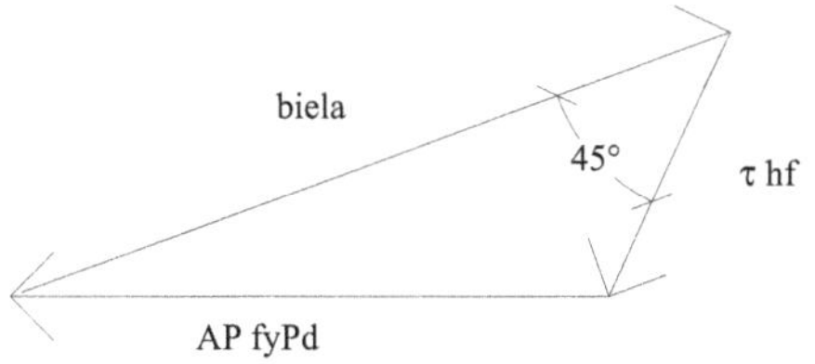

Fig. 7.10 Aplicació de la regla del cosit

$A_p \cdot f_{yPd} = \tau \cdot h_f = \frac{(b-b_w)}{2b}\frac{V}{z}$ Es troba aquesta expressió, que permet determinar l'armadura de tracció. També és necessari comprovar les bieles comprimides.

$b = 800\,\text{mm}$ $\quad b_w = 250\,\text{mm}$ $\quad z = 0,9d = 666\,\text{mm}$

$f_{yad} = 400\,{}^{\text{N}}\!/_{\text{mm}^2}$

$$A_P \geq \frac{800 - 250}{2{\cdot}800}\frac{221,83{\cdot}1.000}{666{\cdot}400} = 0,286\,{}^{\text{mm}^2}\!/_{\text{mm}}$$

Es comprova la biela, segons la Instrucció (article 44.2.3.5 *Rasante entre alas y alma de una viga*):

$S_{ul} = 0,5 f_{1cd} h_0 = 0,5{\cdot}0,6{\cdot}f_{cd}{\cdot}h_0 = 0,3{\cdot}20{\cdot}150$

$S_{ul} = 900\,{}^{\text{N}}\!/_{\text{mm}}$

$dF_d = 114,4\,{}^{\text{N}}\!/_{\text{mm}}$ valor màxim

$dF_d < S_{ul}$

No presenta cap problema.

S'ha de tenir en compte que amb el mètode elàstic es dimensiona l'armadura per al màxim pic de l'esforç rasant sense admetre la possibilitat de redistribució plàstica en una certa longitud, prevista a la normativa. Aquest mètode és conservador.

Exercici TA-09

Dimensioneu l'armadura de rasant ala-ànima necessària per a la biga isostàtica T de la figura de 8 m de llum, construïda amb formigó armat, tenint en compte la redistribució plàstica de l'esforç rasant segons la Instrucció de formigó.

Sol·licitacions:

- $V_{dmàx} = 221,83$ kN
- $M_{dmàx} = 539,6$ kN·m

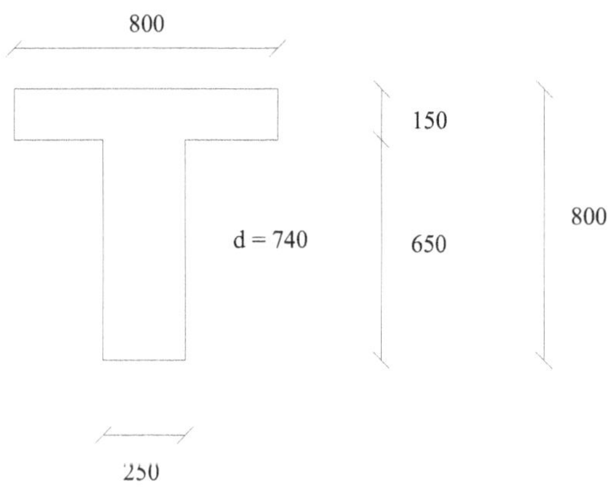

Fig. 7.11 Secció transversal

Materials:

- HA30/B/20/II
- B 500S
- Control normal d'execució

Respostes possibles:

a) No es necessita armadura de rasant ala-ànima.
b) 0,174 mm²/mm
c) 0,714 mm²/mm
d) El rasant és superior a S_{u1} i es trenca per esgotament del formigó.

Solució

Segons l'article 44.2.3.5 de la Instrucció de formigó, la longitud plàstica és a_r = 4 m i l'increment de compressió que experimenta l'ala en aquesta longitud és:

$$\Delta F_d = \frac{b - b_w}{2b}\frac{M_d^+}{z} = \frac{800 - 250}{2{\cdot}800}\frac{539.6{\cdot}1.000}{740{\cdot}0,9} = 278,5\ \text{kN}$$

en una longitud de 4 m.

Llavors

$$S_d = \frac{\Delta F_d}{a_r} = 69,625\,\text{kN}/\text{m}\,.$$

S'ha de complir que:

$S_d \leq S_{u1}$ rasant d'esgotament per compressió obliqua

$S_d \leq S_{u2}$ rasant d'esgotament per tracció

$$S_{u1} = 0,5 f_{1cd} h_o = 0,5{\cdot}0,6\frac{30}{1,5}{\cdot}150 = 900\ \text{N}/\text{mm} = 900\ \text{kN}/\text{m}$$

$$S_{u2} = S_{su} = A_p{\cdot}f_{pyd} \qquad A_p = \frac{69,625\ \text{N}/\text{mm}}{400\ \text{N}/\text{mm}^2} = 0,174\ \text{mm}^2/\text{mm}$$

Aquesta armadura s'ha de repartir uniformement a l'ala en tota la longitud de la biga. Si comparem amb l'exercici TA-08, veiem que és molt inferior, ja que la Instrucció té en compte la redistribució plàstica.

Exercici TA-10

Dimensioneu l'armadura de rasant ala-ànima d'una biga en T, a la zona de flexió negativa, del recolzament interior que es representa a la figura, sotmesa a un flexor $M_d^- = 541{,}2$ kN·m:

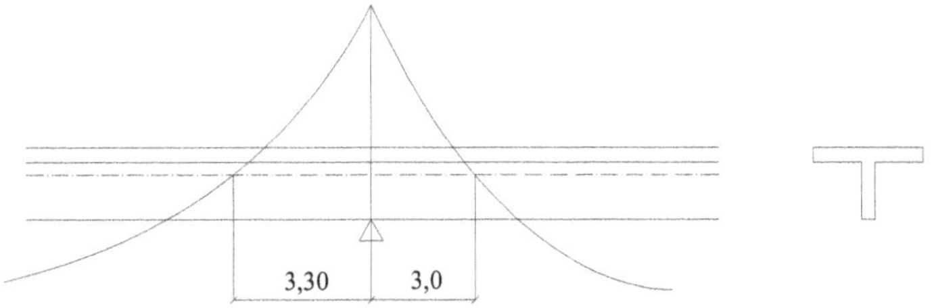

Fig. 7.12 Recolzament

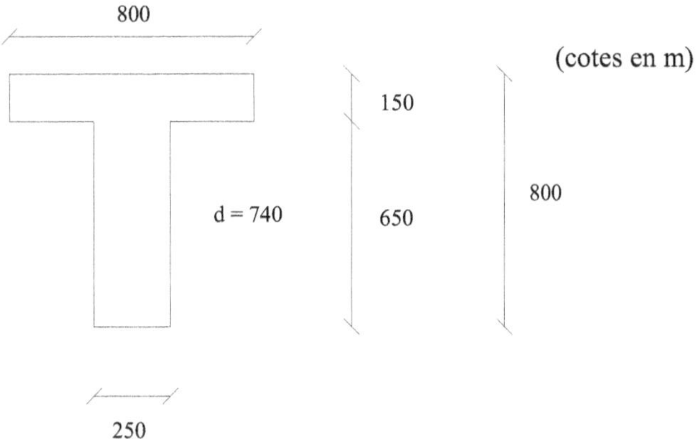

Fig. 7.13 Secció transversal

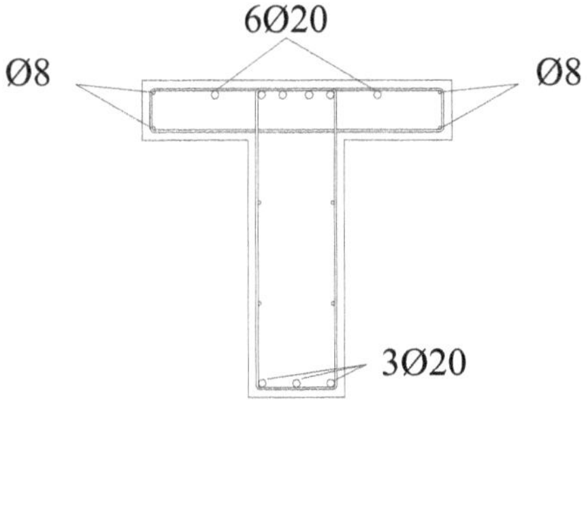

Fig. 7.14 Disposició de les armadures

Materials:

- HA 30/B/20/IIa
- B 500S.

Respostes possibles:

a) No és necessària armadura de rasant ala-ànima.
b) 0,075 mm²/mm
c) 0,125 mm²/mm
d) El rasant és superior a S_{u1} i es trenca per esgotament del formigó.

Solució

$$A_{S,ala} = 1\phi20 + 1\phi8 = 364\ mm^2$$
$$A_{S,tot} = 6\phi20 + 2\phi8 = 1984\ mm^2$$
$$\Delta F_d = \frac{A_{S,ala}}{A_{S,tot}}\frac{M_d^-}{z} = \frac{364mm^2}{1984mm^2}\frac{541,2}{0,9\cdot0,74} = 149,1kN$$
$$S_d = \frac{\Delta F_d}{a_r} = \frac{149,1}{3m} = 49,7\,kN/m$$

$$S_d \leq S_{u1}$$
$$S_d \leq S_{u2}$$

$f_{1cd} = 0,4\cdot f_{cd}$ a les ales traccionades

$$S_{u1} = 0,5 f_{1cd} h_o = 0,5\cdot0,40\cdot f_{cd}\cdot150 = 0,5\cdot0,40\frac{30}{1,5}\cdot150 = 600\ \mathrm{kN/m}$$

$$S_{u2} = S_{su} = A_p\cdot f_{ypd} \qquad A_p = \frac{49,7\,\mathrm{N/mm}}{400\,\mathrm{N/mm^2}} = 0,125\,\mathrm{mm^2/mm}$$

Aquesta armadura s'ha de repartir uniformement a la zona de la biga sotmesa a flexió negativa.

Exercici TA-11

Calculeu el tallant últim de la secció pretesada que es representa a la figura:

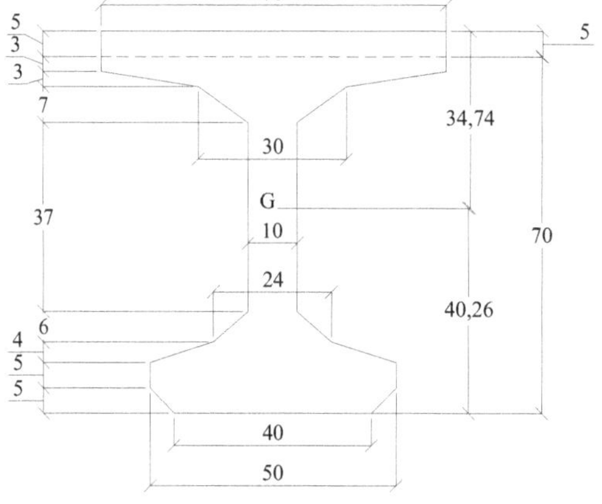

cotes en cm

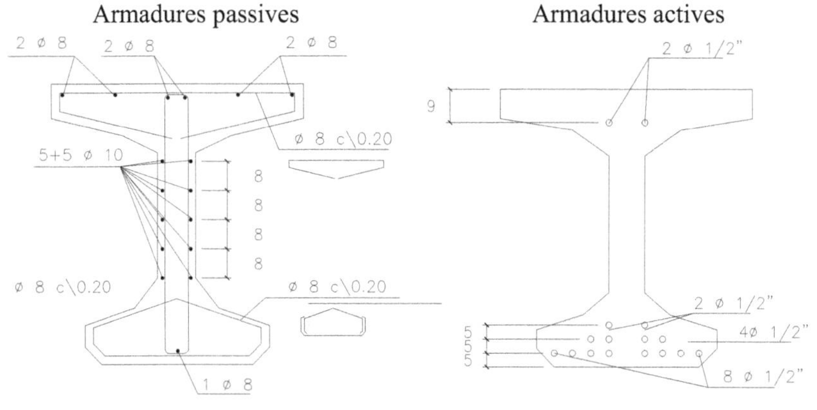

Fig. 7.15 Detalls de la secció

Característiques:

$A_c = 1.945 \text{ cm}^2$	$I = 1.500.257 \text{ cm}^4$	$b_0 = 10 \text{ cm}$
$h = 75 \text{ cm}$	$d = 70 \text{ cm}$	$f_{ck} = 50 \text{ N/mm}^2$
$f_{yk} = 500 \text{ N/mm}^2$	c/ Ø 8 a 20 cm	

Armadures actives:

Y 1.860 S7	$f_{pyd} = 1.478 \text{ N/mm}^2$	$\text{Ap} = (14\text{t} + 2\text{t})\dfrac{100 \text{ mm}^2}{\text{t}} = 1.600 \text{ mm}^2$
$\sigma p_0 = 1.400 \text{ N/mm}^2$	$\sigma p_\infty = 1.160 \text{ N/mm}^2$	

Respostes possibles:

a) 381 kN
b) 560 kN
c) 830 kN
d) 940 kN

Solució

Per obtenir el tallant últim, s'ha de calcular tant V_{u1} com V_{u2} i comprovar quin dels dos és el més restrictiu, que serà el de valor menor, i prendre'l com a valor del tallant últim de la secció pretesada.

Càlcul de V_{u2} segons article 44.2.3.2.2 *Piezas con armadura de cortante*:

$$V_{u2} = V_{cu} + V_{su}$$

$$V_{cu} = (\frac{0,15}{1,5} \cdot \xi \left(100 \cdot \rho_l \cdot f_{cv}\right)^{1/3} + 0,15 \cdot \sigma'_{cd}) b_0 \cdot d \cdot \beta$$

$$\rho_l = \frac{A_p}{b_0 \cdot d} = \frac{14 \text{cm}^2}{10 \cdot 70} = 0,02 < 0,02 \qquad \rho_l = 0,02$$

$$\xi = 1 + \sqrt{\frac{200}{\text{d}}} = 1 + \sqrt{\frac{200}{700}} = 1,53$$

$$\sigma'_c = \frac{P}{A_c} = 16 \frac{100 \cdot 1.160}{194.500} = 9,54 \frac{\text{N}}{\text{mm}^2}$$

Com que és favorable, s'adopta el mínim valor.

$\beta = 1$ perquè s'adopta $\theta_e = \theta$; és el més normal.

$V_{cu} = (0,10 \cdot 1,53 \cdot (100 \cdot 0,02 \cdot 50)^{1/3} + 0,15 \cdot 9,54) \cdot 100 \cdot 700 = 149,88 \text{ kN}$

Si hi ha armadura transversal:

$V_{su} = z\sin\alpha(\cot\alpha + \cot\theta)\, \Sigma\, A_\alpha \cdot f_{y\alpha,d}$

$$z = 0,9d \qquad \alpha = 90° \qquad f_{y\alpha,d} = 400 \text{ N/mm}^2$$

$$\cot\theta = \cot\theta_e = \sqrt{1 + \frac{\sigma_d}{f_{ct,m}}} = \sqrt{1 + \frac{9,54}{0,3\sqrt[3]{f_{ck}^{\,2}}}} = 1,828 \text{ (comentaris article 44.2.3.2.2)}$$

$$V_{su} = 0,9 \cdot 700 \cdot (\frac{\pi \cdot 8^2}{4} \cdot 2 \text{ branques} \cdot \frac{1}{200} \cdot 400) \cdot (0 + 1,828) = 231,55 KN$$

Així doncs, el valor de l'esforç tallant d'esgotament per tracció a l'ànima val:

$V_{u2} = V_{cu} + V_{su} = 149,88 + 231,55 = 381,43 \text{ kN}$

Càlcul de V_{u1} segons article 44.2.3.1:

$$V_{u1} = K \cdot f_{1cd} \cdot b_0 \cdot d \frac{\cot\theta + \cot\alpha}{1 + \cot^2\theta}$$

Calculem σ'_{cd}:

$A_{s,passiva} = 6\phi 8 = 301,59 mm^2 \rightarrow f_{yd} = 400 \text{ MPa}$

$$\sigma'_{cd} = \frac{N_d - A_s' \cdot f_{yd}}{A_c} = \frac{16 \cdot 100 \cdot 1160}{194.500} - \frac{301,59 \cdot 400}{194.500} = 8,922 \frac{N}{mm^2}$$

$$0,25 f_{cd} < \sigma'_{cd} \le 0,5 f_{cd} \rightarrow 8,333 \frac{N}{mm^2} < 8,922 \frac{N}{mm^2} \le 16,667 \frac{N}{mm^2}$$

$$K = 1,25$$

$$f_{1cd} = 0.6 \cdot f_{cd} = 0.6 \cdot \frac{50}{1,5} = 20 N/mm^2$$

$$b_0 = 100\text{mm}$$

$$d = 700\text{mm}$$

$$V_{u1} = K \cdot f_{1cd} \cdot b_0 \cdot d \frac{\cot\theta + \cot\alpha}{1 + \cot^2\theta}$$

$$V_{u1} = 1,25 \cdot 20 \cdot 100 \cdot 700 \cdot \frac{1,828 + 0}{1 + 1,828^2} = 736,828 kN$$

El valor menor dels dos és V_{u2} = 381,43 kN i és aquest el valor del tallant últim de la secció. Així doncs, la resposta correcta és la *a*.

Exercici TA-12

Calculeu la resistència a tallant(kN/m) d'un forjat unidireccional nervat, fet de formigó armat, construït amb biguetes semiresistents, prefabricades, i amb una separació entre eixos dels nervis de

0,70 m. A la figura es presenta la secció transversal del forjat completament formigonada, les seves dimensions i una perspectiva de la bigueta prefabricada:

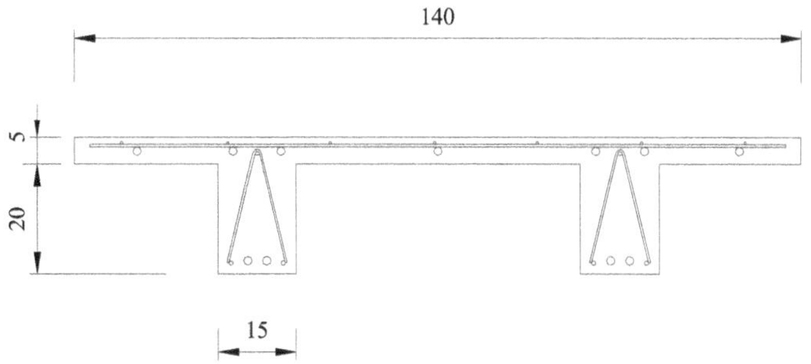

Fig. 7.16a Armat de la secció

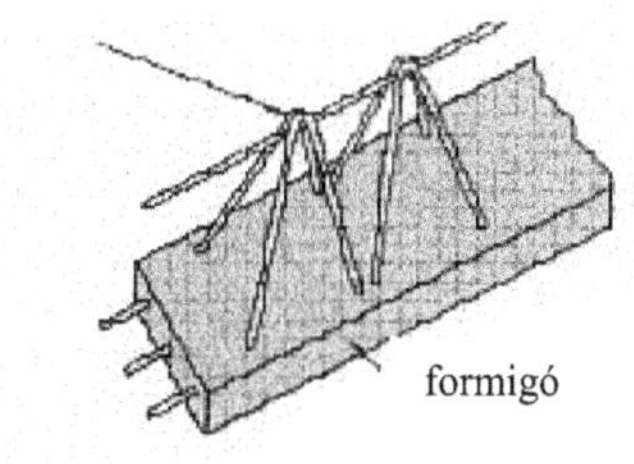

Fig. 7.16b Armadura electrosoldada

L'armadura de tallant està constituïda per una gelosia de Ø4 mm de diàmetre d'acer B 500S. El formigó és HA 30/B/20/IIa, tant el prefabricat com el *in situ*. S'adopta 20 mm de recobriment.

L'armadura longitudinal dels nervis està constituïda per 2 Ø8 de la base de la gelosia, més 2 Ø16. La gelosia té un pas de 200 mm i les seves branques presenten un angle de 63,4° respecte de l'horitzontal.

Respostes possibles:

a) 37,0 kN/m
b) 41,6 kN/m
c) 52,8 kN/m
d) 59,4 kN/m

Solució

En primer lloc, cal assenyalar que la disposició de l'armadura presentada no compleix les prescripcions de l'article 44.2.3.4.1 *Armaduras transversales* de la Instrucció EHE, ja que hauria de tenir, com a mínim, 1/3 part de l'armadura de tallant vertical. No obstant això, aquesta disposició és vàlida ja que és recollida a la Instrucció EFHE de forjats amb elements prefabricats i a més a més, tal com diu la EHE: "...en forjats unidireccionals nervats de cantell no superior a 40 cm, pot fer-se servir armadura bàsica en gelosia com a armadura de tallant tant si s'utilitza una sabatilla prefabricada com si el nervi és totalment formigonat in situ".

La resistència a tallant d'un nervi serà la mínima entre V_{u1} i V_{u2} :

$$V_{u2} = V_{cu} + V_{su}$$

$$V_{cu} = (\frac{0{,}15}{1{,}5} \cdot \xi (100 \cdot \rho_l \cdot f_{cv})^{1/3} + 0{,}15 \cdot \sigma'_{cd}) b_0 \cdot d \cdot \beta$$

$$\xi = 1 + \sqrt{\frac{200}{d}} = 1{,}941 \qquad \beta = 1$$

$$d = 250 - 20 - 8/2 = 226 \text{ mm}$$

$$\rho_l = \frac{2 \cdot 50 + 2 \cdot 201}{150 \cdot 226} = 0{,}0148$$

$$V_{cu} = 0{,}1 \cdot 0 \cdot 1{,}941 (100 \cdot 0{,}0148 \cdot 30)^{1/3} \cdot 150 \cdot 226 = 23{,}3 \text{ kN}$$

$$V_{su} = 0{,}9 d \cdot \sin\alpha (\cot\alpha + \cot\theta)\ \Sigma\ A_\alpha \cdot f_{yad}$$

$$\alpha_1 = 63{,}4^o \qquad A_{\alpha 1} = 2 \cdot \frac{\pi \cdot 4^2}{4} \cdot \frac{1}{200\text{mm}} = 0{,}1257 \text{ mm}^2/\text{mm}$$

$$\alpha_2 = 116{,}6^o \qquad A_{\alpha 2} = 0{,}1257 \text{ mm}^2/\text{mm}$$

$$V_{su} = 0{,}9 \cdot 226 \cdot (0{,}894(0{,}501+1) + 0{,}894(-0{,}501+1)) \cdot 0{,}1257 \cdot 400 = 18{,}29 \text{ kN}$$

$$V_{u2} = 41{,}59 \text{ kN}$$

La resistència per metre de forjat és: $41{,}59 \text{ kN}/0{,}7\text{m} = 59{,}4 \text{ kN}/\text{m}$

Exercici TA-13

Una passarel·la per vianants de 20 m de llum entre eixos de recolzaments, doblement recolzada, està posttesada amb quatre tendons de 15 Ø0,6'' (A_{total} = 8.400 mm^2). El prentesatge té un traçat parabòlic, al centre de llum una excentricitat respecte del *cdg* de la secció de *e* = -0,28 m i, als recolzaments, una *e* = 0, a partir dels quals el traçat és recte fins a l'ancoratge. El formigó utilitzat és HP45/P/20/IIa.

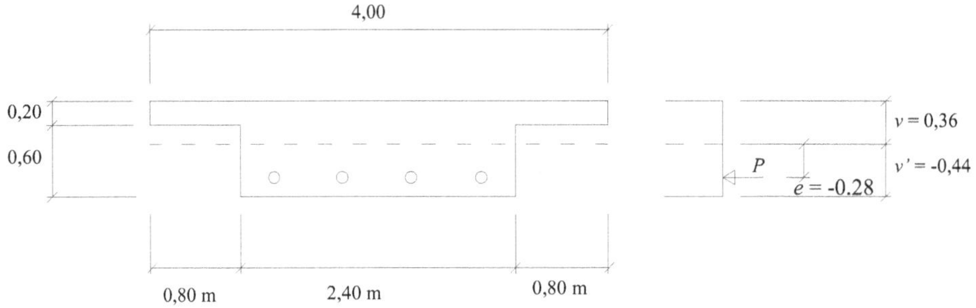

Fig. 7.17 Mesures de la secció (cotes en m)

La força de pretensatge al tram pròxim als recolzaments a temps infinit és de 9.000 kN.

Calculeu l'esforç tallant reduït de càlcul si se sap que l'execució es realitza amb un control intens i que les accions, a més del pes propi, són:

- g_2 (càrregues mortes) =10 kN/m
- q (sobrecàrrega d'ús) = 5 kN/m^2

Respostes possibles:

a) 356 kN
b) 687 kN
c) 860 kN
d) 1191 kN

Solució

En primer lloc, necessitem saber l'angle del traçat als recolzaments per calcular el tallant reduït.

Sabent que la paràbola és simètrica, es pot escollir l'origen al vèrtex, cosa que simplifica els càlculs:

$$x = 0 \qquad y = 0 \qquad y' = 0 \qquad y = ax^2$$

$$x = 10\text{ m} \qquad y = 0{,}28\text{ m} \qquad a = {}^{0{,}28}\!/_{100} = 0{,}0028$$

La tangent als recolzaments és: $y'(x = 10\text{ m}) = 2ax = 2{\cdot}0{,}0028{\cdot}10 = 0{,}056$
Realitzant l'aproximació: $\alpha \simeq \tan\alpha = 0{,}056\,\text{rad}$

Es calcula el tallant de càlcul als recolzaments:

$$V_d = \left(1{,}35{\cdot}\left(25\text{ kN/m}^2{\cdot}2{,}24\text{ m}^2 + 10\right) + 1{,}50{\cdot}(4{\cdot}5)\right)\frac{20}{2} = 1.191\text{ kN}$$

I el tallant reduït:

$$V_{rd} = V_d - P_{k\infty}\sin\alpha = 1.191\text{ kN} - 9.000{\cdot}0{,}056 = 687\text{ kN},$$ i s'aproxima $\sin\alpha$ a α.

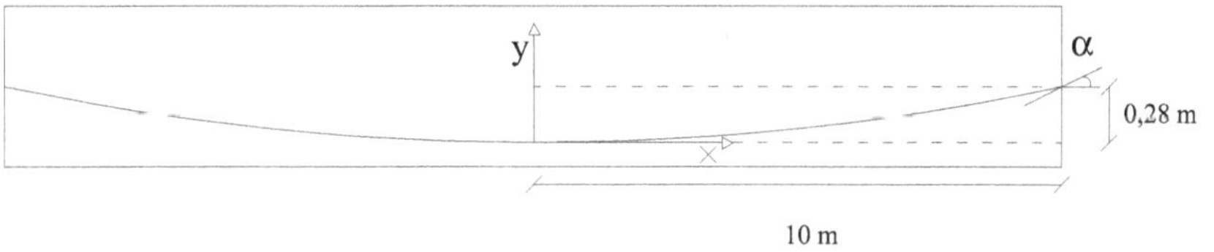

Fig. 7.18 Traçat

Exercici TA-14

Una passarel·la per a vianants de 20 m de llum entre eixos de recolzaments, doblement recolzada, està posttesada amb quatre tendons de 15 Ø0,6'' (A_{total} = 8.400 mm^2; $f_{pmàx}$ = 1.860 N/mm^2 i f_{pk} = 1.700 N/mm^2). Té un traçat parabòlic al centre de la llum, una excentricitat respecte del *cdg* de la secció de *e* = -0,28 m i, als recolzaments, una *e* = 0, a partir dels quals el traçat és recte fins a l'ancoratge. El formigó utilitzat és HP45/P/20/IIa.

La força de pretensatge al tram pròxim als recolzaments a temps infinit és de 9.000 kN i el tallant reduït de càlcul és V_{rd} = 1.200 kN.

Determineu la separació entre plans d'armadura transversal sabent que estan constituïts per quatre cèrcols de 10 mm de diàmetre i *d* = 740 mm.

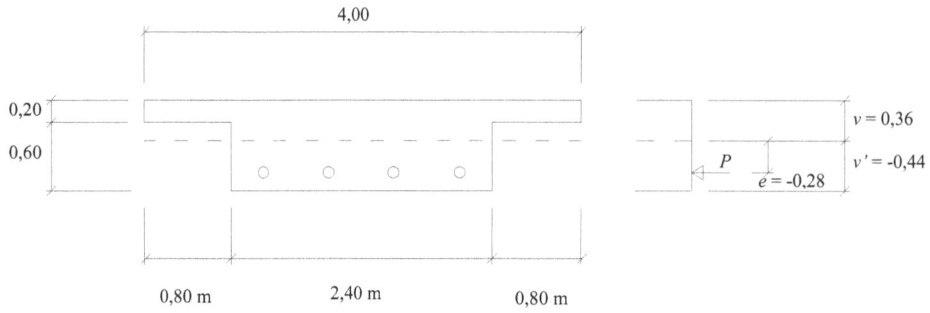

Fig. 7.19 Mesures de la secció (cotes en m)

Respostes possibles:

a) 135 mm
b) 200 mm
c) 250 mm
d) 315 mm

Solució

Per resistir a tallant, s'ha de verificar que:

$$V_{rd} \leq V_{u1}$$
$$V_{rd} \leq V_{u2} = V_{cu} + V_{su}$$

En aquest cas, $V_{rd} << V_{u1}$, i es torna a dimensionar l'armadura tenint en compte que $V_{rd} \leq V_{cu} + V_{su}$.

Es calcula V_{cu} :

$$V_{cu} = (\frac{0,15}{1,5} \cdot \xi (100 \cdot \rho_l \cdot f_{cv})^{1/3} + 0,15 \cdot \sigma'_{cd}) b_0 \cdot d \cdot \beta \qquad \beta = 1 \text{ si } \cot\theta = \cot\theta_e$$

$$\xi = 1 + \sqrt{\frac{200}{740}} = 1,52 \qquad \rho_l = \frac{A_p}{b_0 \cdot d} = \frac{84 \text{cm}^2}{240 \cdot 74} = 0,00473$$

$$\sigma'_{cd} = \frac{9.000.000}{2.240.000} = 4,018 \, \text{N}/\text{mm}^2$$

$$V_{cu} = \left[0,10 \cdot 1,52(100 \cdot 0,00473 \cdot 45)^{1/3} + 0,15 \cdot 4,018\right] 2400 \frac{740}{1000} = 1818,53 kN$$

$V_{rd} < V_{cu}$, per tant, s'ha de disposar la quantia mínima d'armadura a tallant.

$$f_{ct,m} = 0,3 \cdot f_{ck}^{2/3} = 0,3 \cdot 45^{2/3} = 3,795 \text{ MPa}$$

$$A_{\gamma ad} \geq \frac{f_{ct,m} \cdot b_0 \cdot \sin\alpha}{f_{\gamma a,d} \cdot 7,5} = \frac{3,795 \cdot 2400 \cdot \sin 90}{400 \cdot 7,5} = 3,036 \, \text{mm}^2/\text{mm} = 3036 \, \text{mm}^2/\text{m}$$

Tenint en compte que s'utilitzen quatre cèrcols de Ø10 a cada pla d'armadura a tallant:

$$s = \frac{(2 \text{ branques / cèrcol}) \cdot 4 \text{ cèrcol} \cdot (78,5 \text{ mm}^2 \text{ / branca})}{3,036 \text{ mm}^2 \text{ / mm}} = 206,85 \text{ mm} \rightarrow 200 \text{ mm}$$

Exercici TA-15

En el disseny d'una jàssera Delta de formigó armat prefabricada com la de la figura, calculeu el tallant pel qual s'ha de comprovar l'ànima en el punt just on el seu gruix canvia, a 1,50 m del recolzament:

- HA 25/B/20/IIa
- B 500S
- Control intens d'execució

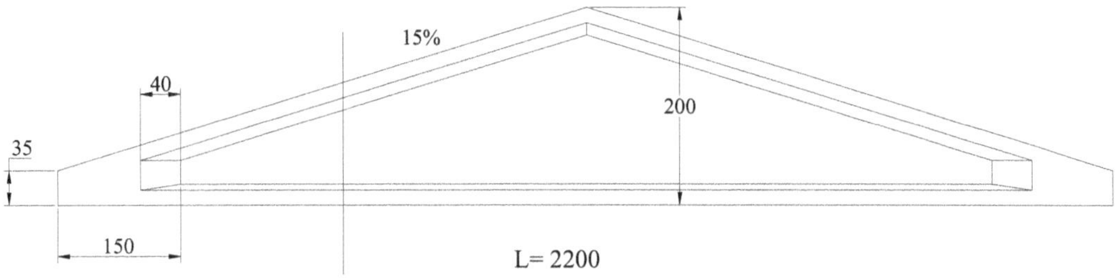

Fig. 7.20 Jàssera

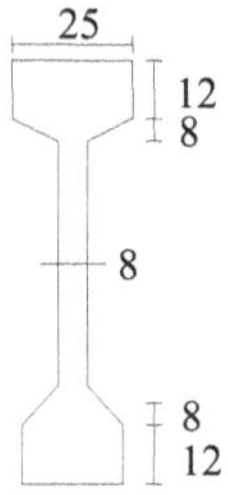

(cotes en cm)

Fig. 7.21 Tall de la secció

Les accions són:

- g_1 = 5 kN/m (pes propi aproximat)
- g_2 = 15 kN/m (coberta de teules)
- q = 5 kN/m (càrrega de neu)

El baricentre de l'armadura principal de tracció està a 8 cm de la cara inferior.

Respostes possibles:

a) 166,8 kN
b) 183,7 kN
c) 327,7 kN
d) 361,0 kN

Solució

Com que és de cantell variable, és necessari calcular el tallant efectiu de càlcul ($V_{cd} \neq 0$) segons l'article 44.2.2 *Esfuerzo cortante efectivo.*

$V_{rd} = V_d + V_{pd} + V_{cd}$

Per equilibri de forces verticals:

$V_d - V_{rd} - C \cdot sin\alpha = 0$

$V_{rd} = V_d - C \cdot sin\alpha$

on $C \cdot \sin\alpha = \frac{M_d}{z} tg\alpha \simeq V_{cd} = \frac{M_d}{d} tg\alpha$ donat que desconeixem *z*, aproximem amb *d* i quedem pel cantó de la seguretat.

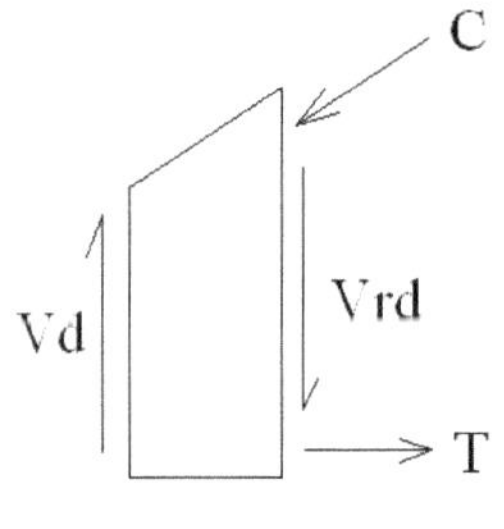

Fig. 7.22 Equilibri de tallants

$M_d = (1{,}35 \cdot 20 + 1{,}5 \cdot 5) \cdot \left(\frac{1-x}{2}\right) \cdot x$

$x = 1{,}5$ m $\qquad M_d = 34{,}5 \cdot 15{,}375 = 530{,}4$ kN·m

$V_d = 34{,}5\left(\frac{22}{2} - 1{,}5\right) = 327{,}75 kN$

$d(x = 1{,}5 \text{ m}) = (0{,}35 + 1{,}5 \cdot 0{,}15) - 0{,}08 = 0{,}495$ m

$V_{rd}(x = 1{,}5 \text{ m}) = V_d - \frac{M_d}{d} \text{tg}\alpha = 327{,}5 - \frac{530{,}4}{0{,}495} \cdot 0{,}15$

$V_{rd} = 166{,}8$ kN

Exercici TA-16

Calculeu la càrrega última de punxonament de la placa de 30 cm de gruix que es troba sobre el pilar de vora de 30 x 30 cm, tenint en compte l'armat que es representa les figures 7.23 i 7.24:

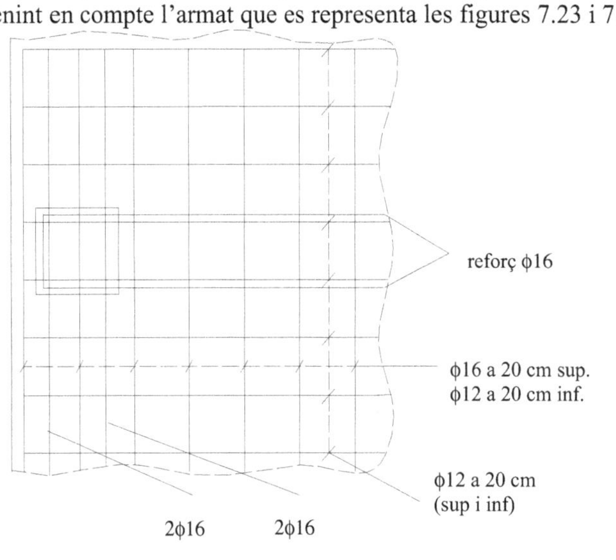

Fig. 7.23 Planta de la llosa

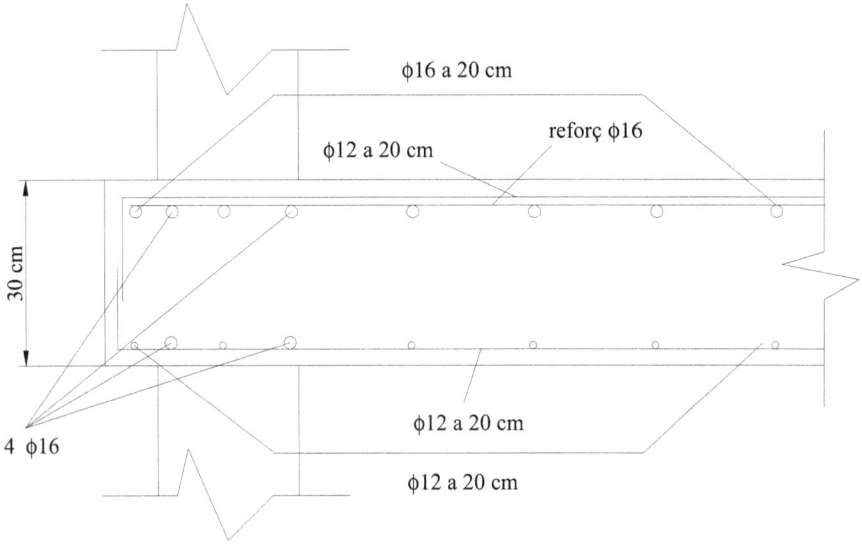

Fig. 7.24 Perfil de la llosa

Materials: HA-25/B/20/IIa
B500S

Nota. Considereu d'= 40 mm

Respostes possibles:

a) 450 kN
b) 427 kN
c) 305 kN
d) 272 kN

Solució

D'acord amb l'article 46 de la Instrucció EHE, s'ha de calcular, en primer lloc, el perímetre crític u_1 :

$$u_1 = 2 \cdot 30 + 30 + 2 \cdot (30 - 4) \cdot \pi = 253{,}363 \text{ cm}$$

Es calcula la quantia mitjana d'armadura a tracció en les dues direccions per una amplada igual a la del pilar més 3d a banda i banda tal i com es defineix a la quantia geomètrica de l'article 46.3 *Losas sin armadura de punzonamiento*. En aquest cas es tracta d'una amplària de 186 cm en una direcció i de 113 cm en l'altra:
Direcció x: 30 + 2·(3·26)= 186cm
Direcció y: 30 + 3·26+ 5cm= 113 cm

$$\rho_x = \frac{\frac{\pi \cdot 12^2}{4} \cdot \frac{186}{20} + 2 \cdot \frac{\pi \cdot 16^2}{4}}{260 \cdot 1.860} = \frac{1.453{,}93}{260 \cdot 1.860} = 0{,}003$$

$$\rho_y = \frac{4 \cdot \frac{\pi \cdot 16^2}{4} + \frac{(35 + 3 \cdot 26)}{20} \cdot \frac{\pi \cdot 16^2}{4}}{260 \cdot 1.130} = \frac{1.940{,}25}{260 \cdot 1.130} = 0{,}0066$$

$$\rho_l = \sqrt{\rho_x \cdot \rho_y} = 0{,}00445$$

La tensió tangencial resistida en el perímetre crític és:

$$\tau_{rd} = \frac{0{,}18}{1{,}5}\cdot\xi\left(100\rho_1 f_{cv}\right)^{1/3} + 0{,}1\cdot\sigma'_{cd} \geq \frac{0{,}075}{1{,}5}\cdot\xi^{3/2}\cdot f_{cv}^{\ 1/2} + 0{,}1\cdot\sigma'_{cd}$$

on:

$$\xi = 1 + \sqrt{\frac{200}{d}} = 1 + \sqrt{\frac{200}{260}} = 1{,}887$$

llavors:

$$\tau_{rd} = 0{,}12\cdot 1{,}887\cdot\left(100\cdot 0{,}00445\cdot 25\right)^{1/3} = 0{,}5055\ \text{N}/\text{mm}^2 \geq 0{,}05\cdot 1{,}887^{3/2}\cdot 25^{1/2} = 0{,}648\ \text{N}/\text{mm}^2$$

$$\tau_{sd} \leq \tau_{rd} \Rightarrow \frac{F_{sd,ef}}{u_1\cdot d} \leq \tau_{rd} \Rightarrow F_{sd,ef} \leq \tau_{rd}\cdot u_1\cdot d = 0{,}648\cdot 2.533{,}63\cdot 260 = 426{,}866\ \text{kN}$$

La càrrega última de punxonament és:

$$F_{sd} = \frac{F_{sd,ef}}{\beta},\quad \text{on } \beta = 1{,}4 \text{ en un pilar de vora}$$

$$F_{sd} = 305\ \text{kN}$$

Exercici TA-17

Calculeu la càrrega última de punxonament de la placa de 30 cm de gruix que es troba sobre el pilar de vora de 30 x 30 cm tenint en compte l'armat que es reflecteix a les figures 7.25 i 7.26 (s'hi ha afegit armadura de punxonament):

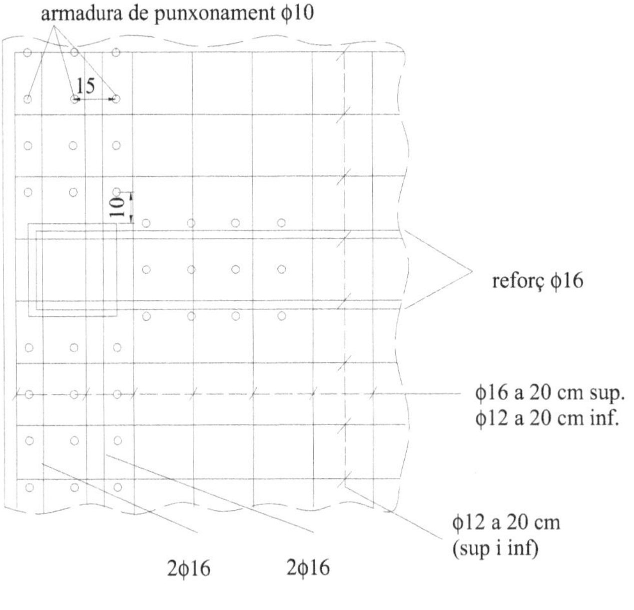

Fig. 7.25 Planta de la llosa

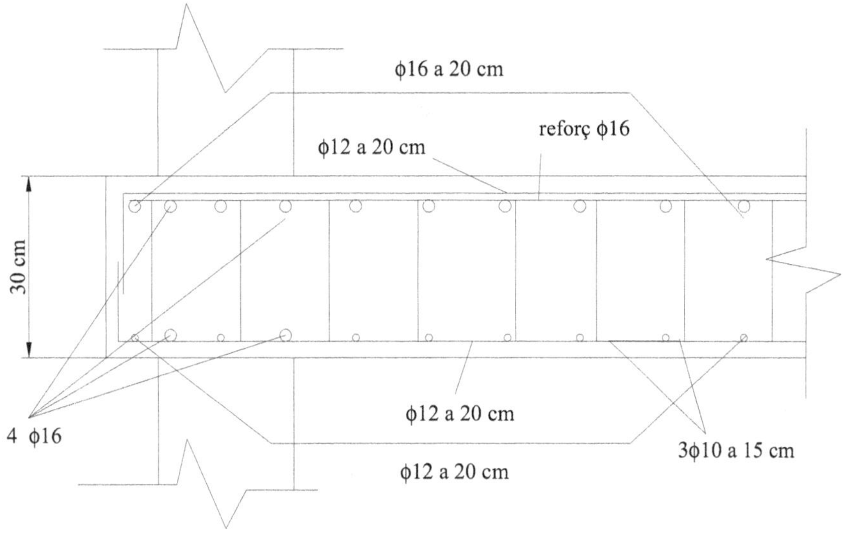

Fig. 7.26 Perfil de la llosa

Materials: HA-25/B/20/IIa
B500S

Nota. Considereu c'= 40 mm

Respostes possibles:

a) 574 kN
b) 513 kN
c) 410 kN
d) 390 kN

Solució

D'acord amb l'article 46 de la Instrucció EHE, s'ha de calcular, en primer lloc, el perímetre crític u_1 :

$$u_1 = 2 \cdot 30 + 30 + 2 \cdot (30 - 4) \cdot \pi = 253{,}363 \text{ cm}$$

Es calcula la quantia mitjana d'armadura en les dues direccions per a una amplada igual a la del pilar més 3d a banda i banda.

En aquest cas es tracta d'una amplària de 186 cm en una direcció i de 113 cm en l'altra.

$$\rho_x = \frac{\frac{\pi \cdot 12^2}{4} \cdot \frac{186}{20} + 2 \cdot \frac{\pi \cdot 16^2}{4}}{260 \cdot 1.860} = \frac{1.453{,}93}{260 \cdot 1.860} = 0{,}003$$

$$\rho_y = \frac{4 \cdot \frac{\pi \cdot 16^2}{4} + \frac{(35 + 3 \cdot 26)}{20} \cdot \frac{\pi \cdot 16^2}{4}}{260 \cdot 1.130} = \frac{1.940{,}25}{260 \cdot 1.130} = 0{,}0066$$

$$\rho_l = \sqrt{\rho_x \cdot \rho_y} = 0{,}00445$$

Per tenir en compte la contribució de l'armadura de punxonament, l'article 46.4 *Losas con armadura de punzonamiento* de la Instrucció EHE ens fa complir 3 condicions (aprofitem càlculs de l'exercici TA-16):

1) Article 46.4.1 *Zona con armadura transversal de punzonamiento*

$$\tau_{sd} \leq 0,75 \cdot \tau_{rd} + 1,5 \cdot \frac{A_{sw} \cdot f_{y\alpha,d} \cdot sin\alpha}{s \cdot u_1}$$

$\frac{A_{sw}}{s} = \frac{7 \cdot 78,5}{150} = 3,6633 \text{ mm}^2/\text{mm}$ $\tau_{rd} = 0,648 \text{ N/mm}^2$ u_1=253,363 cm $\alpha = 90°$

$f_{y\alpha d} = 400 \text{ N/mm}^2$

$$\frac{F_{sd,ef}}{u_1 \cdot d} \leq 0,75 \cdot \tau_{rd} + 1,5 \frac{A_{sw} \cdot f_{y\alpha,d} \cdot sin\alpha}{s \cdot u_1} \Rightarrow F_{sd,ef} \leq 2533,63 \cdot 260 \cdot \left(0,75 \cdot 0,648 + 1,5 \cdot 3,6633 \cdot \frac{400}{2533,63}\right) = 891,624 kN$$

$F_{sd} = \frac{F_{sd,ef}}{\beta}$, on $\beta = 1,4$ en un pilar de vora $\Rightarrow F_{sd} = 636,87 kN$

2) Article 46.4.2 *Zona exterior a la armadura de punzonamiento*

$$F_{sd,ef} \leq \left(\frac{0,18}{1,5} \cdot \xi \cdot (100 \cdot \rho_l \cdot f_{cv})^{1/3} + 0,1 \cdot \sigma'_{cd}\right) u_{n,ef} \cdot d$$

$$\xi = 1 + \sqrt{\frac{200}{260}} = 1,877$$

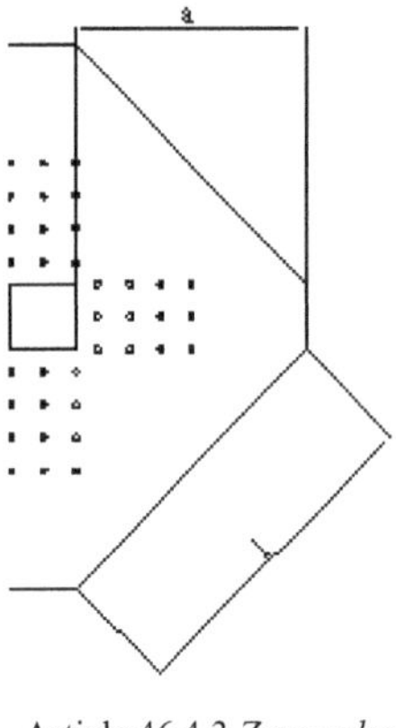

a= 100+3·150+2·260=1.070 mm

$l = 1.070\sqrt{2} = 1.513$ mm

$u_{u,ef} = 1.513 \cdot 2 + 300 + 2 \cdot 300 = 3926$ mm

$F_{sd,ef} \leq 0,12 \cdot 1,877 \cdot (100 \cdot 0,00445 \cdot 25)^{1/3} \cdot 3926 \cdot 260$

$F_{sd} \leq 513,26 kN$ (amb β=1 segons normativa)

3) Article 46.4.3 *Zona adyacente al soporte o carga*

$\frac{F_{sd,ef}}{u_0 \cdot d} \leq 0,5 \cdot f_{1cd}$ $u_0 = c_1 + 3d \leq c_1 + 2c_2 \Rightarrow u_0 = 300 + 3 \cdot 260 \leq 300 + 2 \cdot 300 \Rightarrow u_0 = 900mm$

$$F_{sd,ef} \leq 0,5 \cdot 0,6 \cdot \frac{25}{1,5} \cdot 900 \cdot 260 \Rightarrow F_{sd,ef} \leq 1170 kN$$

$F_{sd} = \frac{F_{sd,ef}}{\beta}$, on $\beta = 1,4$ en un pilar de vora $\Rightarrow F_{sd} = 835,71 kN$

Escollim doncs el més restrictiu: $F_{sd} \leq 513,26$kN

8. Estat límit d'esgotament per torsió a elements lineals

Exercici TO-01

Indiqueu quin dels següents esquemes estàtics d'estructures espacials presenta torsió d'equilibri.

Respostes possibles:

a)

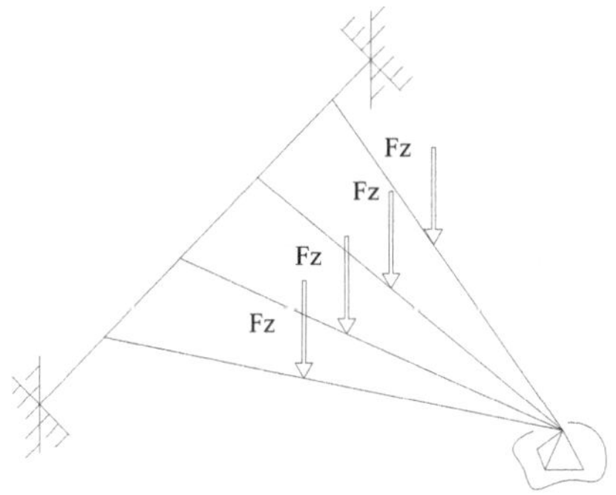

b)

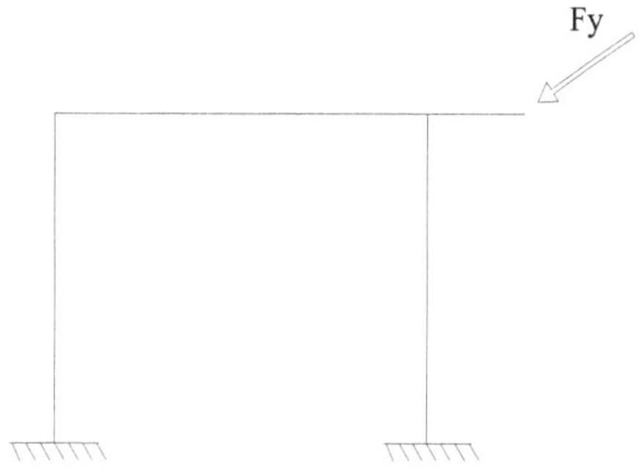

c)

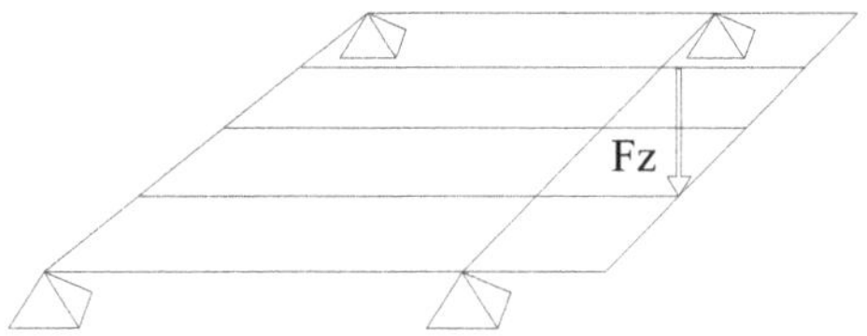

d)

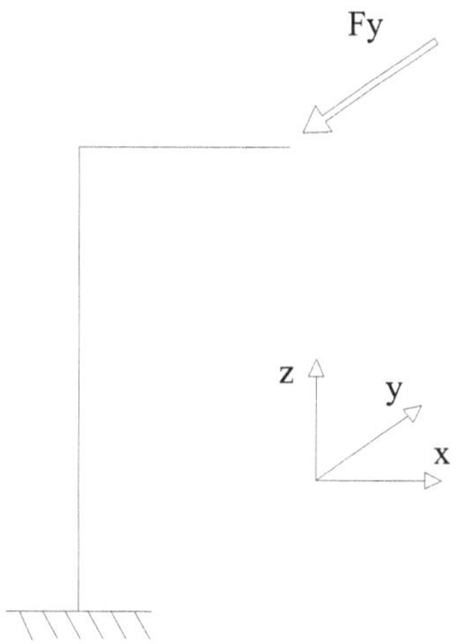

Solució

La resposta correcta és la *d* perquè en la resta de casos la càrrega es pot transmetre als recolzaments per mecanismes resistents de flexió i tallant. Una forma senzilla de visualitzar-ho consisteix a disposar articulacions als extrems dels elements:

a)

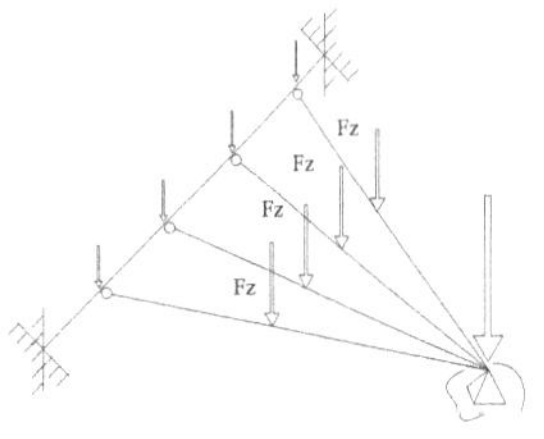

En aquest cas, les articulacions disposades impedeixen la transmissió de moments; com a conseqüència d'això, els recolzaments no reben cap moment torsor.

b)

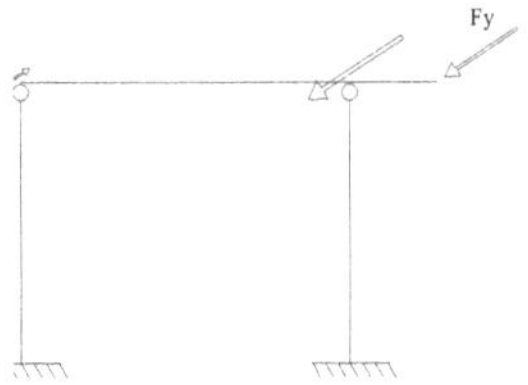

Els recolzaments només reben moments flexors; mitjançant les articulacions, s'impedeix la transmissió del moment torsor.

c)

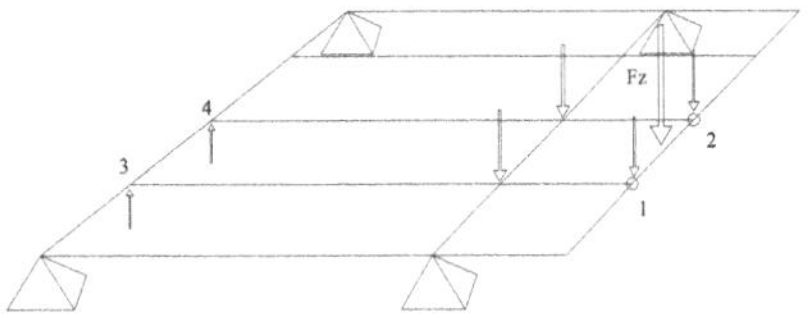

Mitjançant la col·locació d'articulacions als nusos 1 i 2, es transmet la càrrega a aquests de forma simètrica. Posteriorment, les barres 1-3 i 2-4 actuen com a bigues amb voladís i, per tant, la càrrega es reparteix de la mateixa forma. Així, els recolzaments no reben cap moment torsor.

A l'esquema *d,*és impossible resistir *Fy* sense que el suport resisteixi moments torsors.

Exercici TO-02

Dels esquemes estructurals que es presenten a continuació, indiqueu aquell que presenta torsió de compatibilitat, és a dir, que no necessita resistir moments torsors per ser estable.

Respostes possibles:

a)

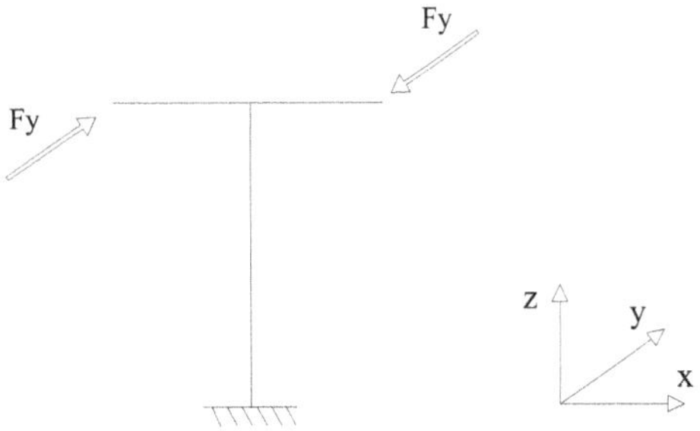

b)

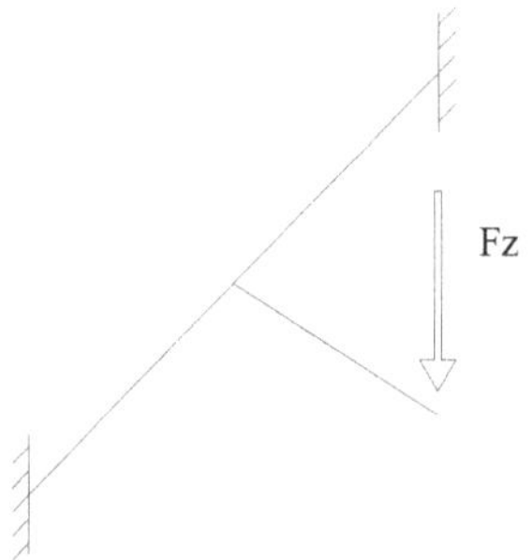

c)

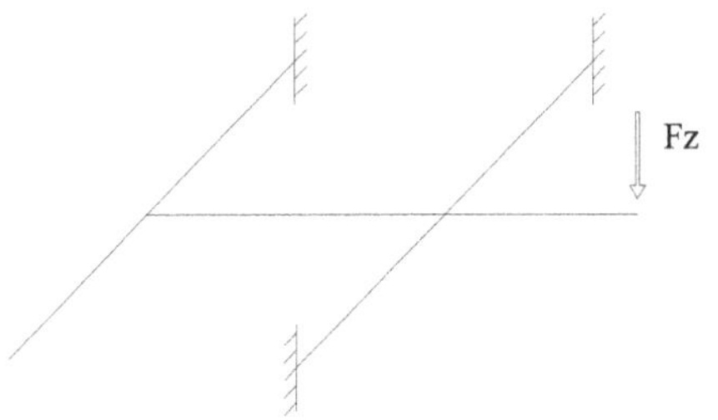

d)

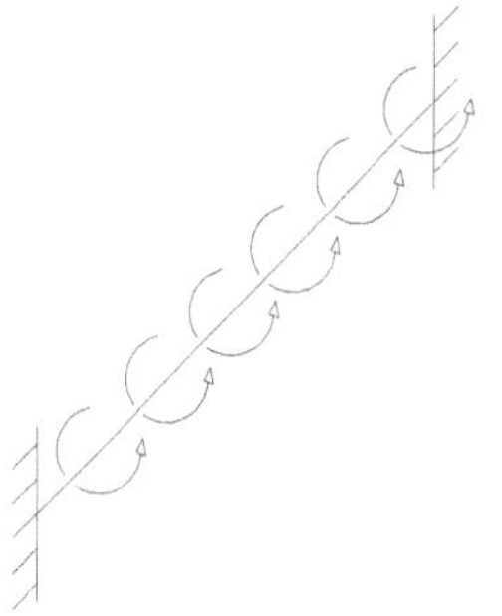

Solució

Únicament *c* presenta torsió de compatibilitat. L'estructura és estable, encara que no es resisteixin els moments torsors.

Exercici TO-03

Obteniu la llei d'esforços torsors corresponent a l'estructura, l'esquema estàtic i les càrregues que es presenten a la figura:

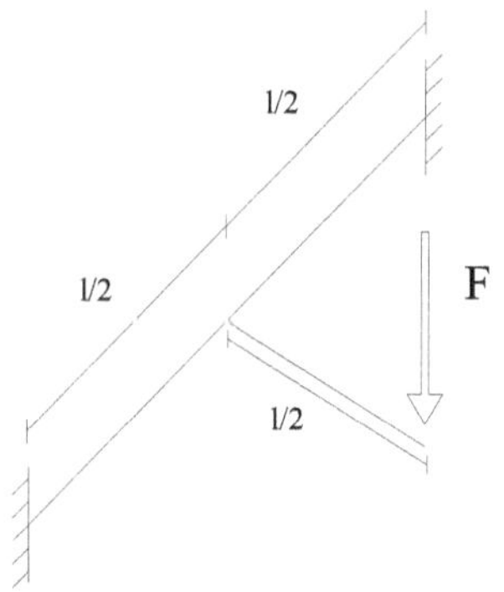

Respostes possibles:

a)

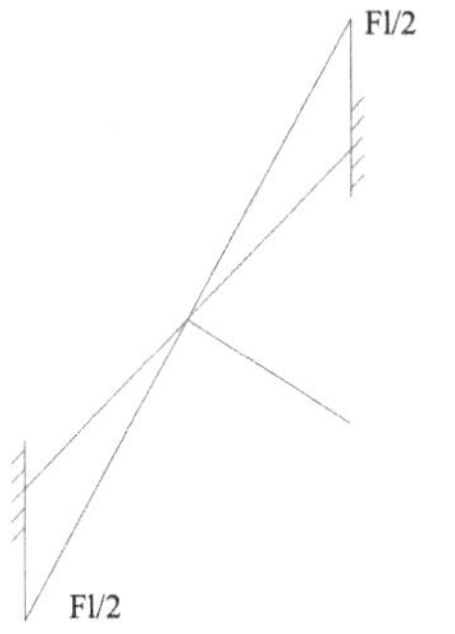

b)

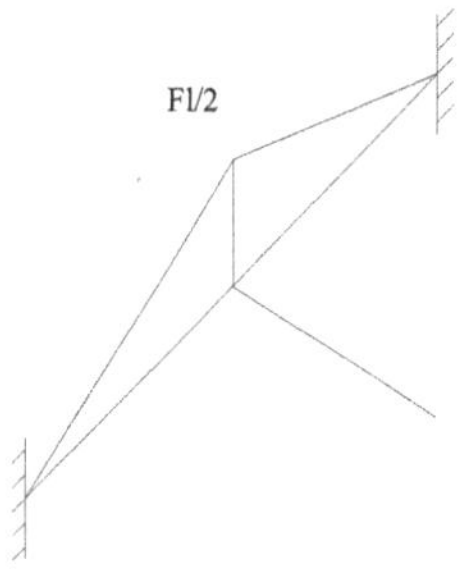

c)

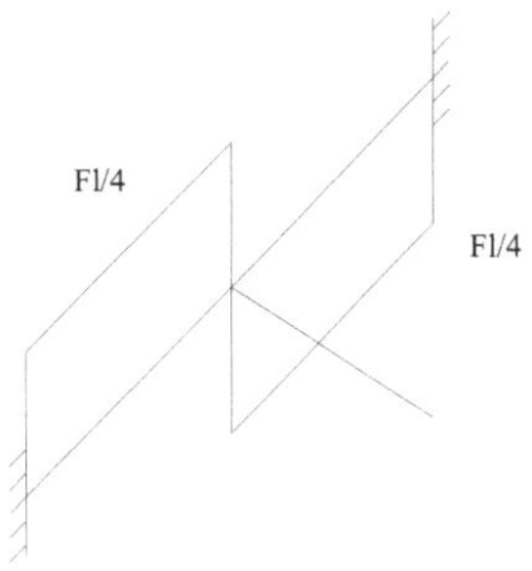

d)

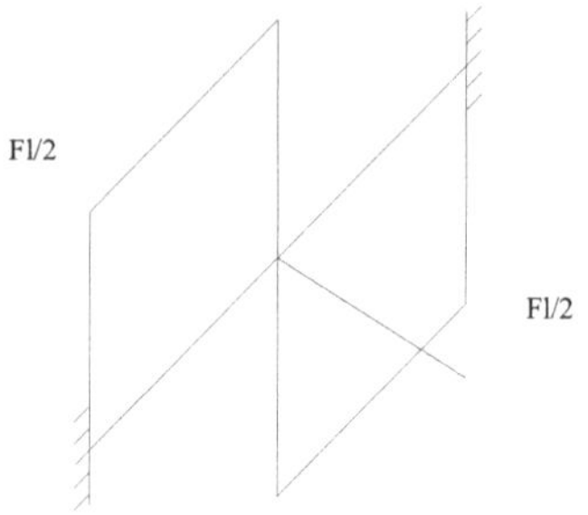

Solució

La resposta correcta és la *c*.

Per equilibri, els moments de reacció als recolzaments segons l'eix Y valen F·l/4. Segons això, i observant que el moment F·l/2 està aplicat a la meitat de la biga, la torsió a cada meitat de la biga és un vector d'idèntic mòdul F·l/4 i de signe contrari.

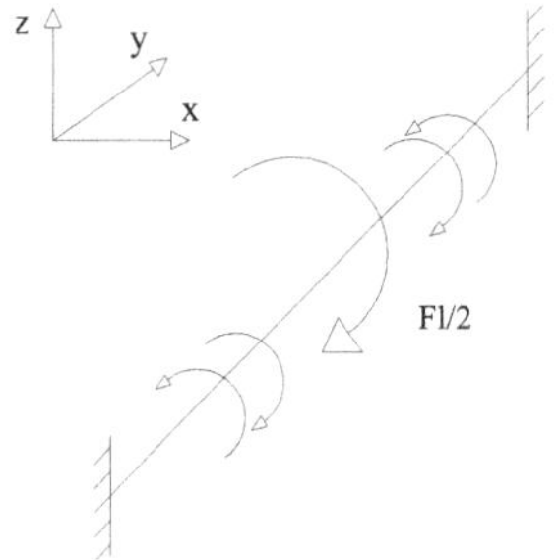

Exercici TO-04

Calculeu el gruix eficaç a torsió màxim i mínim que es pot considerar per a la secció massissa de la figura:

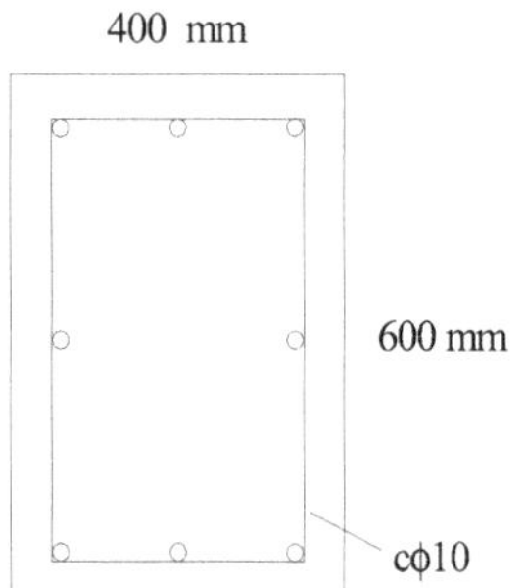

Fig. 8.1 Secció transversal

Recobriment = 40 mm

Respostes possibles:

a) 100 i 120 mm
b) 50 i 240 mm
c) 80 i 120 mm
d) 100 i 240 mm

Solució

Segons l'article *45.2.1. Definición de la sección de cálculo* de la Instrucció EHE, el gruix eficaç h_e de la secció de càlcul és:

$h_e \leq A/u$,

on:
A és l'àrea de la secció transversal inscrita en el perímetre exterior, incloses les àrees buides interiors.
u és el perímetre exterior de la secció transversal.

Llavors:
$A = 400 \times 600 = 240.000 \text{ mm}^2$
$u = 2 \times (400 + 600) = 2.000 \text{ mm}$
$h_e \leq 120 \text{ mm}$

Alhora, $h_e \geq 2c$,

on:
c és el recobriment de les armadures longitudinals.

Llavors:
$2c = 2 \times (40 + 10) = 100 \text{ mm}$

Per tant, la solució correcta és la *a*.

Exercici TO-05

Calculeu l'esforç torsor d'esgotament de la peça sol·licitada a torsió la secció de la qual és:

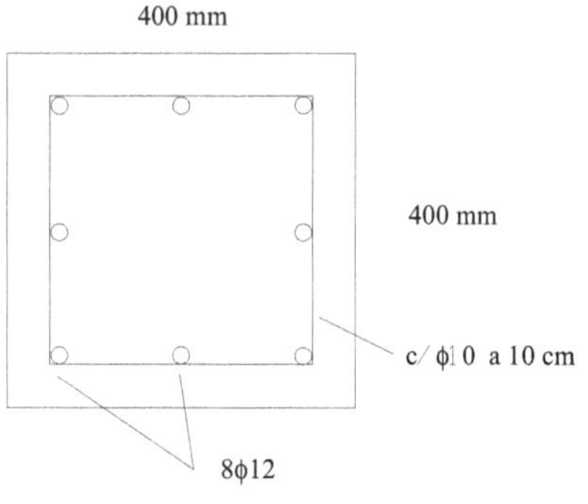

Fig. 8.2 Secció transversal

Recobriment = 40 mm

Materials:

- HA 30/B/20/IIa
- B500S

Respostes possibles:

a) 54,2 mKN
b) 56,5 mKN
c) 64,8 mKN
d) 73,2 mKN

Solució

Per conèixer el torsor que la secció resisteix, s'han de calcular els torsors d'esgotament següents:

- T_{u1}, torsor d'esgotament de les bieles a compressió
- T_{u2}, torsor d'esgotament per resistència de les armadures transversals
- T_{u3}, torsor d'esgotament per resistència de les armadures longitudinals

1. Obtenció de T_{u1} (article *45.2.2.1 Obtención de T_{u1}*)

$$T_{u1} = 2 \cdot K \cdot \alpha \cdot f_{1cd} \cdot A_e \cdot h_e \frac{\cot\theta}{1+\cot^2\theta}$$

En aquest cas de torsió pura, en el qual no hi ha esforços axials, $\theta = 45^o$

$$h_e = 100\ \text{mm}$$
$$A_e = 300 \cdot 300 = 90000\ \text{mm}^2$$
$$f_{1cd} = 0,6 f_{cd} = 12\ \text{N/mm}^2$$
$$\alpha = 0,6$$

Llavors,

$$T_{u1} = 1,2 \cdot 12 \cdot 90.000 \cdot 100 \frac{1}{2} = 64,8 \cdot 10^6\ \text{mmN} = 64,8\ \text{mKN}$$

2. Obtenció de T_{u2}: (article *45.2.2.2 Obtención de T_{u2}*)

$$T_{u2} = \frac{2 \cdot A_e \cdot A_t}{S_t} \cdot f_{yt,d} \cdot \cot\theta$$
$$\frac{A_t}{S_t} = \frac{78,5\ \text{mm}^2}{100\ \text{mm}} = 0,785\ \text{mm}^2/\text{mm}$$
$$f_{yt,d} = 400\ \text{N/mm}^2$$
$$\cot\theta = 1$$
$$A_e = 90.000\ \text{mm}^2$$

Llavors,

$$T_{u2} = 2 \cdot 90.000 \cdot 0,785 \cdot 400 = 56,5 \cdot 10^6\ \text{mmN} = 56,5\ \text{mKN}$$

3. Obtenció de T_{u3}: (article *45.2.2.3 Obtención de T_{u3}*)

$$T_{u3} = \frac{2 \cdot A_e}{u_e} \cdot A_l \cdot f_{yl,d} \cdot \text{tg}\theta$$
$$A_l = 8 \cdot 113 = 904\ \text{mm}^2$$

Llavors,

$$T_{u3} = \frac{2 \cdot 90.000}{300 \cdot 4} \cdot 904 \cdot 400 \cdot 1 = 54,24 \cdot 10^6 \text{ mmN} = 54,24 \text{ mKN}$$

Consegüentment, la solució *a* és la correcta ja que és el valor del torsor més petit que pot resistir.

Exercici TO-06

Dimensioneu per a la secció següent l'armadura transversal necessària només per resistir una torsió $T_d = 75$ mKN.

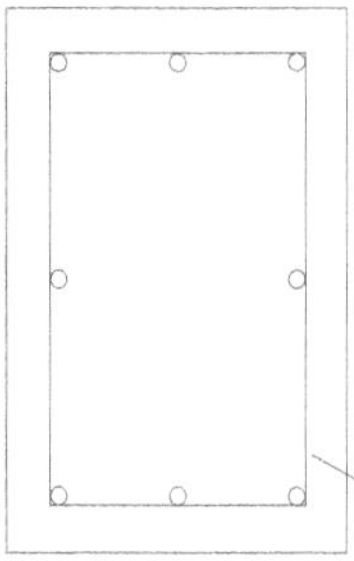

Fig. 8.3 Secció transversal

Recobriment: $r = 40$ mm
Materials:

- HA30/B/20/IIa
- B 500 S

Gruix eficaç: $h_e = 120$ mm

Indiqueu quina és la separació a la qual s'han de disposar els cèrcols sabent que són Ø10.

Respostes possibles:

a) 130 mm
b) 120 mm
c) 110 mm
d) 100 mm

Solució

Segons la Instrucció EHE, el torsor d'esgotament de l'armadura transversal de torsió es pot calcular amb l'expressió (article *45.2.2.2 Obtención de T_{u2}*):

$$T_{u2} = \frac{2 \cdot A_e \cdot A_t}{S_t} \cdot f_{yt,d} \cdot \cot\theta$$

on:

$$T_{u2} \geq T_d = 75 \text{ mKN} = 75.000.000 \text{ Nmm}$$

$$A_e = (b - h_e) \cdot (h - h_e) = (400 - 120) \cdot (600 - 120) = 134.400 \text{ mm}^2$$

$$f_{yt,d} = 435 \text{ N/mm}^2 \rightarrow f_{yt,d} = 400 \text{ N/mm}^2$$

(La resistència queda limitada al valor de 400N/mm^2 com a valor màxim)

$$\cot\theta = 1$$

$$\frac{A_t}{S_t} = \frac{T_{u2}}{2 \cdot A_e \cdot f_{yt,d}} = \frac{75 \cdot 10^6}{2 \cdot 134.400 \cdot 400} = 0,70 \text{ mm}^2 / \text{mm}$$

$$A_t = \pi \cdot \frac{(10 \text{ mm})^2}{4} = \pi \cdot 25 = 78,5 \text{ mm}^2$$

$$S_t = \frac{A_t}{0,7} = \frac{78,5}{0,7} = 112 \text{ mm} \rightarrow 110 \text{ mm}$$

Exercici TO-07

Dimensionar, per a la secció següent, l'armadura longitudinal necessària només per resistir un moment torsor T_d=100 KNm:

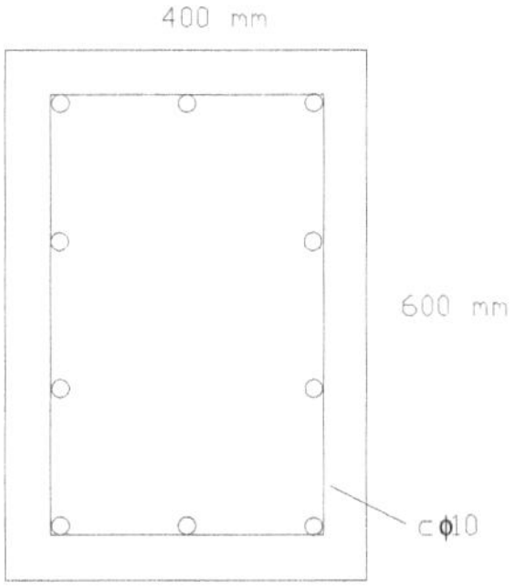

Fig. 8.4 Secció transversal

Recobriment: r = 40 mm

Materials:

- HA30/B/20/IIa
- B 500 S

Gruix eficaç: h_e =120 mm

Respectant la disposició de les barres longitudinals, determineu el diàmetre necessari més petit.

Respostes possibles:

a) Ø10 mm
b) Ø12 mm
c) Ø14 mm
d) Ø16 mm

Solució

Segons la Instrucció EHE, el torsor d'esgotament de l'armadura longitudinal de torsió es pot calcular amb l'expressió (article *45.2.2.3 Obtención de T_{u3}*):

$$T_{u3} = \frac{2 \cdot A_e}{u_e} \cdot A_l \cdot f_{yl,d} \cdot \text{tg}\theta$$

$$A_e = (b - h_e) \cdot (h - h_e) = (400 - 120) \cdot (600 - 120) = 134.400 \text{ mm}^2$$

$$f_{yt,d} = 435 \leq 400 \text{ N/mm}^2 \rightarrow f_{yt,d} = 400 \text{ N/mm}^2$$

$$\tan\theta = 1$$

$$T_{u3} = T_d = 100 \text{ mKN}$$

$$u_e = 2 \cdot ((400 - 120) + (600 - 120)) = 1.520 \text{ mm}$$

$$A_l = \frac{100 \cdot 10^6 \cdot 1.520}{2 \cdot 134.400 \cdot 400} = 1.413{,}7 \text{ mm}^2$$

Aquesta armadura A_l és tota la que s'ha de disposar repartida uniformement a les quatre cares. Com que l'armat indica que es disposen 10 barres, cada una d'elles tindrà un diàmetre de:

$$\frac{A_l}{10 \text{ barres}} = 141{,}4 \text{ mm}^2$$

$$\phi \geq \sqrt{\frac{141{,}4 \cdot 4}{\pi}} = 13{,}4 \text{mm} \rightarrow \phi 14 \text{ mm}$$

Exercici TO-08

Calculeu el gruix eficaç a torsió de la biga següent per a un pont amb secció transversal de tipus caixó. Té un recobriment de 45 mm.

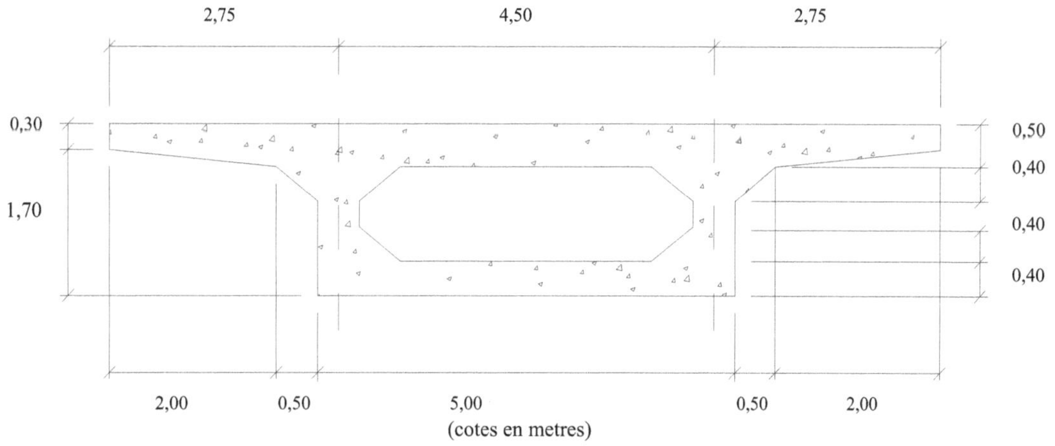

Fig. 8.5 Esquema de la secció

Respostes possibles:

a) $h_e = 90$ mm
b) $h_e = 250$ mm
c) $h_e = 400$ mm
d) $h_e = 730$ mm

Solució

Segons l'article *45.2.1. Definición de la sección de cálculo* de la Instrucció EHE, el gruix eficaç h_e de la paret de la secció de càlcul és:

$A = 5{,}0 \cdot 2 = 10{,}0\ \text{m}^2$
$u = 2 \cdot (5{,}0 + 2) = 14\ \text{m}$
$h_e \leq A/u = 10/14 = 0{,}7\ \text{m}$
h_o=0,4 m
Com que h_e>h_o, el valor real del gruix mínim de la paret, s'adopta h_e=h_o= 0,40 m

Per tant, la solució correcta és la *c*.

Exercici TO-09

Calculeu el màxim moment torsor que resisteixen les bieles comprimides de la secció en caixó de formigó pretensat de la figura:

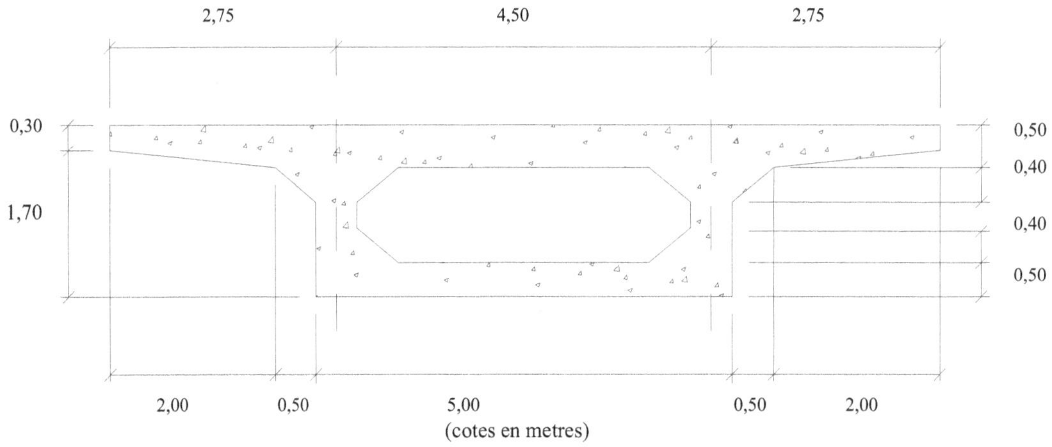

Fig. 8.6 Esquema de la secció

Dades:

- HA40/B/20/IIb
- $\dfrac{P_{K\infty}}{A_c} = -6\ \text{N}/\text{mm}^2$
- Recobriment de 45mm

Respostes possibles:

a) T_{u1}= 40.500 mKN
b) T_{u1}= 35.934 mKN
c) T_{u1}= 32.400 mKN
d) T_{u1}= 29.289 mKN

Solució

Segons l'article *45.2.2.1 Obtención de Tu1* de la Instrucció EHE, T_{u1} es pot calcular amb l'expressió:

$$T_{u1} = 2 \cdot K \cdot \alpha \cdot f_{1cd} \cdot A_e \cdot h_e \cdot \frac{\cot\theta}{1+\cot^2\theta}$$

on:

f_{1cd} resistència a compressió del formigó.

$$f_{1cd} = 0{,}6 \cdot f_{cd} = 0{,}6 \cdot \frac{40}{1{,}5} = 16 \text{ N/mm}^2$$

α =0,75 perquè tindrà armadura a les dues cares, exterior i interior, de les parets.

θ és l'angle entre les bieles de compressió del formigó i l'eix de la peça. S'adoptarà el valor que compleixi:

$$0{,}5 \leq \cot\theta \leq 2{,}00$$

$$\cot\theta = \sqrt{1 - \frac{\sigma_{xd}}{f_{ctm}}} = \sqrt{1 + \frac{6}{3{,}5}} = 1{,}6475$$

$$f_{ct,m} = 0{,}3\sqrt[3]{f_{ck}^{\ 2}} = 3{,}51 \text{ N / mm}^2$$

h_e és el gruix eficaç:

$h_e \leq A/u$

$A = 5{,}0 \cdot 2 = 10{,}0 \text{ m}^2$
$u = 2 \cdot (5{,}0 + 2) = 14$ m
$h_e \leq A/u = 10/14 = 0{,}7$ m, però com que $h_e > h_o$, el valor real del gruix mínim de la paret, s'adopta $h_e = h_o =$ 0,50 m.

A_e és l'àrea tancada per la línia mitjana de la secció buida eficaç de càlcul.

$A_e = 4{,}5 \text{ x} 1{,}5 = 6{,}75 \text{ m}^2$

Finalment, doncs:

$$T_{u1} = 1{,}5 \cdot 16 \cdot 6{,}75 \cdot 10^6 \cdot 500 \cdot \frac{1{,}6475}{1+1{,}6475^2} = 35.933{,}5 \text{ mKN}$$

Per tant, la solució correcta és la *b*.

9. Estat límit de fissuració

Exercici FI-01

Considereu una secció rectangular de formigó armat de $b = 0,40$ m i $h = 0,65$ m, armada amb $A_s =$ $5\phi 20$ de tracció $(d = 0,60 \text{ m})$ i $A'_s = 0$ a efectes de càlcul. Les característiques dels materials són:

- Formigó: HA25/B/20/IIb
- Acer: B500-SD $f_{yk} = 500$ N/mm^2

La secció està sotmesa, en servei, a un moment flexor M_K=120 kNm.

Calculeu la profunditat de la fibra neutra i la tensió a l'armadura de tracció en la hipòtesi de secció fissurada.

Respostes possibles:

a) x = 325 mm; σ_s = 3,6 N/mm^2
b) x = 250 mm; σ_s = 82,0 N/mm^2
c) x = 160 mm; σ_s = 140 N/mm^2
d) x = 120 mm; σ_s = 435 N/mm^2

Solució

La profunditat de la fibra neutra en una secció rectangular fissurada a flexió val (*Anejo 8. punto 2.2 Sección Rectangular*):

$$\rho_2 = 0 \qquad x = n\rho_1 d(-1+\sqrt{1+\frac{2}{n\rho_1}})$$

$$n = \frac{E_s}{E_c} = \frac{2\cdot 10^5}{8.500\sqrt[3]{f_{cm,j}}} = \frac{2\cdot 10^5}{8.500\sqrt[3]{33}} = 7,33$$

$$\rho_1 = \frac{A_S}{bd} = \frac{5\cdot 314,16}{400\cdot 600} = 0,006545$$

$$n\rho_1 = 7,33\cdot 0,006545 = 0,048$$

$$x = 600\cdot 0,048\ (-1+\sqrt{1+\frac{2}{0,048}}) = 160 \text{ mm}$$

$$\frac{x}{d} = 0,27$$

De l'equilibri de moments s'obté:

$$M = A_s\sigma_s\left(d - x/3\right)$$

$$\sigma_s = \frac{M}{A_s\left(d - x/3\right)} = \frac{120 \cdot 10^6 \text{ N·mm}}{1.570,8\,(600 - \frac{160}{3})} = 139,7 \text{ N/mm}^2$$

Exercici FI-02

Considereu una secció rectangular de formigó armat de $b = 0,40$ m i $h = 0,65$ m, armada amb $A_s = 5\ \phi\ 25$ de tracció $(d = 0,60 \text{ m})$ i $A_s = 3\ \phi\ 20\ (d' - 0,05 \text{ m})$. Les característiques dels materials són:

- Formigó: HA25/B/20/IIb
- Acer: B500-SD $f_{yk} = 500$ N/mm^2

La secció està sotmesa, en servei, a un moment flexor M_K=120 kNm.

Calculeu la profunditat de la fibra neutra i la tensió a l'armadura de tracció en la hipòtesi de secció fissurada.

Respostes possibles:

a) $x = 180$ mm; $\sigma_s = 90,4$ N/mm^2
b) $x = 200$ mm; $\sigma_s = 80,5$ N/mm^2
c) $x = 250$ mm; $\sigma_s = 140,0$ N/mm^2
d) $x = 280$ mm; $\sigma_s = 70,0$ N/mm^2

Solució

La profunditat de la fibra neutra, en servei, en una secció rectangular fissurada a flexió, amb armadures de tracció i compressió, val (*Anejo 8. punto 2.2 Sección Rectangular*):

$$\frac{x}{d} = n\rho_1\left(1 + \frac{\rho_2}{\rho_1}\right)\left(-1 + \sqrt{1 + \frac{2\left(1 + \frac{\rho_2 d'}{\rho_1 d}\right)}{n\rho_1\left(1 + \frac{\rho_2}{\rho_1}\right)^2}}\right) = 0,30$$

$$\rho_1 = \frac{A_S}{bd} = \frac{5 \cdot 490,87}{400 \cdot 600} = 0,01023$$

$$\rho_2 = \frac{A'_S}{bd} = \frac{3 \cdot 314,16}{400 \cdot 600} = 0,00393$$

$$\frac{\rho_2}{\rho_1} = 0,3842 \quad ; \quad \frac{d'}{d} = \frac{50}{600} = 0,0833$$

$$n = \frac{E_c}{E_s} = \frac{2 \cdot 10^5}{8.500\sqrt[3]{33}} = 7,33$$

$$x = 0,30 \cdot d = 0,30 \cdot 600 = 180 \text{ mm}$$

La tensió a l'armadura de tracció s'obté de les equacions d'equilibri i compatibilitat:

$$0 = \frac{1}{2}\sigma_c bx + A_s^{'}\sigma_s^{'} - A_s\sigma_s; \qquad \frac{1}{2}\sigma_c bx = A_s\sigma_s - A_s^{'}\sigma_s^{'}$$

$$M = \frac{1}{2}\sigma_c bx(d - \frac{x}{3}) + A_s^{'}\sigma_s^{'}(d - d')$$

$$M = (A_s\sigma_s - A_s^{'}\sigma_s^{'})(d - \frac{x}{3}) + A_s^{'}\sigma_s^{'}(d - d')$$

L'equació de compatibilitat de deformacions és:

$$\frac{\varepsilon_c}{x} = \frac{\varepsilon_s}{d - x} = \frac{\varepsilon_s^{'}}{x - d'} \qquad \varepsilon_s^{'} = \frac{x - d'}{d - x}\varepsilon_s \qquad \sigma_s^{'} = \frac{x - d'}{d - x}\sigma_s$$

Substituint a l'equació de moments:

$$M = A_s\sigma_s(d - \frac{x}{3}) - A_s^{'}\sigma_s^{'}(\frac{x}{3} - d') = \sigma_s(A_s(d - \frac{x}{3}) + A_s^{'}\frac{(x - d')(\frac{x}{3} - d')}{(d - x)})$$

$$\sigma_s = \frac{M}{A_s(d - \frac{x}{3}) + A_s^{'}\frac{(x - d')(\frac{x}{3} - d')}{(d - x)}} = \frac{120 \cdot 10^6}{2{,}454 \cdot (600 - \frac{180}{3}) + 942\frac{(180-50)(\frac{180}{3}-50)}{(600 - \frac{180}{3})}}$$

$$\sigma_s = 90{,}4 \; N/mm^2$$

Exercici FI-03

Considereu una secció en T com la de la figura adjunta, que pertany a un forjat unidireccional amb nervis construït *in situ*. Les característiques dels materials són:

- Formigó: HA25/B/20/IIa
- Acer: B500-SD

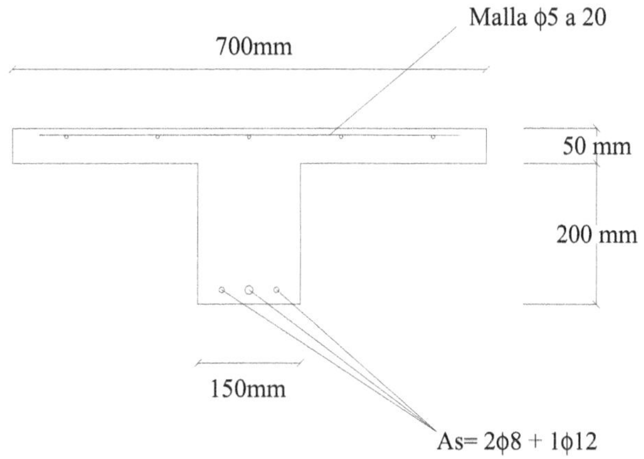

Fig. 9.1 Detall de la geometria i l'armat de la secció en T

La secció està sotmesa a un moment flexor en situació de servei M_K= 15 kNm.

Calculeu la profunditat de la fibra neutra sota l'acció d'aquest moment negligint la contribució de les armadures situades al cap de compressions de la secció i suposant un cantell útil d = 210 mm.

Respostes possibles:

a) 152 mm
b) 28.5 mm
c) 50.0 mm
d) 65.2 mm

Solució

Com que es tracta d'una secció en T, el primer que s'ha de comprovar és si la fibra neutra caurà al cap de compressions o a l'ànima. Per a això, s'ha de complir (*Anejo 8, punto 2.3 Sección en T*):

$$n\rho_1 \leq \frac{\delta^2 + 2n\rho_2(\delta - \frac{d'}{d})}{2(1-\delta)}$$

on: $\delta = \frac{h_0}{d} = \frac{50}{210} = 0{,}238$

$$\rho_2 = 0 \quad ; \quad n = \frac{E_s}{E_c} = \frac{200.000}{8.500\sqrt[3]{33}} = 7{,}33$$

$$\rho_1 = \frac{A_s}{bd} = \frac{2 \cdot 50 + 113}{700 \cdot 210} = 0{,}00145$$

$$n\rho_1 = 0{,}01064$$

$$\frac{\delta^2}{2(1-\delta)} = \frac{0{,}238^2}{2(1-0{,}238)} = 0{,}037$$

d'on s'obté que $n\rho_1 < \frac{\delta^2}{2(1-\delta)}$ i, per tant, ho compleix.

Per tant, $x < h_0$ i pot tractar-se com una secció rectangular d'ample b = 700 mm.

$$\frac{x}{d} = n\rho_1(-1+\sqrt{1+\frac{2}{n\rho_1}}) = 0{,}01064 \cdot (-1+\sqrt{1+\frac{2}{0{,}01064}}) = 0{,}135$$

$$x = 0{,}135d = 0{,}135 \cdot 210 = 28{,}5 \text{ mm} < 50 \text{ mm}$$

Exercici FI-04

Una placa massissa unidireccional de formigó armat doblement recolzada de 8 m de llum té un cantell de 350 mm i està armada amb una malla de ϕ 20 en sentit longitudinal i ϕ 10 en sentit transversal, separats 200 mm en ambdues direccions. Les característiques dels materials són:

- Formigó: HA30/P/20/IIb
- Acer: B500-S

El control d'execució és normal i el temps de vida útil del projecte és de 100 anys.

Verifiqueu l'estat límit últim de fissuració per a un moment de sol·licitació en la combinació quasipermanent de $M_k = 100$ kNm.

Respostes possibles:

a) No ho compleix $w_k = 0{,}35$ mm $> w_{màx} = 0{,}30$ mm
b) Sí que ho compleix $w_k = 0{,}20$ mm $< w_{màx} = 0{,}30$ mm
c) No ho compleix $w_k = 0{,}45$ mm $> w_{màx} = 0{,}40$ mm
d) Sí que ho compleix $w_k = 0{,}26$ mm $< w_{màx} = 0{,}30$ mm

Solució

El recobriment serà $r = r_{min} + \Delta r = 30 + 10 = 40$ mm $\rightarrow$ Classe d'exposició IIb+ CEM I+ $25 \leq f_{ck} < 40 +$ t_d=100 anys i estructura de formigó armat construïda *in situ* amb control normal (*Taula 37.2.4.1.a. Recubrimientos mínimos (mm) para las clases generales de exposición I i II*). El cantell útil serà:

$$r_m = 40 + \Phi_t + \Phi_l/2 = 40 + 10 + \frac{20}{2} = 60$$

$$d = h - r_m = 350 - 60 = 290 \text{ mm}$$

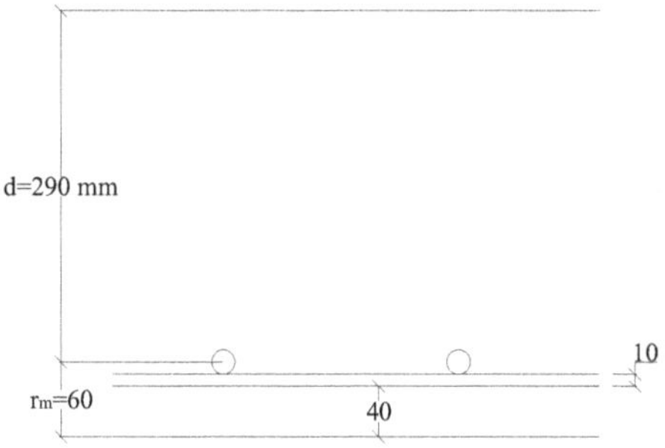

Fig. 9.2 Disposició de l'armat

Segons la taula 5.1.1.2 de la Instrucció EHE (vegeu annex), l'ample de fissura admissible per l'ambient IIb és de 0,3 mm sota la combinació quasipermanent d'accions.

D'altra banda, l'ample característic de fissura quan les accions són càrregues es pot calcular com $w_k = \beta \cdot s_m \cdot \varepsilon_{sm}$ (Article *49.2.4 Método general de cálculo de la abertura de fisura*):

$$s_m = 2c + 0{,}2s + 0{,}4k_l \frac{\phi \cdot A_{c,eficaz}}{A_s} = 2 \cdot 60 + 0{,}2 \cdot 200 + 0{,}4 \cdot 0{,}125 \frac{20 \cdot 26.250}{1.570{,}8} = 176{,}7 \ mm$$

$c = 60$mm

$s = 200$mm

$k_1 = 0{,}125$ (flexió simple)

$\Phi = 20$mm

$A_{c,eficaç} = (15 \ \phi \cdot h/4) = 15 \cdot 20 \cdot \frac{350}{4} = 26.250 \text{ mm}^2$ (figura 49.2.4.*b* de la Instrucció EHE)

$A_s = 5 \cdot 314{,}16 = 1.570{,}8 \text{ mm}^2$

$$\varepsilon_{sm} = \frac{\sigma_s}{E_s}\left(1 - k_2\left(\frac{\sigma_{sr}}{\sigma_s}\right)^2\right) \geq 0{,}4\frac{\sigma_s}{E_s}$$

σ_s és la tensió a l'armadura en secció fissurada, sota el moment de servei. Per calcular-la, necessitem conèixer la profunditat de la fibra neutra x.

σ_{sr} és la tensió a l'armadura en secció fissurada sota el moment de fissuració. El quocient $\frac{\sigma_{sr}}{\sigma_s}$ és igual a $\frac{M_{fis}}{M_k}$, M_{fis} és el moment de fissuració.

$$\rho_2 = 0 \qquad x = n\rho_1 d(-1+\sqrt{1+\frac{2}{n\rho_1}})=0{,}0379\cdot 290\cdot(-1+\sqrt{1+\frac{2}{0{,}0379}})=69{,}6 \text{ mm}$$

$$n = \frac{E_s}{E_c} = \frac{200.000}{8.500\sqrt[3]{38}} = 7{,}0$$

$$\rho_1 = \frac{1.570{,}8}{1.000\cdot 290} = 0{,}005417$$

$$n\rho_1 = 0{,}0379$$

$$\sigma_s = \frac{M_k}{A_s(d-\frac{x}{3})} = \frac{100\cdot 10^6 \text{ N}\cdot\text{mm}}{1.570{,}8\cdot(290-\frac{69{,}6}{3})} = 238{,}6 \text{ N/mm}^2$$

$k_2 = 0{,}5$ (càrregues repetides)

Moment de fissuració:

$$f_{ct,m} = 0{,}30\sqrt[3]{f_{ck}^2} = 0{,}30\sqrt[3]{30^2} = 2.896\frac{\text{N}}{\text{mm}^2} = 2.896 \text{ kN / mm}^2$$

$$f_{ctm,fl} = \max\{(1{,}6-h/1000)f_{ct,m}; f_{ct,m}\} = \max\{(1{,}6-350/1000)\cdot 2.896 \text{ kN / mm}^2; 2.896 \text{ kN / mm}^2\} = 3.620 \text{ kN / mm}^2$$

$$w = \frac{bh^2}{6} = \frac{1\cdot 0{,}35^2}{6} = 0{,}02042 \text{ m}^3$$

$$M_{fis} = f_{ct,m}\cdot w = 3.620\cdot 0{,}02042 = 73{,}92 \text{ kNm}$$

$$\frac{\sigma_{sr}}{\sigma_s} = \frac{73{,}92}{100} = 0{,}7392$$

$$\varepsilon_{sm} = \frac{238{,}6}{200.000}(1-0{,}5\cdot 0{,}7392^2)=0{,}000867$$

β=1,7 (resta de casos)

$w_k = 1{,}7\cdot 176{,}7\cdot 0{,}000867 = 0{,}26 < 0{,}30$ mm, llavors compleix satisfactòriament l'estat límit de fissuració.

Exercici FI-05

Donada la secció en doble T de la figura adjunta, obteniu l'amplitud del nucli central (*c* i *c'*) i el rendiment de la secció:

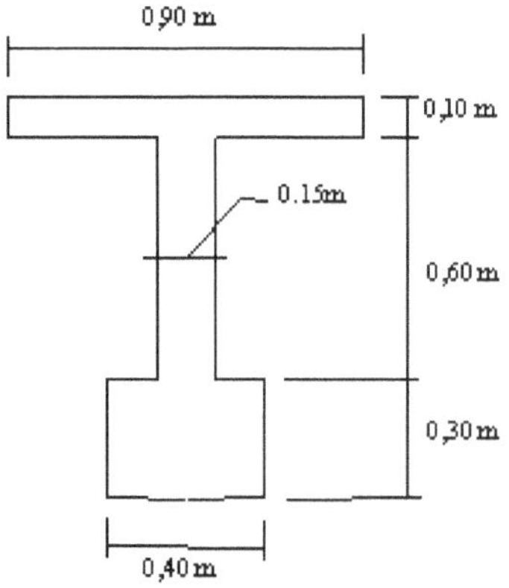

Fig. 9.3 Secció transversal

$$f_{ck} = 40 \text{ N/mm}^2$$
$$E_c = 30.890 \text{ N/mm}^2$$
$$f_{ctk} = 2,46 \text{ N/mm}^2$$

Respostes possibles:

a) $c = c' = 0,5 \text{ m}, \quad \eta = 0,5$

b) c = 0,262 m, c' = 0,237 m, η = 0,8

c) c = 0,237 m, c' = 0,237 m, η = 0,418

d) c = 0,237 m, c' = 0,262 m, η = 0,5

Solució

Es calculen les diferents propietats mecàniques i geomètriques de la secció:

$$A = 0,09 + 0,09 + 0,12 = 0,30 \text{ m}^2$$

$$v = \frac{0,09 \cdot 0,05 + 0,09 \cdot 0,4 + 0,12 \cdot 0,85}{0,30} = 0,475 \text{ m}$$

$$v' = 1 - 0,475 = 0,525 \text{ m}$$

$$I = \frac{0,9 \cdot 0,1^3}{12} + 0,09(0,475 - 0,05)^2 + \frac{0,15 \cdot 0,6^3}{12} + 0,09(0,475 - 0,4)^2 + \frac{0,4 \cdot 0,3^3}{12} + 0,12(0,85 - 0,475)^2 =$$
$$= 0,000075 + 0,01625625 + 0,0027 + 0,00050625 + 0,0009 + 0,016875 = 0,0373125 m^4$$

$$\rho^2 = \frac{I}{A} = 0,124375 \Rightarrow \rho = 0,353$$

El nucli central queda definit pels valors *c* i *c'*:

$$c = -\frac{\rho^2}{v'} = -\frac{0,124375}{-0,525} = 0,237 m$$

$$c' = -\frac{\rho^2}{v} = -\frac{0,124375}{0,475} = -0,262 m$$

Llavors, el rendiment de la secció és:

$$\eta = \frac{c - c'}{h} = \frac{0,237 - (-0,262)}{1} = 0,5$$

Exercici FI-06

Considereu la secció en doble T de la figura, que és pretensada amb armadures preteses. Les característiques de la secció bruta de formigó són:

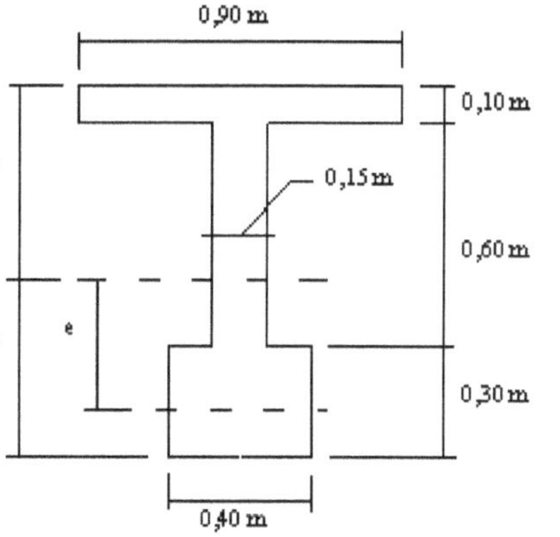

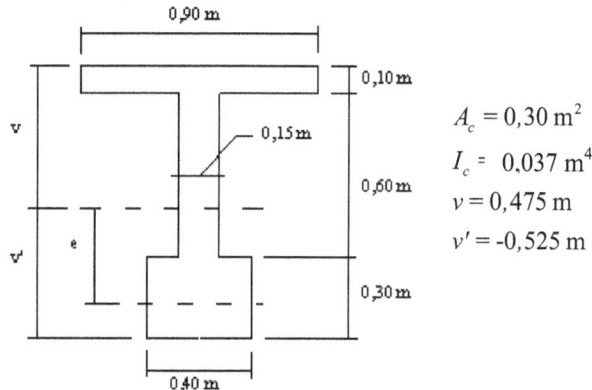

$$A_c = 0,30 \text{ m}^2$$
$$I_c = 0,037 \text{ m}^4$$
$$v = 0,475 \text{ m}$$
$$v' = -0,525 \text{ m}$$

Fig. 9.4 Secció transversal

Els materials utilitzats són:

- HP40/P/12/IIa
- Cordons Y1860S7, f_{pu} = 1860 N/mm^2

Els moments flexors en situació de buit (en pretesar) i en situació de servei són M_1=375 kN·m i M_2 = 1.150 kN·m, respectivament. Se suposa que la força de pretensatge es transfereix al cap de 28 dies i que en aquesta mateixa edat poden actuar totes les càrregues. El moment M_2 ja inclou els coeficients corresponents a la situació freqüent amb la qual s'ha de verificar l'estat límit de fissuració.

Suposant una excentricitat del pretensatge e = -0,35 m respecte al cdg de la secció, calculeu l'interval [P_{min}, $P_{màx}$] de la força de pretensatge de forma que no fissuri la peça per tracció o per compressió excessiva, ni en buit ni en servei.

Es considera acceptable treballar amb la secció bruta de formigó.

Respostes possibles:

a) P_{min} = 2.175 kN, $P_{màx}$ = 4.190 kN
b) P_{min} = 3.060 kN, $P_{màx}$ = 4.190 kN
c) P_{min} = 1.624 kN, $P_{màx}$ = 3.364 kN
d) P_{min} = 1.976 kN, $P_{màx}$ = 4.190 kN

Solució

Aplicarem l'article 49.2.1 *Aparición de fisuras por compresión* i 49.2.3 *Fisuración por tracción. Criterios de comprobación.* Les característiques del formigó al cap de 28 dies són:

$$f_{ct,m} = 0{,}3 \cdot f_{ck}^{2/3} = 0{,}3 \cdot 40^{2/3} = 3{,}51 \text{ N/mm}^2$$

$$f_{ctm,fl} = max\{(1{,}6 - h/1000) f_{ct,m}; f_{ct,m}\} = max\{(1{,}6 - 1000/1000) \cdot 3{,}51; 3{,}51\} = 3{,}51 \text{ N/mm}^2$$

Per obtenir els valors de P_{min} i $P_{màx}$ s'han de plantejar les equacions de les tensions a les fibres superior i inferior de la secció, en situació de buit i de servei.

Situació de buit:

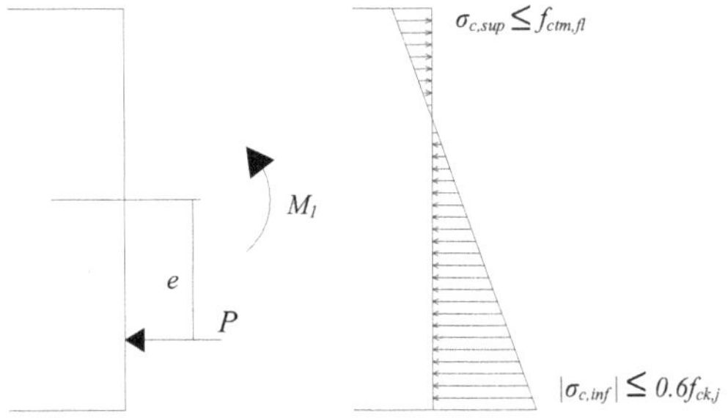

Fig. 9.5 Situació de buit

$$(1)\sigma_{c,\sup} = +\frac{1{,}05P}{A_c} + \frac{1{,}05 \cdot P \cdot e \cdot v}{I_c} + \frac{M_I \cdot v}{I_c} =$$

$$= +\frac{1{,}05 \cdot P}{0{,}30} + \frac{1{,}05P(-0{,}35)(0{,}475)}{0{,}037} + \frac{375(0{,}475)}{0{,}037} > f_{ctm,fl} = -3.510 kN/m^2$$

$$(2)\sigma_{c,\inf} = +\frac{1,05P}{A_c} + \frac{1,05\cdot P\cdot e\cdot v'}{I_c} + \frac{M_1\cdot v'}{I_c} =$$
$$= +\frac{1,05\cdot P}{0,30} + \frac{1,05P(-0,35)(-0,525)}{0,037} + \frac{375(-0,525)}{0,037} < 0,6f_{ck,j} = 24.000kN/m^2$$

Situació de servei:

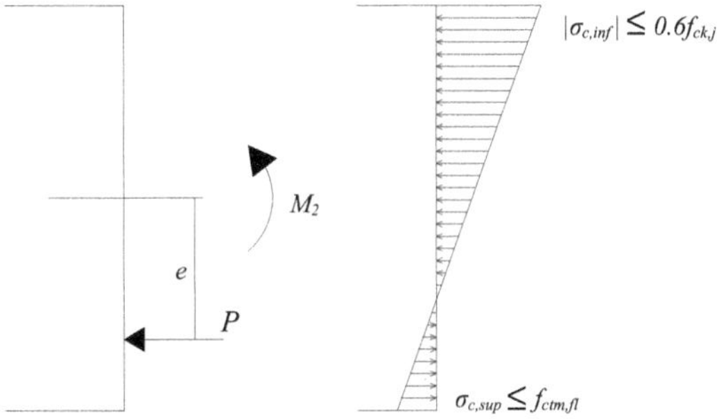

Fig. 9.6 Situació de servei

$$(3)\sigma_{c,\sup} = +\frac{0,95P}{A_c} + \frac{0,95\cdot P\cdot e\cdot v}{I_c} + \frac{M_2\cdot v}{I_c} =$$
$$= +\frac{0,95\cdot P}{0,30} + \frac{0,95P(-0,35)(0,475)}{0,037} + \frac{1.150(0,475)}{0,037} < 24.000kN/m^2$$
$$(4)\sigma_{c,\inf} = +\frac{0,95P}{A_c} + \frac{0,95\cdot P\cdot e\cdot v'}{I_c} + \frac{M_2\cdot v'}{I_c} =$$
$$= +\frac{0,95\cdot P}{0,30} + \frac{0,95P(-0,35)(-0,525)}{0,037} + \frac{1.150(-0,525)}{0,037} > -3.510kN/m^2$$

La resolució de les equacions *1*, 2, 3 i 4 anteriors proporciona els valors següents de la força de pretensatge:

$$P_1 < 6.835kN$$
$$P_2 < 3.365kN$$
$$P_3 > -8.382kN$$
$$P_4 > 1.624kN$$

Per tant, l'interval [$P_{mín}$, $P_{màx}$] serà [1.624, 3.364] kN, és a dir, la força de pretensatge ha de ser $P > P_{mín}$ = 1.624 kN, per evitar fissuració per traccions a la fibra inferior en servei i ha de ser $P < P_{màx}$ = 3.364 kN, per evitar la fissuració per compressió excessiva també a la fibra inferior, en buit.

S'observa que, en buit, la condició de fissuració per compressió excessiva a la fibra inferior és més restrictiva que la de fissuració per tracció a la fibra superior.

Exercici FI-07

Considereu la secció en doble T de la figura que és pretensada amb armadures postteses. Les característiques de la secció bruta de formigó són:

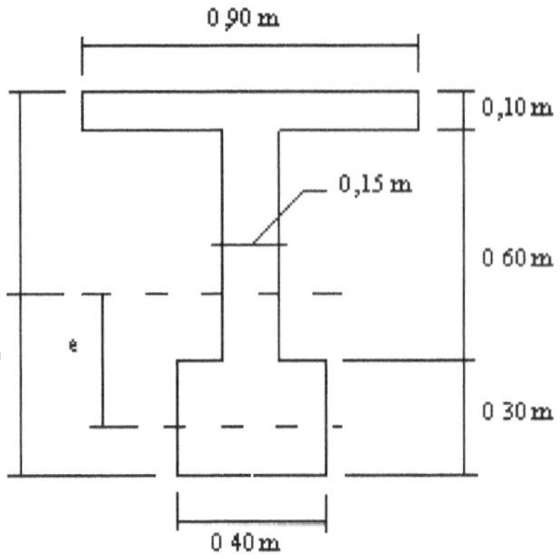

Fig. 9.7 Secció transversal

$A_c = 0{,}30\ \mathrm{m}^2$

$I_c = 0{,}037\ \mathrm{m}^4$

$v = 0{,}475\ \mathrm{m}$

$v' = -0{,}525\ \mathrm{m}$

Els materials utilitzats són:

- HP40/P/12/IIa
- Cordons Y1860S7, $f_{pu} = 1.860\ \mathrm{N/mm}^2$

Els moments flexors en situació de buit (en pretensar) i en situació de servei són M_1=375 kN·m i M_2 = 1.150 kN·m, respectivament. Se suposa que la força de pretensatge es transfereix al cap de 28 dies i que en aquesta mateixa edat poden actuar totes les càrregues. El moment M_2 ja inclou els coeficients corresponents a la situació freqüent amb la qual s'ha de verificar l'estat límit de fissuració.
Calculeu la màxima excentricitat que pot tenir una força de pretensatge de valor P = 3.200 kN després d'haver-hi restat les pèrdues instantànies, perquè no fissuri la secció en situació de buit ni en situació de servei, suposant unes pèrdues diferides de $0{,}15P$ = 480 kN.

Es considera acceptable treballar amb la secció bruta de formigó.

Respostes possibles:

a) $e < 0$
b) $e < -0{,}134$ m
c) $e < -0{,}386$ m
d) $e < 0{,}325$ m

Solució

Es tracta de plantejar les equacions tensionals a les fibres inferior i superior adoptant P = 3.200 kN en buit i P = 3.200 – 480 = 2.720 kN en servei, i aïllar l'excentricitat e a cadascuna d'elles.

(1) Tracció a la fibra superior en buit:

$$+\frac{1{,}1P}{A_c}+\frac{1{,}1Pe_1v}{I_c}+\frac{M_1v}{I_c}>f_{ctm,fl}$$

$$+\frac{1,1\cdot 3200}{0,3}+\frac{1,1\cdot 3200\cdot 0,475\cdot e_1}{0,037}+\frac{375\cdot 0,475}{0,037}>f_{ctm,fl}=-3.510kN/m^2$$

$$e_1>-0,444m$$

(2) Compressió a la fibra inferior en buit:

$$+\frac{1,1P}{A_c}+\frac{1,1Pe_2v'}{I_c}+\frac{M_1v'}{I_c}<0,6f_{ck,j}$$

$$+\frac{1,1\cdot 3200}{0,3}+\frac{1,1\cdot 3200\cdot(-0,525)\cdot e_2}{0,037}+\frac{375\cdot(-0,525)}{0,037}<0,6f_{ck,j}=24.000kN/m^2$$

$$e_2>-0,352m$$

(3) Compressió a la fibra superior en servei:

$$+\frac{0,9P}{A_c}+\frac{0,9Pe_3v}{I_c}+\frac{M_2v}{I_c}<0,6f_{ck,j}$$

$$+\frac{0,9\cdot 2720}{0,3}+\frac{0,9\cdot 2720\cdot 0,475\cdot e_3}{0,037}+\frac{1.150\cdot 0,475}{0,037}<0,6f_{ck,j}=24.000kN/m^2$$

$$e_3<+0,03425m$$

(4) Tracció a la fibra inferior en servei:

$$+\frac{0,9P}{A_c}+\frac{0,9Pe_4v'}{I_c}+\frac{M_2v'}{I_c}>f_{ctm,fl}$$

$$+\frac{0,9\cdot 2.720}{0,3}+\frac{0,9\cdot 2.720\cdot(-0,525)\cdot e_4}{0,037}+\frac{1.150\cdot(-0,525)}{0,037}>f_{ctm,fl}=-3.510kN/m^2$$

$$e_4<-0,1338m$$

A partir de la resolució de les equacions anteriors s'obtenen els següents valors per a l'excentricitat:

$$e_1>-0,444m$$
$$e_2>-0,352m$$
$$e_3<+0,03425m$$
$$e_4<-0,1338m$$

Així doncs, l'excentricitat màxima a disposar és e < -0,1338m, condicionada per la tracció a la fibra inferior en servei, i l'excentricitat mínima és e > -0,352 m, condicionada per la tracció a la fibra superior en buit.

Per tant, la solució correcta és la *b*.

Exercici FI-08

Una biga de secció rectangular de 0,40 x 0,80 m^2 de 20 m de llum es posttesa amb un sol tendó amb traçat parabòlic, l'excentricitat del qual a la secció central és la màxima permesa per raons de durabilitat (e = -0,25 m).

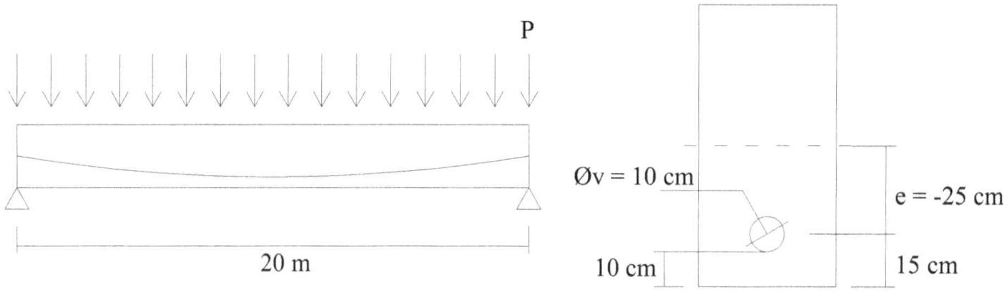

Fig. 9.8 Traçat del posttesatge

La força de pretensatge a l'ancoratge és P_{anc} = 1.500 kN. A la secció central, les pèrdues instantànies són ΔP_{inst} = 60 kN i les pèrdues diferides, un 15% de la força d'ancoratge, és a dir, ΔP_{dif} = 240 kN.

Les càrregues totals que s'han de resistir, sense el pes propi, són p = 24 kN/ml. El formigó utilitzat és un HP40/P/20/IIb.
Estudieu l'adequació de la secció per resistir aquestes càrregues i, en cas negatiu, proposeu-ne la solució més econòmica.

Respostes possibles:

a) La secció és adequada i no necessita cap canvi.
b) La secció és adequada, però s'ha d'augmentar la força de pretensatge.
c) La secció és inadequada; s'ha d'augmentar el cantell.
d) La secció és adequada, però s'ha de disminuir l'excentricitat del pretensatge.

Solució

Per determinar l'adequació de la secció per resistir les càrregues plantejades, s'han de calcular les tensions generades tant en buit com en servei.

$$v = v' = 0{,}4 \text{ m}, \quad e = -0{,}25 \text{ m}$$

$$I_c = \frac{bh^3}{12} = 0{,}01707 \text{ m}^4$$

$$A_c = 0{,}4 \cdot 0{,}8 = 0{,}32 \text{ m}$$

$$pp = 0{,}32 \cdot 25 \text{ kN / m}^3 = 8 \text{ kN / ml}$$

$$M_1 = \frac{8 \cdot 400}{8} = 400 \text{ kN·m}$$

$$M_2 = \frac{24 \cdot 400}{8} = 1.200 \text{ kN·m}$$

$$P_0 = P_{ancl} - \Delta P_{inst} = 1.440 \text{ kN}$$

$$P_\infty = P_0 - \Delta P_{dif} = 1.200 \text{ kN}$$

Tensions en buit:

$$\sigma_{c,sup} = +\frac{1{,}1P_0}{A_c} + \frac{1{,}1P_0 e \cdot v}{I_c} + \frac{M_1 v}{I_c} = +\frac{1{,}1 \cdot 1.440}{0{,}32} + \frac{1{,}1 \cdot 1.440 \cdot (-0{,}25) \cdot 0{,}4}{0{,}01707} + \frac{400 \cdot 0{,}4}{0{,}01707} = +5.044 \text{ kN / m}^2$$

$$\sigma_{c,inf} = +\frac{1{,}1P_0}{A_c} + \frac{1{,}1P_0 e \cdot v'}{I_c} + \frac{M_1 v'}{I_c} = +\frac{1{,}1 \cdot 1.440}{0{,}32} + \frac{1{,}1 \cdot 1.440 \cdot (-0{,}25)(-0{,}4)}{0{,}01707} + \frac{400 \cdot (-0{,}4)}{0{,}01707} = +4.856 \text{ kN / m}^2$$

Tensions en servei:

$$\sigma_{c,sup} = +\frac{0,9P_\infty}{A_c} + \frac{0,9P_\infty e \cdot v}{I_c} + \frac{M_2 v}{I_c} = +\frac{0,9 \cdot 1.200}{0,32} + \frac{0,9 \cdot 1.200 \cdot (-0,25) \cdot (0,4)}{0,01707} + \frac{1.200 \cdot 0,4}{0,01707} = +25.167,6 \text{ kN/m}^2$$

$$\sigma_{c,inf} = +\frac{0,9P_\infty}{A_c} + \frac{0,9P_\infty e \cdot v'}{I_c} + \frac{M_2 v'}{I_c} = +\frac{0,9 \cdot 1.200}{0,32} + \frac{0,9 \cdot 1.200 \cdot (-0,25) \cdot (-0,4)}{0,01707} + \frac{1.200 \cdot (-0,4)}{0,01707} = -18.417,6 \text{ kN/m}^2$$

S'observa que la tensió a la fibra inferior, en la hipòtesi de servei, supera àmpliament la resistència a tracció del formigó:

$$f_{ct,m} = 0,3 \cdot f_{ck}^{2/3} = 0,3 \cdot 40^{2/3} = 3,51 \text{ N/mm}^2$$

$$f_{ctm,fl} = max\{(1,6 - h/1000) f_{ct,m}; f_{ct,m}\} = max\{(1,6 - 1000/1000) \cdot 3,51; 3,51\} = 3,51 \text{ N/mm}^2 = 3.510 \text{kN/m}^2$$

D'altra banda, la tensió a la fibra superior, també en servei, és de 25.167 kN/m^2 i també supera el 60% de la resistència a compressió:

$$0,6 f_{ck,j} = 0,6 \cdot 40 = 24 \text{ N/mm}^2 = 24.000 \text{ kN/m}^2$$

Les possibles solucions que s'han de plantejar per resoldre el problema de la tracció excessiva mantenint la secció consisteixen a augmentar la força de pretensatge o l'excentricitat. La solució més econòmica seria augmentar l'excentricitat, però no és possible ja que és la màxima permesa per raons de durabilitat. La força de pretensatge pot augmentar-se. L'inteval necessari serà:

Tensions en buit:

$$\sigma_{c,sup} = +\frac{1,1P_0}{A_c} + \frac{1,1P_0 e \cdot v}{I_c} + \frac{M_1 v}{I_c} = +\frac{1,1 \cdot P_0}{0,32} + \frac{1,1 \cdot P_0 \cdot (-0,25) \cdot 0,4}{0,01707} + \frac{400 \cdot 0,4}{0,01707} > f_{ctm,fl} = -3.510 \text{kN/m}^2$$

$$P_0 < 4285 \text{kN}$$

$$\sigma_{c,inf} = +\frac{1,1P_0}{A_c} + \frac{1,1P_0 e \cdot v'}{I_c} + \frac{M_1 v'}{I_c} = +\frac{1,1 \cdot P_0}{0,32} + \frac{1,1 \cdot P_0 \cdot (-0,25)(-0,4)}{0,01707} + \frac{400 \cdot (-0,4)}{0,01707} < 0,6 f_{ck,j} = 24.000 \text{kN/m}^2$$

$$P_0 < 3377,32 \text{kN}$$

Tensions en servei:

$$\sigma_{c,sup} = +\frac{0,9P_\infty}{A_c} + \frac{0,9P_\infty e \cdot v}{I_c} + \frac{M_2 v}{I_c} = +\frac{0,9 \cdot P_\infty}{0,32} + \frac{0,9 \cdot P_\infty \cdot (-0,25) \cdot (0,4)}{0,01707} + \frac{1.200 \cdot 0,4}{0,01707} < 0,6 f_{ck,j} = 24.000 kN/m^2$$

$$P_\infty > 1675 kN$$

$$\sigma_{c,inf} = +\frac{0,9P_\infty}{A_c} + \frac{0,9P_\infty e \cdot v'}{I_c} + \frac{M_2 v'}{I_c} = +\frac{0,9 \cdot P_\infty}{0,32} + \frac{0,9 \cdot P_\infty \cdot (-0,25) \cdot (-0,4)}{0,01707} + \frac{1.200 \cdot (-0,4)}{0,01707} > f_{ctm,fl} = -3.510 kN/m^2$$

$$P_\infty > 3044 kN$$

On tindríem com a límits: $P_{\infty,min} = 3044$kN y $P_{0,max} = 3377,32$kN. Comprovem que amb les pèrdues produïdes podem entrar en aquest interval. Com que ens interessa la força mínima econòmicament, partirem de $P_\infty = P_{\infty,min} = 3044$kN.

La força d'ancoratge seria $P_{anc} = \frac{P_\infty}{0,8} = 3.805$ kN . Llavors $P_0 = 0,96 \cdot P_{anc} = 3.652,8 \text{ kN} > P_{0,max} = 3377,32$kN i per tant aquesta secció és clarament insuficient per resistir aquestes càrregues, per a una llum de 20 m. L'única solució és augmentar el cantell de la secció. Resposta *c*.

Exercici FI-09

Considereu un tirant de formigó pretensat amb armadures postteses de secció rectangular de $b = 0,50$ m i $h = 0,30$ m. Calculeu la força mínima de pretensatge, centrada a la secció, que s'ha d'introduir (P_{anc}) i la resistència mínima del formigó en transferir el pretensatge, per evitar que es produeixin traccions al formigó sota cap situació de càrrega a curt o a llarg termini. La tracció màxima que cal resistir és de 1.800 kN. Les pèrdues instantànies s'estimen en un 8% de la força d'ancoratges i les diferides, en un 12%.

Respostes possibles:

a) $P_{anc} > 2.500$ kN, $f_{ck,j} > 30$ N/mm^2
b) $P_{anc} > 2.500$ kN, $f_{ck,j}$ és indiferent.
c) $P_{anc} > 1.500$ kN, $f_{ck,j} > 40$ N/mm^2
d) $P_{anc} > 1.500$ kN, $f_{ck,j} > 30$ N/mm^2

Solució

Perquè no es produeixin traccions a la secció sota cap situació de càrrega s'ha d'introduir una força de pretensatge tal que a llarg termini les tensions de compressió que generi superin les traccions degudes a la càrrega exterior màxima. És a dir, tenint en compte que el pretensatge i la càrrega exterior són centrats, s'ha de complir que:

$$\frac{\gamma_p P_\infty}{A_c} > \frac{T}{A_c}$$

$$P_\infty > \frac{T}{\gamma_p} = \frac{1.800}{0,9} = 2.000 \text{ kN}$$

Com que les pèrdues totals són del 20%, la força als ancoratges ha de ser:

$$P_{anc} = \frac{P_\infty}{0,8} = 2.500 \text{ kN}$$

Es comproven ara les tensions de compressió introduïdes pel pretensatge a curt termini. Es considera com a situació més desfavorable la que es produeix durant l'operació de tesatge, abans d'ancorar, en una secció pròxima a l'ancoratge actiu, ja que en aquest cas no s'han de considerar pèrdues instantànies.

$$\sigma_{cc} = \frac{1,1 P_{ancl}}{A_c} = \frac{2.750}{0,15} = 18.333 \text{ kN/m}^2 = 18,33 \text{ N/mm}^2$$

Per evitar microfissuració per compressió, s'ha de complir que, en pretensar, la resistència a compressió del formigó sigui tal que:

$$0,6 \cdot f_{ck,j} > 18,33 \quad => \quad f_{ck,j} > 30,5 \text{ N/mm}^2$$

Exercici FI-10

Considerem la placa "pi" prefabricada de formigó pretensat amb armadures preteses de la figura 9.9. A la figura 9.10 s'observa la contrafletxa d'una placa d'aquest tipus. Les seves característiques són:

$A_c = 0,33$ m^2 — $v = 0,145$ m
$I_c = 0,00641$ m^4 — $v' = -0,325$ m
Formigó HP-50/B/20/IIIa
Armadures preteses — 6 cordons ϕ 0,5" per nervi — A_p cordó $= 100$ mm^2 — Y1860 S7
$f_{P\max} = 1.860$ N/mm^2
$f_{Pyk} = 1.637$ N/mm^2
Armadures passives: B500S

Control intens de l'execució

El baricentre de l'armadura pretesa té un recobriment mecànic de 7,5 cm respecte al parament inferior.

Aquestes plaques es col·loquen en trams de 12 m de llum (a eixos)

Les pèrdues a la secció central són:

$$\Delta P_{inst} = 112,6 \text{ kN}$$
$$\Delta P_{dif} = 252,5 \text{ kN}$$

Es transfereix la força de pretensatge quan el formigó té una resistència de 40 N/mm^2 i la força de pretensatge total aplicada a la bancada és $P_{ancl} = 1.647$ kN.

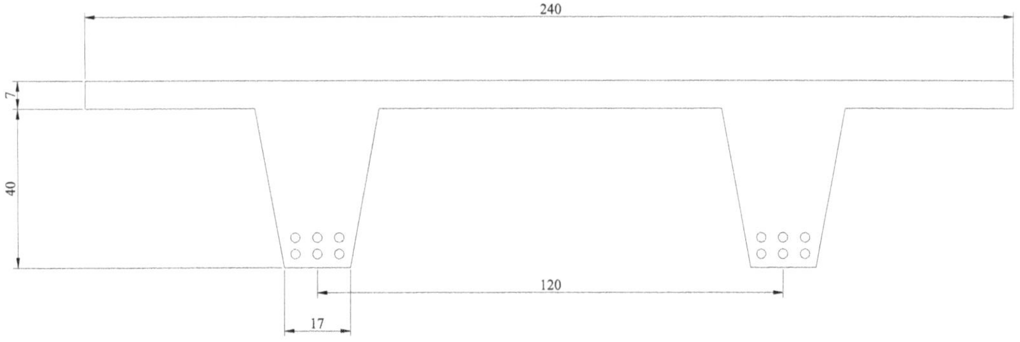

Fig. 9.9 Secció pretensada (cotes en cm)

Verifiqueu l'estat límit de servei (ELS) de fissuració a la secció central en buit i trobeu el moment màxim de sol·licitació M_2 en servei a llarg termini que verifiqui l'esmentat estat límit.

Fig. 9.10 Secció prefabricada

Respostes possibles:

- *a)* Es compleix ELS en el buit i M_2=1.455,6 kNm
- *b)* No es compleix ELS en el buit i M_2=377,3 kNm
- *c)* No es compleix ELS en el buit i M_2=1.455,6 kNm
- *d)* Es compleix ELS en el buit i M_2=377,3 kNm

Solució

L'excentricitat de la peça és la següent:

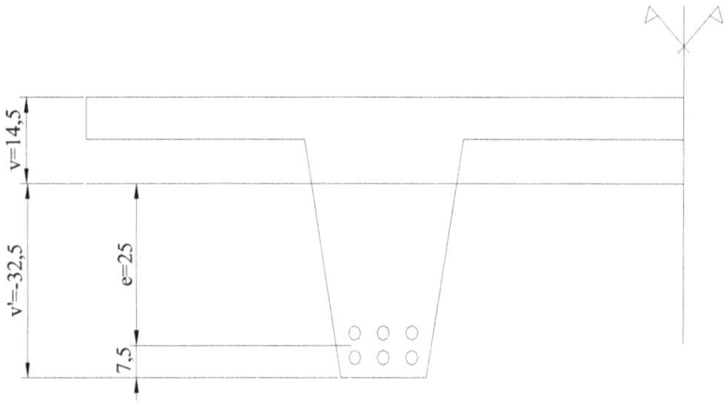

Fig. 9.11 Excentricitat (cotes en cm)

El moment produït pel pes propi:

$$M_{pp} = \frac{pl^2}{8} = 0,33\ \text{m}^2 \cdot 25 \frac{\text{kN}}{\text{m}^3} \cdot \frac{(12\text{m})^2}{8} = 148,5\ \text{kNm}$$

I les forces:

$$P_0 = 1.647\ \text{kN} - 112,6\ \text{kN} = 1.534,4\ \text{kN}$$
$$P_\infty = 1.534,4\ \text{kN} - 252,5\ \text{kN} = 1282\ \text{kN}$$

Al buit cal tenir en compte que $f_{ck,j} = 40\ \text{N}/\text{mm}^2$ i que la classe d'exposició IIIa no admet descompressions:

$$(1)\ \sigma_{c,sup} = +\frac{1,05 \cdot P_0}{A_c} + \frac{1,05 \cdot P_0 \cdot e \cdot v}{I_c} + \frac{M_1 \cdot v}{I_c} =$$
$$= +\frac{1,05 \cdot 1.534,4}{0,33} + \frac{1,05 \cdot 1.534,4(-0,325+0,075)(0,145)}{0,00641} + \frac{148,5(0,145)}{0,00641} > 0\ \text{kN/m}^2$$
$$= -870\ \text{kN/m}^2 < 0 \mapsto \text{No compleix}$$

$$(2)\ \sigma_{c,\inf} = +\frac{1,05 \cdot P_0}{A_c} + \frac{1,05 \cdot P_0 \cdot e \cdot v'}{I_c} + \frac{M_1 \cdot v'}{I_c} =$$
$$= +\frac{1,05 \cdot 1.534,4}{0,33} + \frac{1,05 \cdot 1.534,4(-0,25)(-0,325)}{0,00641} + \frac{148,5(-0,325)}{0,00641} < 0,6 f_{ck,j} = 24.000\ \text{kN/m}^2$$
$$= 17.775\ \text{kN/m}^2 < 24.000\ \text{kN/m}^2$$

En servei cal fixar-se en que $f_{ck} = 50\ \text{N}/\text{mm}^2$:

$$(3)\ \sigma_{c,sup} = +\frac{0,95 \cdot P}{A_c} + \frac{0,95 \cdot P \cdot e \cdot v}{I_c} + \frac{M_2 \cdot v}{I_c} =$$
$$= +\frac{0,95 \cdot 1.282}{0,33} + \frac{0,95 \cdot 1.282(-0,25)(0,145)}{0,00641} + \frac{M_1(0,145)}{0,00641} < 0,6 f_{ck,j} = 30.000\ \text{kN/m}^2$$
$$\mapsto M_1 < 1.467,5\ \text{kNm}$$

$$(4)\ \sigma_{c,\inf} = +\frac{0,95 \cdot P}{A_c} + \frac{0,95 \cdot P \cdot e \cdot v'}{I_c} + \frac{M_2 \cdot v'}{I_c} =$$
$$= +\frac{0,95 \cdot 1.282}{0,33} + \frac{0,95 \cdot 1.282 \cdot (-0,25)(-0,325)}{0,00641} + \frac{M_2(-0,325)}{0,00641} > 0\ \text{kN/m}^2$$
$$\mapsto M_2 < 377,3\ \text{kNm}$$

Per tant, no es verifica l'ELS perquè en el buit es produeixen traccions a la fibra superior, i el moment màxim de sol·licitació és 377,3 kNm.

10. Estat límit de deformació

Exercici DE-01

Dimensioneu el cantell total que ha de tenir el voladís d'un balcó d'un edifici, fet amb llosa massissa, per tal que no sigui necessari comprovar-ne la fletxa.

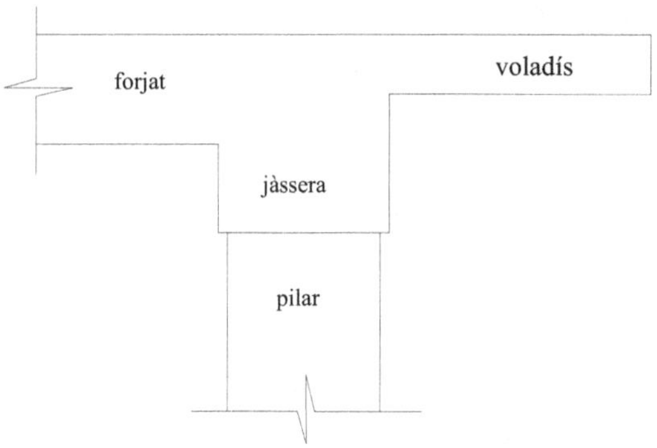

Fig. 10.1 Esquema del voladís

Dades:

- Materials:
    1. HA-25/B/12/IIa
    2. B 500 S
- Ample del voladís: 1,60 m
- Control normal d'execució. Tipus ciment CEM I i t_d=100 anys
- Accions:
    1. Pes propi
    2. Càrrega permanent d' 1 kN/m^2 deguda al paviment
    3. Sobrecàrrega d'ús de 2 kN/m^2 en tot el voladís i d'1 kN/m a l'extrem del voladís

Respostes possibles:

a) 16 cm
b) 22 cm
c) 24 cm
d) 28 cm

Solució

Primerament, es dimensiona el cantell útil segons la taula 50.2.2.1.a de la Instrucció EHE, que indica les diferents relacions L/d (longitud/cantell útil) en elements estructurals de formigó armat sotmesos a flexió simple:

Així doncs, si se suposa que el voladís estarà dèbilment armat ($\rho = 0{,}005$), s'obté una relació $\frac{L}{d} = 8$ (posteriorment, aquesta hipòtesi s'ha de comprovar).

El voladís té una longitud d'1,60 metres; llavors $d \geq \frac{L}{8} = \frac{160\text{ cm}}{8} = 20\text{ cm}$ de cantell útil.

El problema demana el cantell total. Per tant, s'ha de calcular l'armat necessari i obtenir *d'* ja que $h = d + d'$.

Si se suposa que l'armat es pot realitzar amb $\phi 10$ i es calcula el recobriment nominal mitjançant la taula 37.2.4.1.a (a l'annex), s'obté *d'*:

r_{nom} =10 mm (la resta de casos) + 25 mm (IIa+CEM I+ $25 \leq f_{ck} \leq 40$ +t_d=100 anys) = 35 mm

$d' = 35\text{ mm} + \frac{10}{2} = 40\text{ mm}$

Per tant $h = 200 + 40 = 240$ mm = 24 cm

Ara s'ha de comprovar que amb $\phi 10$ és suficient i que el voladís està armat dèbilment (els càlculs es fan per metre lineal):

- Càlcul de M_d:

-Pes propi: $1{,}6m \cdot 0{,}24m \cdot 25\frac{kN}{m^3} \cdot \frac{1{,}6m}{2} = 7{,}68\frac{kN \cdot m}{ml} \Rightarrow$ Coef. Càrrega permanent=1,35

-Càrrega permanent: $1{,}6m \cdot 1\frac{kN}{m^2} \cdot \frac{1{,}6m}{2} = 1{,}28\frac{kN \cdot m}{ml} \Rightarrow$ Coef. Càrrega permanent=1,35

-Sobrecàrregues d'ús:

$1{,}6m \cdot 2\frac{kN}{m^2} \cdot \frac{1{,}6m}{2} = 2{,}56\frac{kN \cdot m}{ml} \Rightarrow$ Coef. Càrrega permanent=1,5

$1{,}6m \cdot 1\frac{kN}{m} = 1{,}6\frac{kN \cdot m}{ml} \Rightarrow$ Coef. Càrrega permanent=1,5

M_d=1,35·(7,68+1,28)+1,5·(2,56+1,6)= $18{,}336\ \frac{\text{kN} \cdot \text{m}}{ml}$

- Càlcul de l'armat necessari:

Es calcula M_{lim} i es comprova si es necessita o no armadura de compressió:

$$U_0 = f_{cd} \cdot bd = 16.667 \cdot 1000 \cdot 0{,}2 = 3.333{,}33\ \frac{kN}{ml}$$

$$M_f = 0{,}8 \cdot U_0 \cdot x_f \cdot \left(1 - 0{,}4 \cdot \frac{x_f}{d}\right) = 0{,}8 \cdot 3.333{,}33 \cdot 0{,}61674 \cdot 0{,}2 \cdot (1 - 0{,}4 \cdot 0{,}61674) = 247{,}783\ \frac{kN \cdot m}{ml}$$

$$M_d = 18{,}336\ \frac{kN \cdot m}{ml} < M_f = 247{,}783\ \frac{kN \cdot m}{ml} \Rightarrow \textit{Únicament col·loquem armadura de tracció } A'_s = 0$$

Segons el punt 3.1.1 de l'Annex 7 de la Instrucció:

$$U_{s1} = U_0\left(1 - \sqrt{1 - \frac{2M_d}{U_0 d}}\right) = 3.333{,}33\left(1 - \sqrt{1 - \frac{2 \cdot 18{,}336}{3.333{,}33 \cdot 0{,}2}}\right) = 92{,}98\ \frac{kN}{ml} \quad \text{i} \quad A_s = \frac{U_{s1}}{f_{yd}} = \frac{92.976{,}79}{435} = 213{,}74\ \text{mm}^2$$

S'ha de calcular l'armat mínim a tracció:

$$As \geq 0,04 \cdot Ac \cdot \frac{f_{cd}}{f_{yd}} = 0,04 \cdot 1.000 \cdot 240 \cdot \frac{25/1,5}{500/1,15} = 368 \text{ mm}^2$$

S'escull aquest perquè és més gran que l'armat que s'ha calculat anteriorment.

- Comprovació del diàmetre de barra corrugada:

àrea 1ϕ10 = 78,5 mm

nombre de barres per metre = $\frac{368}{78,54} = 4,69$ barres / metre $\Longrightarrow$ es col·locarien cinc barres per metre, que és una quantitat adequada.

- Comprovació que és un element armat dèbilment:

$$\rho = \frac{As}{b \cdot d} = \frac{5 \cdot 78,54}{1.000 \cdot 200} = 0,0019635 < 0,004$$

Així doncs el cantell total és de 24 cm i, per tant, la resposta correcta és la *c*.

Exercici DE-02

Dimensioneu el cantell mínim que ha de tenir un forjat bidireccional alleugerit -forjat reticular- la planta del qual es presenta a la figura adjunta perquè no sigui necessari comprovar-ne la deformabilitat.

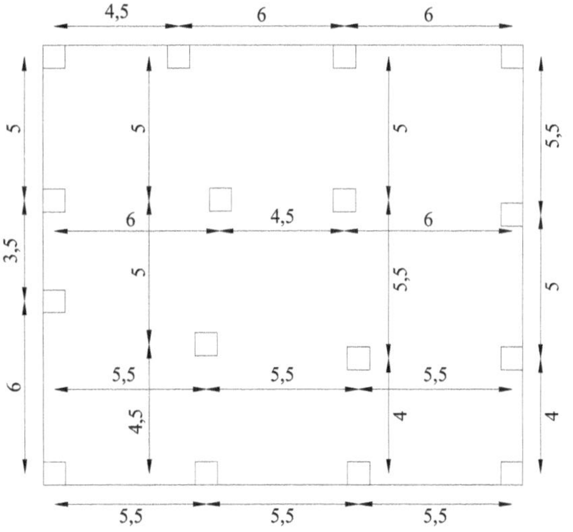

(cotes en metres)

Fig. 10.2 Esquema del forjat

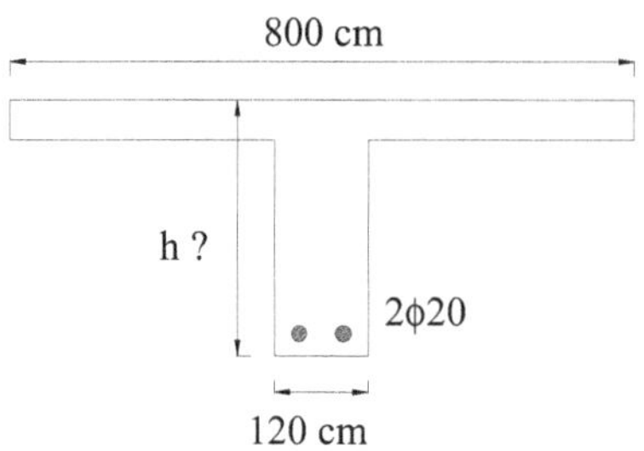

Fig. 10.3 Secció tipus del nervi més armat

Dades:

- Materials:
  1. HA-25/B/20/IIa
  2. B500S

- Control normal d'execució
- Recobriment nominal: 35 mm.

Nota. La sobrecàrrega d'ús correspon a la d'habitatge.

Respostes possibles:

a) h ≥ 25 cm
b) h ≥ 28 cm
c) h ≥ 32 cm
d) h ≥ 38 cm

Solució

L'article 50.2.2.1 exposa el mètode simplificat de comprovació de l'estat límit de servei de deformabilitat a partir del compliment del cantell mínim que es resumeix a la taula 50.2.2.1.a (vegeu l'annex).

Primerament es comprova si es tracta d'un element fortament armat o no.

Així doncs, si es parteix d'un cantell total de 300 mm, s'obté una $d = 300 - 35 - \frac{20}{2} = 255$ mm.

La quantia és $\rho = \frac{As}{b_0 \cdot d} = \frac{2 \cdot 314{,}1}{800 \cdot 255} = 0{,}003 \rightarrow$ element dèbilment armat. Si varia lleugerament el cantell no afecta pràcticament la qualificació de l'armat.

Per a requadres exteriors en llosa sobre recolzaments aïllats, i si se suposa un element dèbilment armat, s'ha d'aplicar $\frac{L}{d} = 23$. Per a requadres interiors, la relació és $\frac{L}{d} = 24$. A més, a l'article 50.2.2.1 s'especifica que en vigues o lloses alleugerades amb secció en T, on la relació entre l'ample de l'ala i de l'ànima sigui superior a 3, les esvelteses han de multiplicar-se per 0,8:

$$\frac{800}{120} = 6{,}67 > 3 \Rightarrow \frac{L}{d} = 23 \cdot 0{,}8 = 18{,}4 \Rightarrow \frac{L}{d} = 24 \cdot 0{,}8 = 19{,}2$$

En lloses sobre recolzaments aïllats (pilars), les esvelteses es refereixen a la llum més gran; així doncs, s'escull L = 6 metres (valor tant a les vores com a l'interior). Per tant, $d \geq \frac{6.000}{18{,}4} = 326{,}1$ mm. Si es té en compte el diàmetre de l'armadura i el recobriment nominal, s'obté *h:*

$$h = 326{,}1 + \frac{20}{2} + 35 = 371{,}1 \text{ mm}.$$

Així doncs, amb el valor real de d s'obté $\rho = 0,00212 < 0,004$, i es comprova així que és un element dèbilment armat, tal com s'havia suposat.

Per tant, el cantell total és $h = 371$ mm $\longrightarrow$ 38 cm (del costat de la seguretat).

La resposta correcta és la *d*.

Exercici DE-03

Calculeu la rigidesa fissurada de la secció rectangular següent:

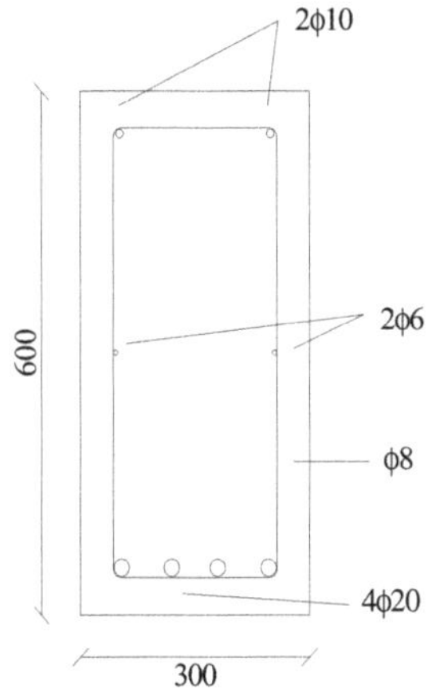

10.4 Armat i geometria de la secció

Dades:

- Materials: HA-25/B/20/IIa
- Recobriment nominal: 35 mm
- Control d'execució normal

Respostes possibles:

a) $3 \cdot 10^4$ kN·m^2
b) $5 \cdot 10^4$ kN·m^2
c) $7 \cdot 10^4$ kN·m^2
d) $9 \cdot 10^4$ kN·m^2

Solució

Per calcular la rigidesa fissurada, es necessita calcular E_c i I_f:

$E_c = 8.500\sqrt[3]{(f_{ck} + 8)} = 8.500\sqrt[3]{33} = 27.264$ N/mm^2

L'expressió general per al càlcul de la inèrcia fissurada, d'acord amb l'annex 8 de la Instrucció EHE, és la següent:

$$I_f = n \cdot A_{s1} \cdot (d - x) \cdot (d - \frac{x}{3}) + n \cdot A_{s2}(x - d') \cdot (\frac{x}{3} - d')$$

$$n = \frac{E_s}{E_c} = 7,34$$

$$d' = 35 + 8 + \frac{20}{2} = 53 \text{ mm}$$

$$d = 600 - 53 = 547 \text{ mm}$$

$$\rho_1 = \frac{A_{s1}}{b \cdot d} = \frac{4 \cdot 314,1}{300 \cdot 547} = 0,00766$$

$$\rho_2 = \frac{A_{s2}}{b \cdot d} = \frac{2 \cdot 78,5}{300 \cdot 547} = 0,000957$$

$$\frac{x}{d} = n \cdot \rho_1 \cdot \left(1 + \frac{\rho_2}{\rho_1}\right) \cdot \left(-1 + \sqrt{1 + \frac{2 \cdot \left(1 + \frac{\rho_2}{\rho_1} \cdot \frac{d'}{d}\right)}{n \cdot \rho_1 \cdot \left(1 + \frac{\rho_2}{\rho_1}\right)^2}}\right)$$

$$\frac{x}{d} = 7,3 \cdot 0,00766 \cdot (1 + 0,125) \cdot \left(-1 + \sqrt{1 + \frac{2 \cdot \left(1 + 0,125 \cdot \frac{53}{547}\right)}{7,3 \cdot 0,00766 \cdot (1 + 0,125)^2}}\right) = 0,27936$$

$$x = 547 \cdot 0,27936 = 152,8 \text{ mm}$$

Alternativament, es podria calcular l'expressió anterior sense tenir en compte ρ_2 ja que és exclusivament de muntatge. Es pot comprovar que els resultats són pràcticament els mateixos. S'obtindria $\frac{x}{d} = 0,282$.

$$I_f = 7,3 \cdot 1.256,4 \cdot (547 - 152,8) \cdot (547 - \frac{152,8}{3}) + 7,3 \cdot 157 \cdot (152,8 - 53) \cdot (\frac{152,8}{3} - 53)$$

$$I_f = 1.793.525.077 - 236.386,9453 = 1.793.288.690 \text{ mm}^4$$

$$E_c \cdot I_f = 27.264 \cdot 1.793.288.690 = 4,9 \cdot 10^{13} \text{Nmm}^2 \Rightarrow 5 \cdot 10^4 \text{kNm}^2$$

Així doncs, la resposta correcta és la *b*.

Exercici DE-04

Calculeu la rigidesa fissurada de la secció en T següent:

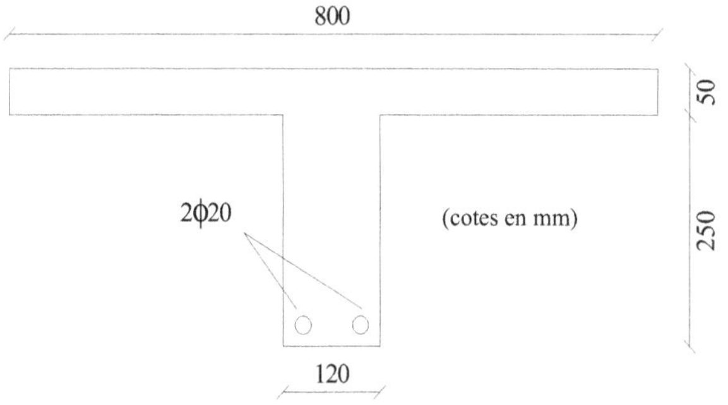

10.5 Armat i geometria de la secció

Dades:

- Materials:

HA-25/B/20/IIa
B500S

- Recobriment nominal: 35 mm
- Control normal d'execució

Respostes possibles:

a) $3 \cdot 10^3$ kN·m^2
b) $6 \cdot 10^3$ kN·m^2
c) $9 \cdot 10^3$ kN·m^2
d) $10 \cdot 10^3$ kN·m^2

Solució

Per calcular la rigidesa fissurada, es necessita calcular E_c e I_f:

$$E_c = 8.500\sqrt[3]{(f_{ck}+8)} = 8.500\sqrt[3]{33} = 27.264 \text{ N/mm}^2$$

Segons la EHE es calculen els paràmetres auxiliars:

$$n = \frac{E_s}{E_c} = 7,3$$

$$d = 300 - 35 - \frac{20}{2} = 255 \text{ mm}$$

$$\delta = \frac{h_0}{d} = \frac{50}{255} = 0,196$$

$$\xi = \delta \cdot \left(\frac{b}{b_0} - 1\right) \rightarrow \xi = 0,196 \cdot \left(\frac{800}{120} - 1\right) = 1,11$$

$$\rho_1 = \frac{A_{s1}}{b \cdot d} = \frac{2 \cdot 314,1}{800 \cdot 255} = 0,00308$$

$$\rho_2 = 0$$

$$\beta = \xi + n \cdot (\rho_1 + \rho_2) \cdot \frac{b}{b_0} \rightarrow \beta = 1,11 + 7,3 \cdot 0,00308 \cdot \frac{800}{120} = 1,26$$

$$\alpha = 2 \cdot n \cdot \left(\rho_1 + \rho_2 \cdot \left(\frac{d'}{d}\right)\right) \cdot \frac{b}{b_0} + \xi \cdot \delta = 2 \cdot 7,3 \cdot (0,00308)\frac{800}{120} + 1,11 \cdot 0,196 = 0,517$$

Es comprova en quin cas es troba la secció:

$n\rho = 0,02248 \leq \frac{\delta^2}{2 \cdot (1-\delta)} = 0,0239 \rightarrow OK$; així doncs, en aquest cas es determina I_f i $\frac{x}{d}$ mitjançant l'apartat 2.2 de l'annex 8, corresponent al càlcul com a secció rectangular, ja que la profunditat de l'eix neutre no supera el valor de l'ala de la T.

$$\frac{x}{d} = n \cdot \rho \cdot \left[-1 + \sqrt{1 + \frac{2}{n \cdot \rho}}\right] = 0,1906 \rightarrow x = 48,6 \text{ mm}$$

$$I_f = n \cdot A_s \cdot (d - x) \cdot (d - \frac{x}{3}) = 7,3 \cdot 628,3 \cdot (255 - 48,6) \cdot (255 - \frac{48,6}{3}) = 226,1 \cdot 10^6 \text{mm}^4$$

Finalment, es calcula la inèrcia fissurada: $E_c \cdot I_f = 6,16 \cdot 10^{12} \text{Nmm}^2 \Rightarrow 6,16 \cdot 10^3 \text{KNm}^2$

Així doncs, la resposta correcta és la *b*.

Exercici DE-05

Calculeu la rigidesa fissurada de la secció en T següent:

Dades:

- Materials: HA-25/B/20/IIa
  B500S
- Recobriment nominal: 35 mm
- Control normal d'execució

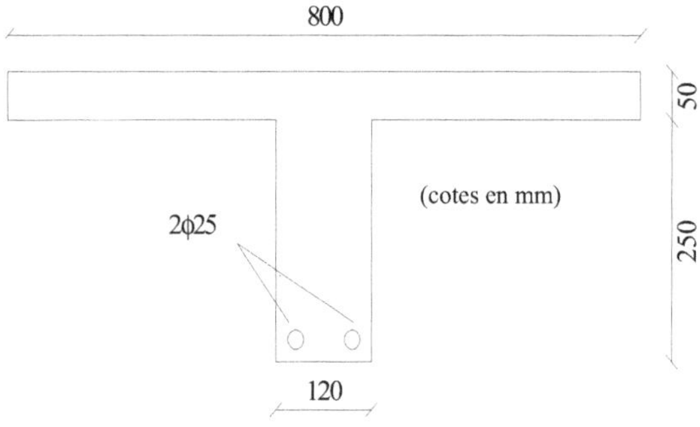

10.6 Armat i geometria de la secció

Respostes possibles:

a) $3{\cdot}10^3$ kN·m^2
b) $5{\cdot}10^3$ kN·m^2
c) $7{\cdot}10^3$ kN·m^2
d) $9{\cdot}10^3$ kN·m^2

Solució

Per calcular la rigidesa fissurada, cal calcular E_c i I_f:

$$E_c = 8.500\sqrt[3]{(f_{ck}+8)} = 8.500\sqrt[3]{33} = 27.264 \text{ N/mm}^2$$

Segons la Instrucció EHE, es calculen els paràmetres auxiliars:

$$n = \frac{E_s}{E_c} = 7{,}3$$

$$d = 300 - 35 - \frac{25}{2} = 252{,}5 \text{ mm}$$

$$\delta = \frac{h_0}{d} = \frac{50}{252{,}5} = 0{,}198$$

$$\rho_1 = \frac{A_{s1}}{b \cdot d} = \frac{2 \cdot 490,9}{800 \cdot 252,5} = 0,00486$$

$$\rho_2 = 0$$

$$\xi = \delta \cdot \left(\frac{b}{b_0} - 1 \right) \rightarrow \xi = 0,198 \cdot \left(\frac{800}{120} - 1 \right) = 1,12$$

$$\beta = \xi + n \cdot (\rho_1 + \rho_2) \cdot \frac{b}{b_0} \rightarrow \beta = 1,12 + 7,3 \cdot 0,00486 \cdot \frac{800}{120} = 1,358$$

$$\alpha = 2 \cdot n \cdot \left(\rho_1 + \rho_2 \cdot \left(\frac{d'}{d} \right) \right) \cdot \frac{b}{b_0} + \xi \cdot \delta = 2 \cdot 7,3 \cdot (0,00486) \frac{800}{120} + 1,12 \cdot 0,198 = 0,695$$

Es comprova en quin cas es troba la secció:

$n\rho = 0,03548 > \dfrac{\delta^2}{2 \cdot (1 - \delta)} = 0,02444 \rightarrow OK$; així doncs, en aquest cas es determina I_f i $\dfrac{x}{d}$ mitjançant l'apartat 2.3 de l'annex 8, corresponent al càlcul com a secció en T ja que la profunditat de l'eix neutre supera el valor de l'ala de la T.

$$x = d \cdot \beta \cdot \left[-1 + \sqrt{1 + \frac{\alpha}{\beta^2}} \right] \rightarrow x = 252,5 \cdot 1,358 \cdot \left[-1 + \sqrt{1 + \frac{0,695}{1,358^2}} \right] = 59,46 \text{ mm}$$

$$I_f = I_c + n \cdot A_{s1} \cdot (d - x)^2$$

$$I_c = b \cdot h_0 \cdot \left[\frac{h_0^2}{12} + \left(x - \frac{h_0}{2} \right)^2 \right] + \frac{b_0 \cdot (x - h_0)^3}{3}$$

$$I_c = 800 \cdot 50 \cdot \left[\frac{50^2}{12} + \left(59,96 - \frac{50}{2} \right)^2 \right] + \frac{120 \cdot (59,46 - 50)^3}{3} = 55.866.860,82 \text{ mm}^4$$

$$I_f = I_c + n \cdot A_{s1} \cdot (d - x)^2 \rightarrow I_f = 55.866.860,82 + 7,3 \cdot 981,75 \cdot (252,5 - 59,46)^2 = 322.932.729,3 \text{ mm}^4$$

$$E_c \cdot I_f = 27.264 \cdot 322.932.729,3 = 8,8 \cdot 10^{12} \text{ Nmm}^2 \Rightarrow 9 \cdot 10^3 \text{ kNm}^2$$

Així doncs, la resposta correcta és la *d*.

Exercici DE-06

Calculeu la fletxa total final a l'extrem del voladís de l'estructura de formigó armat de la figura adjunta. El pilar té una secció de 50x50 cm i el dintell té una secció rectangular constant de 50x60 cm, i la seva armadura és la següent:

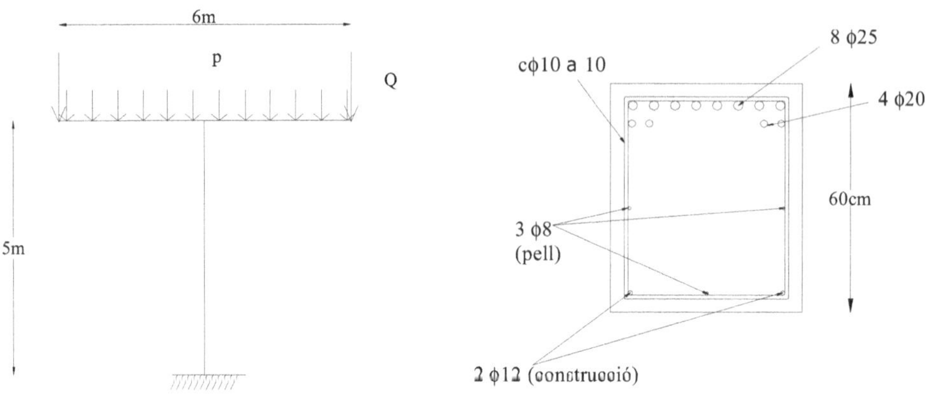

10.7 Armat i geometria de la secció

L'estructura està sotmesa a les càrregues següents:

- Càrrega permanent de 17,5 kN/ml, més dues càrregues puntuals en els extrems de 70 kN
- Sobrecàrrega de 20 kN/ml, que actua en ambdós voladissos, més dues càrregues puntuals als extrems de 80 kN

Dades:

- Acer: B500 SD
- Formigó: HA-30/B/20/IIb
- Recobriment nominal de les armadures: 35 mm
- Control intens d'execució

Notes:

- Negligiu l'escurçament del suport.
- Se suposa que totes les càrregues poden actuar a partir dels 28 dies.

Respostes possibles:

a) 18,0 mm
b) 25,0 mm
c) 33,0 mm
d) 40,0 mm

Solució

- Càlcul de la rigidesa equivalent:

Per al càlcul de la rigidesa equivalent, s'han de determinar la inèrcia equivalent I_e i el mòdul de deformació del formigó:

1. Inèrcia de la secció bruta:

$$I_b = \frac{0{,}5 \cdot 0.6^3}{12} = 0{,}009 \text{ m}^4$$

2. Inèrcia de la secció fissurada l'expressió de la qual es troba a l'annex 8 de la Instrucció:

$$I_{fis} = n \cdot A_s (d - x) \cdot \left(d - x/3\right)$$

Per calcular-la, cal conèixer x. Això és possible mitjançant l'expressió següent:

$$\frac{x}{d} = n \cdot \rho \cdot \left(-1 + \sqrt{\frac{2}{n \cdot \rho}} \right)$$

on:

$\rho = \frac{A_{s1}}{b \cdot d}$ (quantia geomètrica de l'armadura longitudinal traccionada)

$A_{s1} = 8 \cdot \pi \cdot 12{,}5^2 + 4 \cdot \pi \cdot 10^2 = 3.926{,}99 + 1.256{,}637 = 5.183{,}63 \text{ mm}^2$

Per obtenir d, s'ha de trobar el centre de gravetat del conjunt de l'armadura:

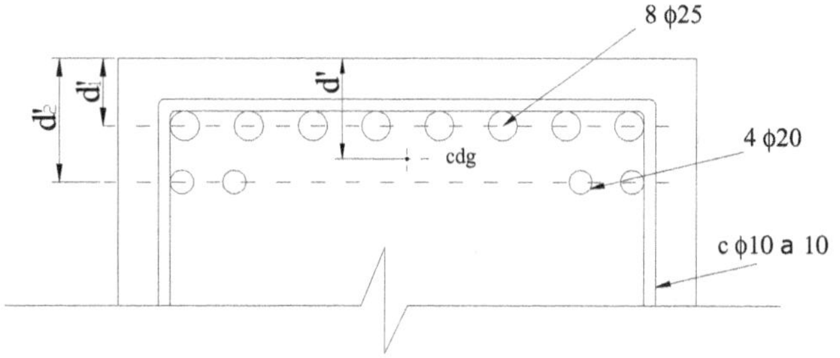

10.8 Posició del centre de gravetat

$$A_1 \cdot d'_1 + A_2 \cdot d'_2 = A_T \cdot d'$$

$$3.926{,}99 \cdot (35 + 10 + 12{,}5) + 1.256{,}637 \cdot (35 + 10 + 25 + 25 + 10) = 5.183{,}63 \cdot d' \rightarrow$$
$$d' = 69{,}02 \text{ mm} \rightarrow 69 \text{ mm}$$

$$d = h - d' = 600 - 69 = 531 \text{ mm}$$

$$\rho = \frac{A_{s1}}{b \cdot d} = \frac{5.183{,}63}{500 \cdot 531} = 0{,}01952$$
$$E_c = 8.500\sqrt[3]{(f_{ck} + 8)} = 8.500\sqrt[3]{38} = 28.576{,}79 \text{ N/mm}^2$$

$$n = \frac{200.000}{28.577} = 6{,}9 \approx 7$$

$$\frac{x}{d} = 7 \cdot 0{,}01952 \cdot \left(-1 + \sqrt{1 + \frac{2}{7 \cdot 0{,}01952}} \right) = 0{,}4035 \rightarrow x = 214{,}3 \text{ mm}$$

Finalment, es calcula el valor de *If*:

$$I_f = 7 \cdot 5183{,}63 \cdot (530{,}98 - 214{,}3) \cdot \left(530{,}098 - \frac{214{,}3}{3} \right) = 5{,}2806 \cdot 10^9 mm^4 = 0{,}00528 m^4$$

3. Moment de fissuració de la secció:
$f_{ct,m} = 0{,}3 \cdot f_{ck}^{2/3} = 0{,}3 \cdot 30^{2/3} = 2.896{,}5 kN/m^2$

$$f_{ctm,fl} = máx\{(1,6 - h/1000) f_{ct,m} ; f_{ct,m}\} = máx\{(1,6 - 600/1000) \cdot 2.896,5 kN/m^2 ; 2.896,5 kN/m^2\} = 2.896,5 kN/m^2$$

$$M_{fis} = \frac{b \cdot h^2}{6} f_{ct} = \frac{0,5 \cdot 0,6^2}{6} \cdot 2.896,5 = 86,895 \text{ kNm}$$

4. Moment flexor aplicat a la secció a l'instant en què s'avalua la fletxa:

$$M_k = Q \cdot l_v + \frac{p \cdot l_v^2}{2} = (70+80) \cdot 3 + \frac{(17,5+20) \cdot 3^2}{2} = 450 + 168,75 = 618,75 KN \cdot m$$

$$\frac{M_{fis}}{M_k} = 0,14044 \Rightarrow \left(\frac{M_{fis}}{M_k}\right)^3 = 0,00277$$

5. El mòdul d'elasticitat del formigó quan s'apliqua la càrrega permanet als 28 dies és:

$$E_{28dies} = 8.500\sqrt[3]{38} = 28.577 \text{ N/mm}^2$$

Mentre que el mòdul d'elasticitat a temps infinit del formigó, que serà el que tindrem per les sobrecàrregues a temps infinit serà (comentaris article 39.6 *Módulo de deformación longitudinal del hormigón)*:

$$f_{cm,\infty} = \beta_{cc} \cdot f_{cm,28} \quad \text{amb } \beta_{cc} = e^{s(1-\sqrt{\frac{28}{t}})} \quad \text{i amb s=0,38 (enduriment lent)}$$

Si $f_{cm\,\infty}$ =1,4623·$f_{cm,28}$ on $f_{cm,28}$ =38 N/mm^2, s'obté que $f_{cm,\,\infty}$ = 55,57 N/mm^2.

$$E_{c,m}(t) = \left(\frac{f_{cm}(t)}{f_{cm}}\right)^{0,3} E_{cm,28}$$

$$E_{c,m}(\infty) = \left(\frac{55,57}{38}\right)^{0,3} \cdot 28577$$

$$E_{c,m}(\infty) = 32.027,835 \text{ N/mm}^2$$

6. La inèrcia equivalent és (article 50.2.2.2 *Cálculo de la flecha instantánea)*:

$$I_{eq} = I_b \cdot \left(\frac{M_{fis}}{M_k}\right)^3 + I_{fis} \cdot \left(1 - \left(\frac{M_{fis}}{M_k}\right)^3\right) = 0,009 \cdot 0,00277 + 0,00528 \cdot (1 - 0,00277) = 0,00529 \text{ m}^4$$

Així doncs, les rigideses als 28 dies i a llarg termini seran:

$$E_{28} I_e = 151.172 \text{ kNm}^2$$
$$E_{\infty} I_e = 169.427 \text{ kNm}^2$$

- Càlcul de fletxes:

Com que l'estructura està sotmesa a una càrrega simètrica, tot el moviment que experimenta l'extrem del voladís és causat per la flexió del dintell des del pilar, ja que en ell el gir és nul.

1. Fletxes instantànies (article 50.2.2.2 *Cálculo de la flecha instantánea)*:

$$f_Q = \frac{Q \cdot l^3}{3 \cdot EI_e};$$

$$f_q = \frac{q \cdot l^4}{8 \cdot EI_e}$$

Càrregues permanents: $f_{Q+q} = \dfrac{70 \cdot 3^3}{3 \cdot 151.172} + \dfrac{17{,}5 \cdot 3^4}{8 \cdot 151.172} = 0{,}00417 + 0{,}00117 = 0{,}00534 \text{ m}$

Sobrecàrrega d'ús: $f_{G+g} = \dfrac{80 \cdot 3^3}{3 \cdot 169.427} + \dfrac{20 \cdot 3^4}{8 \cdot 169.427} = 0{,}00425 + 0{,}001195 = 0{,}005445 \text{ m}$

2. Fletxes diferides (article 50.2.2.3 *Cálculo de la flecha diferida)*:

Són el resultat de les deformacions per fluència i retracció generades per les càrregues permanents. Es poden calcular multiplicant la fletxa instantània corresponent pel factor:

$$\lambda = \frac{\xi}{1 + 50\rho'} = \frac{2 - 0{,}7}{1} = 1{,}3$$

on ρ' és la quantia geomètrica d'armadura de compressió, que és $\rho' = 0$, i ξ és un coeficient que depèn de la durada de la càrrega i que pren, tal com diu la Instrucció, els valors indicats.

3. Fletxa total final:

$$f_{total} = f_{inst} + f_{dif} = (0{,}00534 + 0{,}005445) + 1{,}3 \cdot 0{,}00534 = 0{,}01773 \text{ m} \rightarrow 18 \text{ mm}$$

Si comparem aquesta fletxa amb la que obtindríem si apliquéssim el dia 28 la sobrecàrrega (no tindríem fletxa diferida):

$$f_{Q+q} = \frac{70 \cdot 3^3}{3 \cdot 151.172} + \frac{17{,}5 \cdot 3^4}{8 \cdot 151.172} = 0{,}00417 + 0{,}00117 = 0{,}00534 \text{ m}$$

$$f_{G+g} = \frac{80 \cdot 3^3}{3 \cdot 151.172} + \frac{20 \cdot 3^4}{8 \cdot 151.172} = 0{,}00476 + 0{,}00134 = 0{,}0061 \text{ m}$$

$$f_{total} = f_{inst} = 0{,}00534 + 0{,}0061 = 0{,}01144 \rightarrow 12 \text{ mm}$$

Que veiem que és menys desfavorable. Normalment, per a formigons normals, la fletxa màxima per al dimensionament s'obté a llarg termini.

Així doncs, la resposta correcta és la *a*.

Exercici DE-07

Un forjat unidireccional consisteix en una llosa massissa de 20 cm de cantell, de formigó armat, contínua de tres trams iguals de 6 m de llum, que es recolza sobre jàsseres de cantell.

El formigó és HA25/B/20/IIa i les armadures són malles electrosoldades d'acer B500S. La figura adjunta indica l'esquema estructural i l'armat de la llosa en la direcció longitudinal:

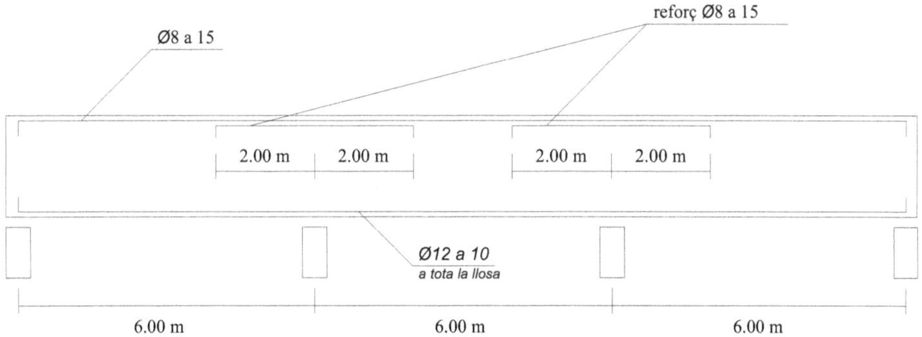

10.9 Esquema estructural

El nivell de control de l'execució és normal. Les càrregues actuants són:

- Càrregues permanents: pes propi + 3 kN/ m^2
- Càrregues variables: envans (2 kN/ m^2) + sobrecàrrega (4 kN/ m^2)

Totes les càrregues poden actuar a partir dels 28 dies. Recobriment nominal: 35 mm

Adoptant uns coeficients per a l'estat límit de servei ψ = 1,0, calculeu la fletxa total més desfavorable a llarg termini en un tram extrem.

Notes. Les lleis de moments flexors i el valor de la fletxa elàstica sota càrregues repartides són les següents:

1)

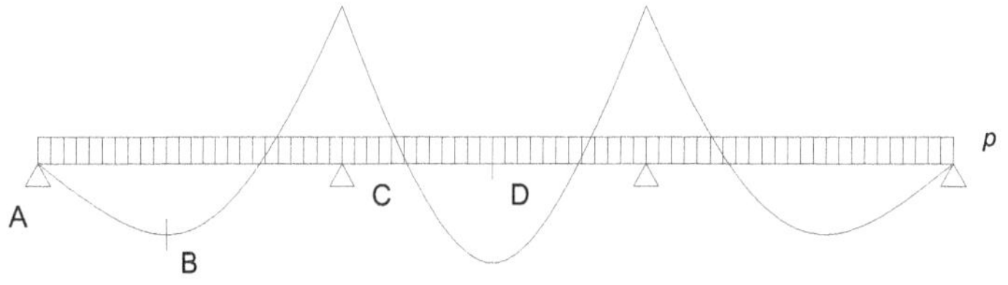

$$M_B = \frac{pl^2}{12,5} \qquad M_C = \frac{pl^2}{10} \qquad y_B^{el} = \frac{pl^4}{145EI}$$

2)

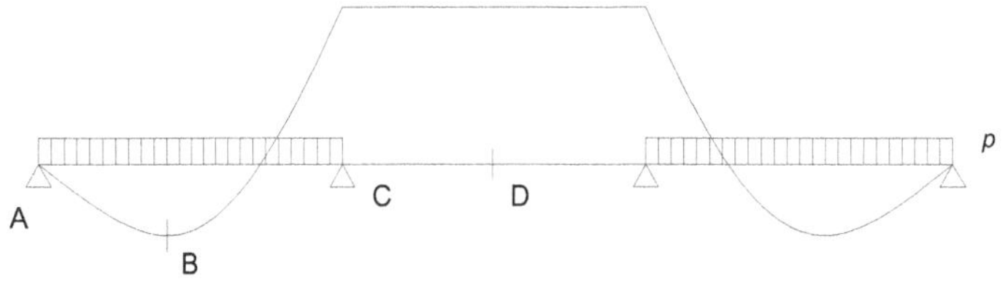

$$M_B = \frac{pl^2}{9,9} \qquad M_C = \frac{pl^2}{20} \qquad y_B^{el} = \frac{pl^4}{100EI}$$

Respostes possibles:

a) $y = 64$ mm
b) $y = 40$ mm
c) $y = 23$ mm
d) $y = 13$ mm

Solució

1. Primer es calculen les càrregues actuants:

Càrrega permanent: $pp + 3\ \text{kN/m}^2 = 25\ \text{kN/m}^3 \times 0,2\ \text{m} + 3\ \text{kN/m}^2 = 8\ \text{kN/m}^2$

Càrregues variables: envans (2 KN/m^2) + sobrecàrrega (4 KN/m^2) = 6 kN/m^2

La fletxa total a llarg termini està formada per una component instantània i una component diferida. La component instantània està formada per la fletxa deguda a la càrrega permanent -cp-, els envans -en- i la sobrecàrrega d'ús -sc-, mentre que la component a llarg termini és la fletxa diferida causada per la càrrega permanent i els envans sense tenir en compte la sobrecàrrega d'ús.

Per a la càrrega permanent i els envans, s'utilitza la llei 1 i, per a la sobrecàrrega d'ús, la 2.

S'ha de comprovar si la secció fissura o no i, conseqüentment, s'utilitzarà una inèrcia o una altra.

1.Característiques de la secció pels càlculs:

$$d = 200mm - recobriment - \frac{12mm}{2} = 200 - 35 - 6 = 159mm$$

$$E_{28} = 8.500\sqrt[3]{f_{cm,28}} \rightarrow f_{cm,28} = f_{ck} + 8 = 33N/mm^2 \rightarrow E_{28} = 27.264,0N/mm^2 = 2,73{\cdot}10^7 kN/m^2$$

$$f_{cm,\infty} = \beta_{cc} \cdot f_{cm,28} \quad \text{amb } \beta_{cc} = e^{s(1-\sqrt{\frac{28}{t}})} \text{ i amb s=0,38 (enduriment lent)}$$

Si $f_{cm}\,\infty$ =1,4623·$f_{cm,28}$ on $f_{cm,28}$=33 N/mm², s'obté que $f_{cm,}\,\infty$ = 48,26 N/mm².

$$E_{c,m}(t) = \left(\frac{f_{cm}(t)}{f_{cm}}\right)^{0,3} E_{c,m}$$

$$E_{c,m}(\infty) = \left(\frac{48,26}{33}\right)^{0,3} \cdot 27.264,04$$

$$E_{c,m}(\infty) = 30.556,33 \text{ N/mm}^2$$

$$f_{ct,m} = 0,3 \cdot f_{ck}^{2/3} = 0,3 \cdot 25^{2/3} = 2.565kN/m^2$$

$$f_{ctm,fl} = máx\{(1,6 - h/1000) f_{ct,m}; f_{ct,m}\} = máx\{(1,6 - 200/1000) \cdot 2.565kN/m^2; 2.565kN/m^2\} = 3.591kN/m^2$$

Wb és el mòdul resistent de la secció bruta respecte a la fibra extrema en tracció.

$$W_b = \frac{I_b}{h/2} = \frac{\frac{1}{12} \cdot b \cdot h^3}{h/2} = \frac{b \cdot h^3}{6} = \frac{1.000mm \cdot (200mm)^2}{6} = 6,6{\cdot}10^6 mm^2 \rightarrow 6,6{\cdot}10^{-3} m^3/ml$$

Ib és la inèrcia bruta de la secció.

$$I_b = \frac{1}{12} b \cdot h^3 = \frac{1}{12} 1.000mm \cdot (200mm)^3 = 6,67{\cdot}10^8 mm^4/ml \rightarrow 6,67{\cdot}10^{-4} m^4/ml$$

2. Comparació de moments per tal de comprovar si fissura:

Si el moment de fissuració, és més petit que el moment de servei ($M_f < M_a$), hi haurà fissures.
Ma és el moment flexor màxim aplicat a la secció fins a l'instant en què s'avalua la fletxa.

$$M_a = M_B^{llei1} + M_B^{llei2} = \frac{(cp + ta) \cdot l^2}{12,5} + \frac{sc \cdot l^2}{9,9} = \frac{(8+2) \cdot 6^2}{12,5} + \frac{4 \cdot 6^2}{9,9} = 43,35kNm/ml$$

Mf és el moment nominal de fissuració de la secció, que es calcula mitjançant l'expressió:

$$M_f = f_{ct,fl} \cdot W_b = 3,6 \cdot 6,67{\cdot}10^6 = 2,376{\cdot}10^7 \, Nmm \rightarrow 23,76kNm/ml$$

Com es pot observar, M_a és més gran que M_f i, per tant, la secció fissura. Així doncs, s'utilitza la inèrcia de la secció fissurada.

3. Càlcul de *If* (moment d'inèrcia de la secció fissurada a flexió simple) que s'obté negligint la zona de formigó a tracció i homogeneïtzant les àrees de les armadures actives adherents i passives, multiplicant-les pel coeficient d'equivalència:

$$I_f = n \cdot A_{S1} \cdot (d - x) \cdot (d - x/3) + n \cdot A_{S2} \cdot (x - d') \cdot (x/3 - d')$$

si A_{s2} és zero, llavors:

$$I_f = n \cdot A_{S1} \cdot (d - x) \cdot (d - x/3)$$

Donat que la separació de les barres a tracció de diàmetre 12 mm és de 10 cm, per metre lineal de llosa tindrem: 100cm/10cm=10 espais. Hi ha 10+1=11 barres per metre lineal de llosa.

$$\rho_1 = \frac{As_1}{b \times d} = \frac{11 \times \frac{12^2}{4} \times \Pi}{159 \times 1000} = 7{,}824 \cdot 10^{-3}$$

$$n = \frac{Es}{Ec} = \frac{200000 N/mm^2}{27264{,}0 N/mm^2} = 7{,}33$$

$$x(\rho_2 = 0) = d \times n \times \rho_1 \times \left(-1 + \sqrt{1 + \frac{2}{n \times \rho_1}} \right) = 9{,}12 \times 4{,}99 = 45{,}5 mm$$

llavors,

$$If = 7{,}33 \times 1244{,}07 \times (159 - 45{,}5) \times \left(159 - \frac{45{,}5}{3} \right) = 1{,}49 \cdot 10^8 mm^4 / ml = 1{,}49 \cdot 10^{-4} m^4 / ml$$

$$I_e = \left(\frac{M_f}{M_a} \right) \cdot I_b + \left[1 - \left(\frac{M_f}{M_a} \right)^3 \right] \cdot I_f$$

$$I_e = \left(\frac{23{,}76 KNm/ml}{43{,}35 KNm/ml} \right)^3 \times 6{,}67 \cdot 10^{-4} m^4/ml + \left[1 - \left(\frac{23{,}76 KNm/ml}{43{,}35 KNm/ml} \right)^3 \right] \times 1{,}49 \cdot 10^{-4} m^4/ml$$

$$I_e = 2{,}34 \cdot 10^{-4} m^4 / ml$$

4. Càlcul de fletxes:

$$\delta^{inst}{}_{t=28}(cp, en) = \frac{pl^4}{145 \times E_{28} \times I_e} = \frac{(8+2) \times 6^4}{145 \times 2{,}73 \cdot 10^7 \times 2{,}34 \cdot 10^{-4}} = 1{,}4 \cdot 10^{-2} m$$

$$\delta^{inst}{}_{t=\infty}(sc) = \frac{pl^4}{100 \times E_\infty \times I_e} = \frac{4 \times 6^4}{100 \times 3{,}06 \cdot 10^7 \times 2{,}34 \cdot 10^{-4}} = 7{,}24 \cdot 10^{-3} m$$

$$\lambda = \lambda_\infty - \lambda_{28} = 2 - 0{,}7 = 1{,}3$$

Per tant,

$$\delta^{total} = \delta^{inst}_{t=28}(cp, ta) + \delta^{inst}_{t=\infty}(sc) + \delta^{dif}(cp, ta)$$

$$\delta^{total} = \left[\delta^{inst}{}_{t=28}(cp, en) \right] \times (1 + \lambda) + \delta^{inst}{}_{t=\infty}(sc) = 1{,}4 cm \times 2{,}3 + 0{,}724 cm = 3{,}944 cm$$

S'aproxima a 40 mm. Per tant, la resposta és la *b*.

11. Ancoratge i connexió d'armadures

Exercici A/C-01

Calculeu la longitud necessària d'ancoratge, dins la sabata, de les esperes de les barres comprimides d'un pilar de 40x40 cm armat amb 12Ø25 igualment repartits en les quatre cares. Sabem que el quocient $\frac{A_{sreal}}{A_{snecessària}}=1{,}0$ ja que s'ha armat fortament amb la finalitat de no incrementar més la secció de formigó.

Acer i formigó de la sabata:

- B500S
- HA30/B/20/IIa
- Control normal d'execució

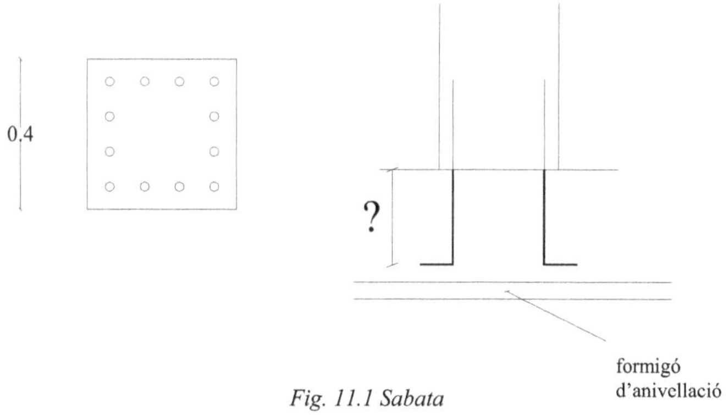

Fig. 11.1 Sabata

S'ha de tenir en compte que el gruix de la sabata ha de ser suficient per ancorar l'armadura comprimida del pilar.

Respostes possibles:

a) 57 cm
b) 66 cm
c) 81 cm
d) 94 cm

Solució

Segons la instrucció, la longitud neta d'ancoratge es defineix com (*article 69.5.1.2. Anclaje de barras corrugadas*):

$$l_{b\,neta} = l_b \cdot \beta \frac{A_s}{A_{s,real}}$$

La longitud bàsica d'ancoratge en posició I (situada a la part inferior de la secció) és:

$$l_{bI} = m\,\text{Ø}^2 \geq \frac{f_{yk}}{20}\text{Ø}$$

$$\text{Taula 69.5.1.2.a} \Rightarrow \text{m}(30, \text{B500S}) = 1,3$$

$$l_{bI} = 1,3 \cdot 25^2 = 812,5 \text{ mm} \geq \frac{500}{20} \cdot 25 = 625 \text{ mm}$$

$\beta = 1,0$ perquè és un ancoratge de tipus patilla en compressió (Taula 69.5.1.2.b):

Per tant, $l_{b\,neta} = 81,25\text{cm}$.

D'aquesta manera, la sabata necessitarà, per poder ancorar les esperes, tindrà com a mínim 90 cm de gruix.

Exercici A/C-02

Calculeu la longitud de les esperes de l'armadura d'un pilar comprimit de secció quadrada de 0,40 m de costat, armat amb 12 Ø25 igualment repartits a les quatre cares. Sabem que $A_s / A_{sreal} \approx 1,0$.

Dades:

- B 500 S
- HA 30/B/20/IIa
- Control normal d'execució

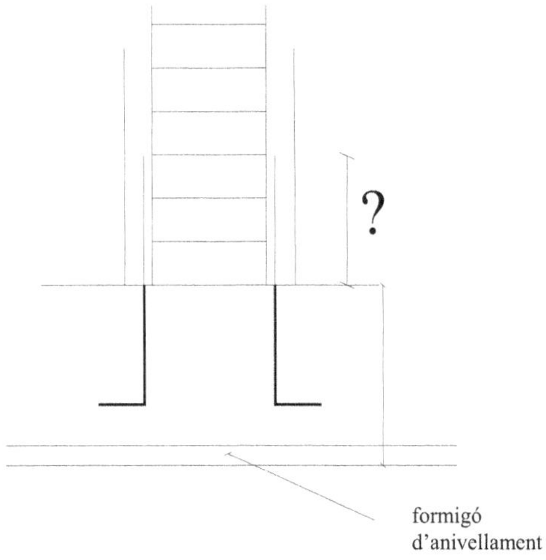

Fig. 11.2 Armadures del pilar

Respostes possibles:

a) 56,92 cm
b) 65,62 cm
c) 81,25 cm
d) 93,75 cm

Solució

Segons la instrucció, la longitud neta d'ancoratge es defineix com:

$$l_{b\,neta} = l_b \cdot \beta \frac{A_s}{A_{s,real}}$$

La longitud bàsica d'ancoratge en posició I (forma amb la horitzontal un angle de 90º) és:

$$l_{bI} = m\,Ø^2 \geq \frac{f_{yk}}{20}Ø$$

$$\text{Taula 69.5.1.2.a} \Rightarrow \text{m}(30, \text{B500S}) = 1,3$$

$$l_{bI} = 1,3 \cdot 25^2 = 812,5 \text{ mm} \geq \frac{500}{20} \cdot 25 = 625 \text{ mm}$$

$\beta = 1,0$ perquè és un ancoratge de tipus prolongació recta en compressió (Taula 69.5.1.2.b):

Per tant, $l_{b\,neta} = 81,25\text{cm}$.

Segons l'*article 69.5.2.2. Empalmes por solapo*, la longitud de solapament és igual a:

$$l_s = \alpha \cdot l_{b,neta}$$

on $\alpha = 1$ perquè treballa a compressió (Taula 69.5.2.2).

Llavors, $\text{l}_s = \alpha \cdot \text{l}_{b,neta} = 81,25 \text{ cm}$

Exercici A/C-03

Calculeu la longitud necessària d'ancoratge dins la sabata de les esperes de l'armadura principal de tracció d'un mur de contenció de terres de formigó armat.

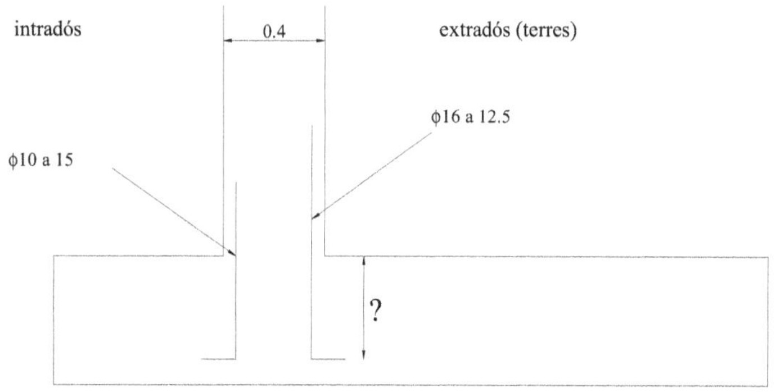

Fig. 11.3 Sabata

Es compleix que $A_s / A_{s,real} \approx 1{,}0$ i els materials són:

- B 500 S
- HA 25/B/20/IIa
- Control normal d'execució

Respostes possibles:

a) 15 cm
b) 28 cm
c) 38 cm
d) 40 cm

Solució

Segons la instrucció, la longitud neta d'ancoratge es defineix com:

$$l_{b\,neta} = l_b \cdot \beta \frac{A_s}{A_{s,real}}$$

La longitud bàsica d'ancoratge en posició I (situada a la part inferior de la secció) és:

$$l_{bI} = m\,\varnothing^2 \geq \frac{f_{yk}}{20}\varnothing$$

$$\text{Taula 69.5.1.2.a} \Rightarrow \text{m}(25, \text{B500S}) = 1{,}5$$

$$l_{bI} = 1{,}5 \cdot 16^2 = 384 \text{ mm} \geq \frac{500}{20} \cdot 16 = 400 \text{ mm}$$

$\beta = 0{,}7$ perquè és un ancoratge de tipus patilla en tracció (Haurem d'assegurar 3 Ø de recobriment. Taula 69.5.1.2.b):

Per tant, $l_{b\,neta} = 28 \text{ cm}$.

Exercici A/C-04

Calculeu la longitud de les esperes de l'armadura principal d'un mur de contenció de terres de formigó armat. A l'armadura $A_s / A_{s,real} \approx 1{,}0$ i els materials són:

- B 500 S
- HA 25/B/20/IIa
- Control normal d'execució

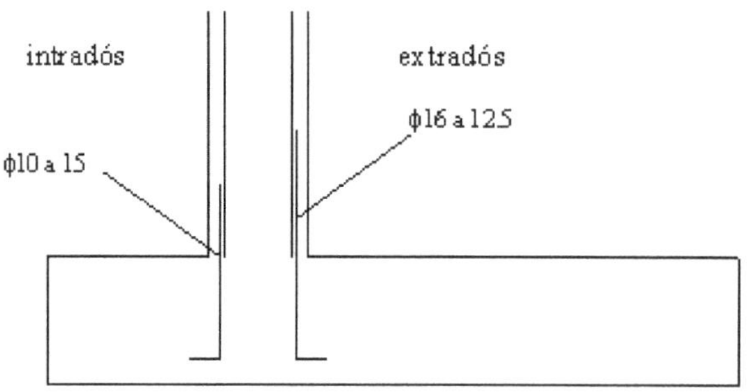

Fig. 11.4 Sabata

Respostes possibles:

a) 40 cm
b) 56 cm
c) 75 cm
d) 80 cm

Solució

Segons la instrucció, la longitud neta d'ancoratge es defineix com:

$$l_{b\,neta} = l_b \cdot \beta \frac{A_s}{A_{s,real}}$$

La longitud bàsica d'ancoratge en posició I (forma amb la horitzontal un angle de 90º) és:

$$l_{bI} = m\,Ø^2 \geq \frac{f_{yk}}{20}Ø$$

$$\text{Taula 69.5.1.2.a} \Rightarrow \text{m}(25, \text{B500S}) = 1,5$$

$$l_{bI} = 1,5 \cdot 16^2 = 384 \text{ mm} \geq \frac{500}{20} \cdot 16 = 400 \text{ mm}$$

$\beta = 1,0$ perquè és un ancoratge de tipus prolongació recta a tracció (Taula 69.5.1.2.b):

Per tant, $l_{b\,neta} = 40 \text{ cm}$

Segons l'*article 69.5.2.2. Empalmes por solapo*, la longitud de solapament és igual a:

$$l_s = \alpha \cdot l_{b,neta}$$

on $\alpha = 2$ (Taula 69.5.2.2) ja que:

- % barres solapades > 50%
- Separació a = 12,5 cm < 10Ø

Llavors, $l_s = \alpha \cdot l_{b,neta} = 80 \text{ cm}$

Exercici A/C-05

Després de l'anàlisi estructural de la biga d'un pòrtic, s'ha obtingut l'envolupant de moments flexors de la figura:

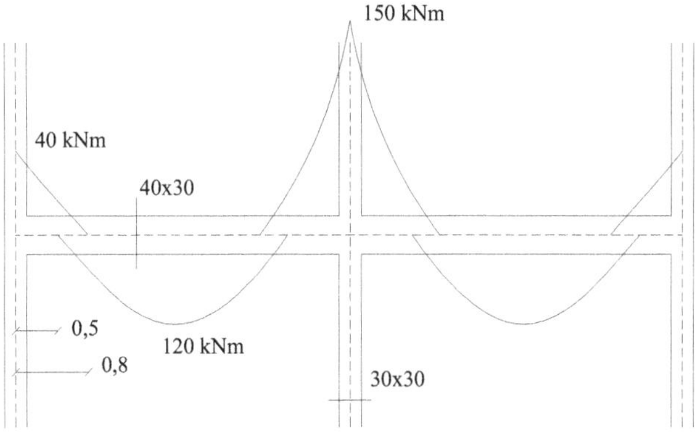

Fig. 11.5 Pòrtic

Coneixent que l'armadura base inferior està formada per 3 Ø12, armadura que compleix la condició de ser el 30% del centre del tram (*Taula 42.3.5 apunt 4*), determineu la longitud d'ancoratge al recolzament.

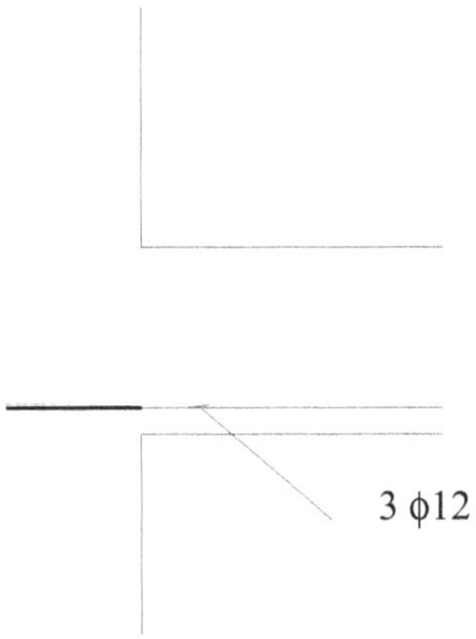

Fig. 11.6 Detall de l'ancoratge

Respostes possibles:

- *a)* 12 cm
- *b)* 15 cm
- *c)* 24 cm
- *d)* 30 cm

Solució

En aquest cas, s'ha d'ancorar l'armadura encara que, segons el càlcul a flexió, i un cop decalada la llei de moments, l'armadura no seria necessària.

Aquesta armadura és necessària per tancar la gelosia de tallant i, per aquesta raó, s'ha d'ancorar al recolzament la quantitat que la Instrucció prescriu.

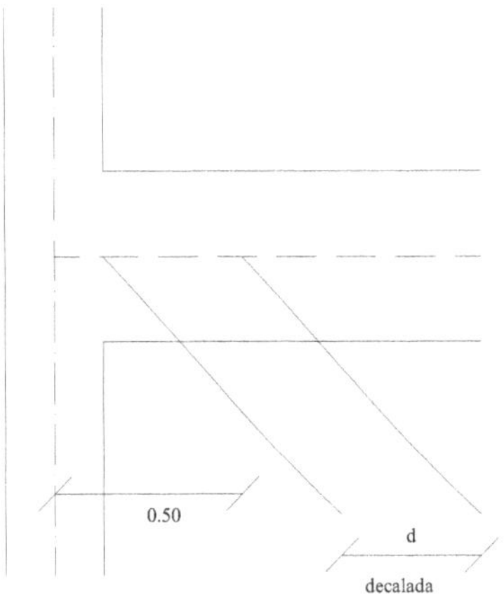

Fig. 11.7 Llei de moments

Aquesta armadura s'ancora a partir de l'extrem del recolzament.

La longitud bàsica d'ancoratge en posició I (situada a la part inferior de la secció) és:

$$l_{bI} = m\,Ø^2 \geq \frac{f_{yk}}{20}\,Ø$$

$$\text{Taula 69.5.1.2.a} \Rightarrow m(25, \text{B500S}) = 1,5$$

$$l_{bI} = 1,5 \cdot 12^2 = 216\ \text{mm} \geq \frac{500}{20} \cdot 12 = 300\ \text{mm}$$

$$l_{bI} = 30\ \text{cm} \qquad A_s / A_{s\,real} = 0$$

Hem de disposar l mínima d'ancoratge, que vindrà donada pel valor més gran entre (*article 69.5.1.1. Generalidades*):

a) 10 Ø= 12,5 cm
b) 15 cm
c) 2/3 parts de la longitud bàsica en barres comprimides: 2/3·30 cm = 20 cm

Per tant es disposa $l_{mínima}$=20 cm.

Llavors, el detall és:

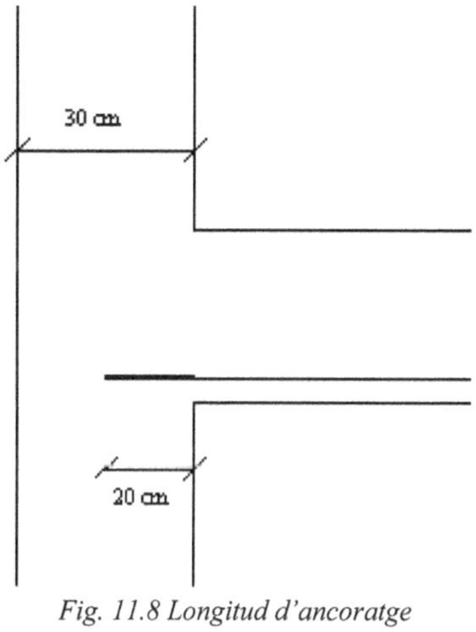

Fig. 11.8 Longitud d'ancoratge

Exercici A/C-06

Després de l'anàlisi estructural de la biga d'un pòrtic, s'ha obtingut l'envolupant de moments flexors de la figura:

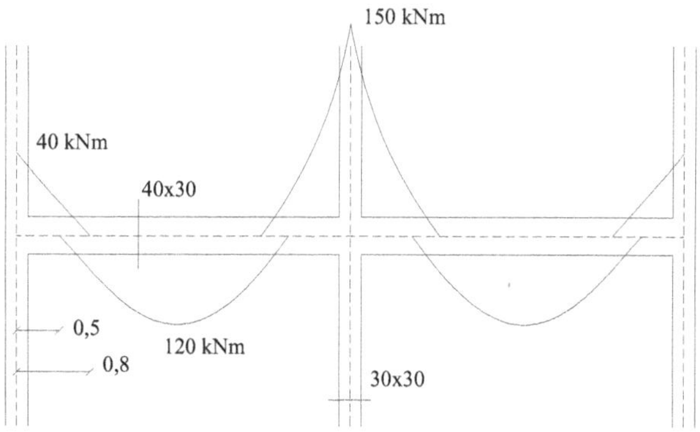

Fig. 11.9 Llei de flexors al pòrtic

Calculeu la longitud total de l'armadura de reforç de negatius del recolzament extrem sabent que l'armadura de muntatge està formada per 2Ø10, que la quantia mínima a la cara de tracció de la biga és 2,8‰ =3,36 cm^2(Taula 42.3.5), que A_{snec} = 2,70 cm^2 i que s'utilitzen 2 Ø12 com a reforç.

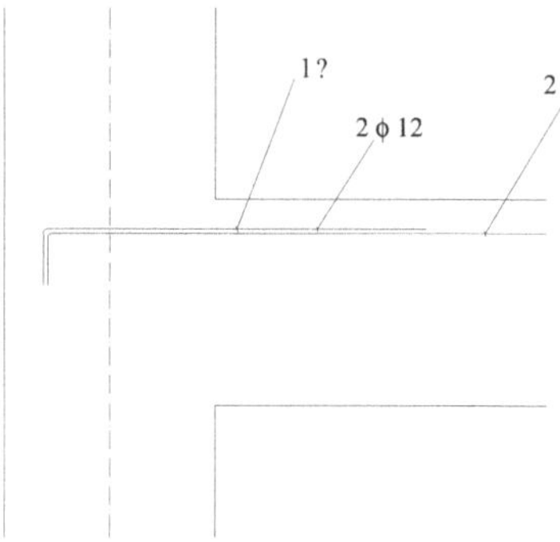

Fig. 11.10 Ancoratge

Respostes possibles:

a) 1,10 m
b) 1,30 m
c) 1,40 m
d) 1,65 m

Solució

Primer s'ha de considerar que el reforç ha de cobrir tota la zona de flexió negativa per garantir la quantia mínima.

La longitud bàsica d'ancoratge en posició II (situada a la meitat superior de la secció) és:

$$l_{bII} = 1,4 \cdot m\, Ø^2 \geq \frac{f_{yk}}{14} Ø$$

$$\text{Taula 69.5.1.2.a} \Rightarrow \text{m}(25, \text{B500S}) = 1,5$$

$$l_{bII} = 1,4 \cdot 1,5 \cdot 12^2 = 302,4 \text{ mm} \geq \frac{500}{14} \cdot 12 = 428,57 \text{ mm}$$

Com a mínim (*article 69.5.1.1. Generalidades*):
a) 10 Ø= 12 cm
b) 15 cm
c) 1/3 parts de la longitud bàsica en barres traccionades: 1/3·42,9 cm = 14,3 cm

La quantia mínima geomètrica (article 42.3.5 *Cuantías geométricas mínimas*)= 2,8‰= 0,0028·40·30=3,36cm^2

La quantia mínima mecànica (article 42.3.1 *Generalidades*)= $A_{s,\min} \geq 0,04 \cdot A_c \cdot \frac{f_{cd}}{f_{yd}} \rightarrow A_{s,\min} = 1,84 cm^2$

$A_{s,nec}$=2,70cm^2 (obtingut per càlcul resistent)
Nosaltres hem de fixar la quantia mínima mecànica, és a dir el màxim entre 2,70 cm^2 i 1,84 cm^2:

En posició II, amb l'armadura horitzontal a la part superior de la secció:

$$l_{bII} = 42,9 \text{ cm} \qquad A_{s\,real} = \frac{2 \cdot \pi \cdot 10^2}{4} + \frac{2 \cdot \pi \cdot 12^2}{4} = 383,274 \text{ mm}^2 \qquad \frac{A_s}{A_{s\,real}} = \frac{2,7}{3,8327} \qquad l_{b\,neta} = \frac{A_{snec}}{A_{sreal}} \cdot l_{bII} = 30,15 \text{ cm}$$

Es disposa l'ancoratge al recolzament amb una patilla suposant que disposem de 3 ϕ de recobriment:

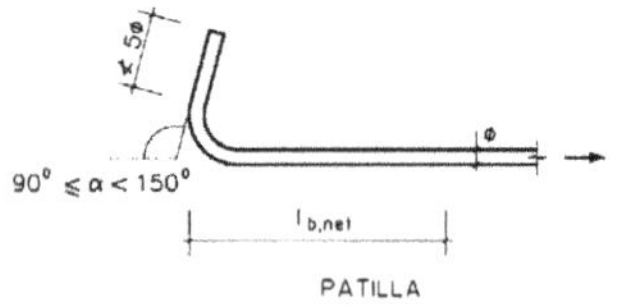

$$l_{b\,neta} = \beta \frac{A_{snec}}{A_{sreal}} \cdot l_{bII} = 0,7 \cdot 30,15 \text{ cm} = 21,105 \text{ cm}$$

$5\phi = 5 \cdot 12 = 6$ cm

Si el pilar fa 25 cm d'ample, la longitud en la qual actúa el moment és= 80 cm – 12,5 cm =67,5 cm
Al decalar la llei de moments és necessari ampliar la longitud de la barra en un canto més ($d \approx 0{,}9 \cdot h$)= 36 cm
Per últim necessitem ancorar per la part dreta quan finalitza la llei de moments, amb extensió recta: $l_{b\,neta} = 30{,}15$ cm

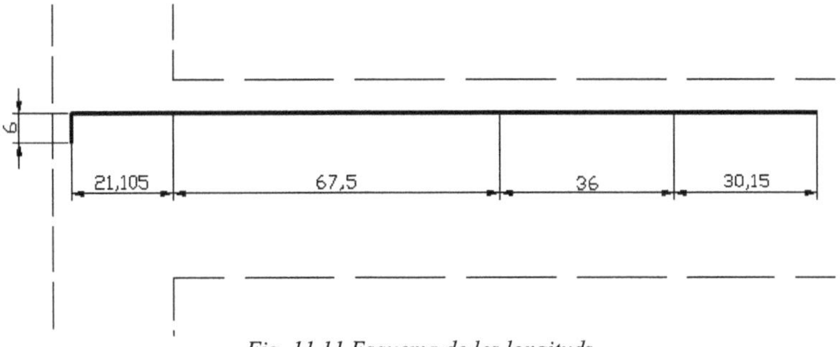

Fig. 11.11 Esquema de les longituds

Llavors, la longitud total de l'armadura de reforç de negatius del recolzament extrem serà:

$$21{,}105 \text{ cm} + 6 \text{ cm} + 67{,}5 \text{ cm} + 36 \text{ cm} + 30{,}15 \text{ cm} = 160{,}755 \text{ cm} \approx 165 \text{ cm}$$

Annex de taules

Aquest annex recull les taules i els diagrames necessaris per resoldre els exercicis d'aquest llibre. Totes les taules són de la Comissió Permanent del Formigó, *Instrucción del Hormigón Estructural EHE* (Secretaria General Tècnica del Ministeri de Foment, 2008). Els diagrames d'interacció s'han extret del llibre de José Calavera, *Proyecto y cálculo de estructuras de hormigón en masa, armado y pretensado. Tomo II,* 2a edició, pàg 967-1027 (Madrid, INTEMAC, 2008)

Taula 5. Vida útil nominal de diferents tipus d'estructures

TIPUS D'ESTRUCTURA	VIDA ÚTIL NOMINAL
Estructures de caràcter temporal	Entre 3 y 10 anys
Elements reemplaçables que formen part de la estructura principal (i.e., barana, suport de tubs)	Entrc 10 y 25 anys
Edificis (o instal·lacions) agrícoles o industrials i obres marítimes	Entre 15 y 50 anys
Edificis de vivenda u oficines, ponts u obres de pas de longitud total inferior a 10 m i estructures d'enginyeria civil (excepte obres marítimes) de repercussió econòmica baixa o medià	50 anys
Edificis de caràcter monumental o d'importància especial	100 anys
Ponts de longitud total igual o superior a 10 m i altres estructures d'enginyeria civil de repercussió econòmica alta	100 anys

Taula 5.1.1.2 de l'EHE. Valors màxims de l'obertura de fissura

Classe d'exposició	$w_{màx}$ [mm]	
	Formigó armat	Formigó prentesat
I	0,4	0,2
IIa, IIb, H	0,3	0,2[1)]
IIIa, IIIb, IV, F	0,2	Descompressió
IIIc, Qa, Qb, Qc	0,1	

1) Addicionalment, s'ha de comprovar que les armadures actives es trobin en la zona comprimida de la secció.

Taula 8.2.2 de l'EHE. Classes generals d'exposició relatives a la corrosió d'armadures

CLASSE GENERAL D'EXPOSICIÓ				DESCRIPCIÓ	EXEMPLES
Classe	Subclasse	Designació	Tipus de procés		
No agressiva		I	Cap	- interiors d'edificis, no sotmesos a condensacions - elements de formigó en massa	- interiors d'edificis, protegits de la intempèrie
Normal	Humitat alta	IIa	Corrosió d'origen diferent dels clorurs	- interiors sotmesos a humitats relatives mitjanes altes (>65%) o a condensacions - exteriors en absència de clorurs, i exposats a la pluja en zones amb precipitació mitjana anual superior a 600 mm. - elements enterrats o submergits.	- soterranis no ventilats - fonaments - taulers i pilars de ponts en zones amb precipitació mitjana anual superior a 600 mm - elements de formigó en cobertes d'edificis
	Humitat mitjana	IIb	Corrosió d'origen diferent dels clorurs	- exteriors en absència de clorurs, sotmesos a l'acció de l'aigua de pluja, en zones amb precipitació mitjana anual inferior a 600 mm	- construccions exteriors protegides de la pluja - taulers i pilars de ponts, en zones de precipitació mitjana anual inferior a 600 mm
Marina	Aèria	IIIa	Corrosió per clorurs	- elements d'estructures marines, per sobre del nivell màxim de marea - elements exteriors d'estructures situades a prop de la línia costanera (a menys de 5 km)	- edificacions en zones properes a la costa - ponts propers a la costa - zones aèries de dics, pantalans i altres obres de defensa litoral - instal·lacions portuàries
	Submergida	IIIb	Corrosió per clorurs	- elements d'estructures marines submergides permanentment, per sota del nivell mínim de marea	- zones submergides de dics, pantalans i altres obres de defensa litoral - fonaments i zones submergides de pilars de ponts en el mar
	En zona de marees	IIIc	Corrosió per clorurs	- elements d'estructures marines situades a la zona de carrera de marees	- zones situades en el recorregut de marea de dics, pantalans i altres obres de defensa litoral - zones de pilars de ponts sobre el mar, situades en el recorregut de marea
Amb clorurs d'origen diferent del medi marí		IV	Corrosió per clorurs	- instal·lacions no impermeabilitzades en contacte amb aigua amb un contingut elevat de clorurs, no relacionats amb l'ambient marí - superfícies exposades a sals de desgel no impermeabilitzades	- piscines - pilars de passos superiors o passarel·les en zones de neu - estacions de tractament d'aigua.

Taula 8.2.3a de l'EHE. Classes específiques d'exposició relatives a altres processos de deteriorament diferents de la corrosió

CLASSE ESPECÍFICA D'EXPOSICIÓ				DESCRIPCIÓ	EXEMPLES
Classe	Subclasse	Designació	Tipus de procés		
Química agressiva	Dèbil	Qa	Atac químic	- elements situats en ambients amb continguts de substàncies químiques capaces de provocar l'alteració del formigó amb velocitat lenta (vegeu la taula 8.2.3.*b*)	- instal·lacions industrials, amb substàncies dèbilment agressives, segons la taula 8.2.3.*b* - construccions pròximes a àrees industrials, amb agressivitat dèbil, segons la taula 8.2.3.*b*
	Mitjana	Qb	Atac químic	- elements en contacte amb aigua de mar - elements situats en ambients amb continguts de substàncies químiques capaces de provocar l'alteració del formigó amb velocitat mitjana (vegeu la taula 8.2.3.*b*)	- blocs i d'altres elements per a dics - estructures marines, en general - instal·lacions industrials amb substàncies d'agressivitat mitjana, segons taula 8.2.3.b. - construccions pròximes a àrees industrials amb agressivitat mitjana segons taula 8.2.3.b - instal·lacions de conducció i tractament d'aigües residuals amb substàncies d'agressivitat mitjana segons taula 8.2.3.b.
	Fort	Qc	Atac químic	- elements situats en ambients amb continguts de substàncies químiques capaces de provocar l'alteració del formigó amb velocitat ràpida (vegeu la taula 8.2.3.*b*)	- instal·lacions industrials, amb substàncies d'agressivitat alta d'acord amb taula 8.2.3.*b* - instal·lacions de conducció i tractament d'aigües residuals, amb substàncies d'agressivitat alta, d'acord amb la taula 8.2.3.*b*
Amb gelades	Sense sals fundents	H	Atac gel-desgel	- elements situats en contacte freqüent amb aigua, o zones amb humitat relativa mitjana ambiental a l'hivern superior al 75%, i que tinguin una probabilitat anual superior al 50% d'arribar almenys un cop a temperatures per sota de -5ºC	- construccions en zones d'alta muntanya - estacions hivernals
	Amb sals fundents	F	Atac per sals fundents	- elements destinats al trànsit de vehicles o vianants en zones amb més de cinc nevades anuals amb valor mitjà de la temperatura mínima en els mesos d'hivern inferior a 0ºC	- taulers de ponts o passarel·les en zones d'alta muntanya
Erosió		E	Abrasió cavitació	- elements sotmesos a desgast superficial - elements d'estructures hidràuliques en els quals la cota piezomètrica pot descendir per sota de la pressió de vapor de l'aigua	- pilars de pont en lleres molt torrencials - elements de dics, pantalans i altres obres de defensa litoral que es trobin sotmeses a forts onatges - paviments de formigó - canonades d'alta pressió

Taula 37.2.4.1.a Recobriments mínims (mm) per les classes generales de exposició I y II

CLASSE DE EXPOSICIÓ	TIPUS DE CEMENT	RESISTÈNCIA CARACTERÍSTICA DEL FORMIGÓ (MPa)	VIDA ÚTIL DE PROJECTE (T_D),(ANYS)	
			50	100
I	Qualsevol	$f_{ck} \geq 25$	15	25
IIa	CEM I	$25 \leq f_{ck} < 40$	15	25
		$f_{ck} \geq 40$	10	20
	Altres tipus de cements o en cas d'ús de adicions al formigó	$25 \leq f_{ck} < 40$	20	30
		$f_{ck} \geq 40$	15	25
IIb	CEM I	$25 \leq f_{ck} < 40$	20	30
		$f_{ck} \geq 40$	15	25
	Altres tipus de cements o en cas d'ús de adicions al formigó	$25 \leq f_{ck} < 40$	25	35
		$f_{ck} \geq 40$	20	30

Taula 37.2.4.1.b Recobriments mínims (mm) per les classes generals de exposició III y IV

FORMIGÓ	CEMENT	VIDA ÚTIL DEL PROJECTE (T_D),(ANYS)	CLASSE GENERAL DE EXPOSICIÓ			
			IIIa	IIIb	IIIc	IV
Armat	CEM III/A, CEM III/B, CEM IV, CEM II/B-S, B-P, B-V, A-D o formigó amb adicions de microsílice supeiror al 6% o cendra volant superior al 20%	50	25	30	35	35
		100	30	35	40	40
	Resta de cements utilitzables	50	45	40	*	*
		100	65	*	*	*
Pretensat	CEM II/A-D o be amb adicions de fum de sílice superior al 6%	50	30	35	40	40
		100	35	40	45	45
	Resta de cements utilitzables, segon l'Articlc 26	50	65	45	*	*
		100	*	*	*	*

(*) L'ha de fixar el projectista perquè garanteixi una protecció adequada.

Taula 37.2.4.1.c Recobriments mínims (mm) para las classes específiques de exposició

CLASSE DE EXPOSICIÓ	TIPUS DE CEMENT	RESISTÈNCIA CARACTERÍSTICA DEL FORMIGÓ (MPa)	VIDA ÚTIL DE PROJECTE (T_D),(ANYS)	
			50	100
H	CEM III	$25 \leq f_{ck} < 40$	25	50
		$f_{ck} \geq 40$	50	25
	Altres tipus de cement	$25 \leq f_{ck} < 40$	20	35
		$f_{ck} \geq 40$	10	20
F	CEM I/A-D	$25 \leq f_{ck} < 40$	25	50
		$f_{ck} \geq 40$	15	35
	CEM III	$25 \leq f_{ck} < 40$	40	75
		$f_{ck} \geq 40$	20	40
	Altres tipus de cements o en cas d'ús de adicions al formigó	$25 \leq f_{ck} < 40$	20	40
		$f_{ck} \geq 40$	10	20
E	Qualsevol	$25 \leq f_{ck} < 40$	40	80
		$f_{ck} \geq 40$	20	35
Qa	CEM III, CEM IV, CEM II/B-S, B-P, B-V, A-D o formigó amb adicions de microsilice superior al 6% o cendra volant superior al 20%	-	40	55
	Resta de cements utilitzables	-	*	*
Qb, Qc	Qualsevol	-	*	*

(*) L'ha de fixar el projectista perquè garanteixi una protecció adequada.

Taules 37.3.2a de l'EHE. Màxima relació aigua/ciment i mínim contingut de ciment

Paràmetre de dosificació	Tipus de formigó	CLASSE D'EXPOSICIÓ												
		I	IIa	IIb	IIIa	IIIb	IIIc	IV	Qa	Qb	Qc	H	F	E
Màxima relació a/c	Massa	0,65	-	-	-	-	-	-	0,50	0,50	0,45	0,55	0,50	0,50
	Armat	0,65	0,60	0,55	0,50	0,50	0,45	0,50	0,50	0,50	0,45	0,55	0,50	0,50
	Pretensat	0,60	0,60	0,55	0,45	0,45	0,45	0,45	0,50	0,45	0,45	0,55	0,50	0,50
Mínim contingut de ciment (kg/m^3)	Massa	200	-	-	-	-	-	-	275	300	325	275	300	275
	Armat	250	275	300	300	325	350	325	325	350	350	300	325	300
	Pretensat	275	300	300	300	325	350	325	325	350	350	300	325	300

Taules 37.3.2 b de l'EHE. Resistències mínimes recomanades en funció dels requisits de durabilitat

Paràmetre de dosificació	Tipus de formigó	CLASSE D'EXPOSICIÓ												
		I	IIa	IIb	IIIa	IIIb	IIIc	IV	Qa	Qb	Qc	H	F	E
Resistència mínima (N/mm²)	Massa	20	-	-	-	-	-	-	30	30	35	30	30	30
	Armat	25	25	30	30	30	35	30	30	30	35	30	30	30
	Pretesat	25	25	30	30	35	35	35	30	35	35	30	30	30

Taula 43.5.1 de l'EHE

Disposició de l'armadura	i_s^2	β
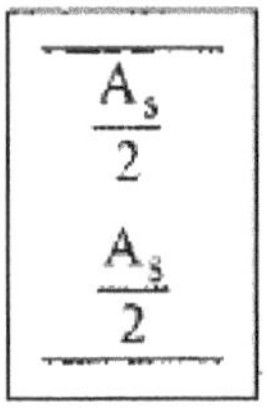	$\frac{1}{4}(d - d')^2$	1,0
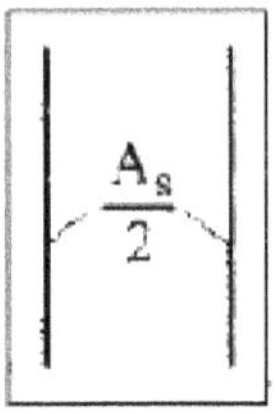	$\frac{1}{12}(d - d')^2$	3,0
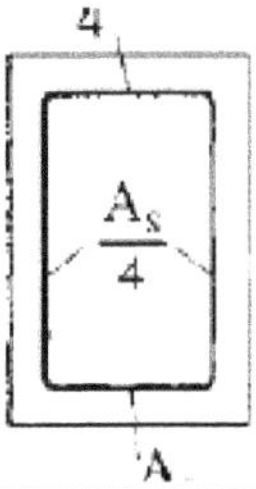	$\frac{1}{6}(d - d')^2$	1,5

Taula 50.2.2.1 de l'EHE. Relacions L/d en elements estructurals de formigó armat sotmesos a flexió simple

SISTEMA ESTRUCTURAL L/d	K	ELEMENTS FORTAMENT ARMATS ($\rho = A_s/b_0d = 0{,}015$)	ELEMENTS DÈBILMENT ARMATS ($\rho = A_s/b_0d = 0{,}005$)
Biga simplement recolzada. Llosa unidireccional o bidireccional simplement recolzada	1,00	14	20
Biga contínua[1] en un extrem. Llosa unidireccional contínua[1,2] en un sol costat	1,30	18	26
Biga contínua[1] en ambdós extrems. Llosa unidireccional o bidireccional contínua[1,2]	1,50	20	30
Requadres exteriors i de cantonada en llosa sobre recolzaments aïllats[3]	1,15	16	23
Requadres interiors en lloses sense bigues sobre recolzaments aïllats[3]	1,20	17	24
Voladís	0,40	6	8

1 Un extrem es considera continu si el moment corresponent és igual o superior al 85% del moment d'encastament perfecte.

2 En lloses unidireccionals, les esvelteses donades es refereixen a la llum menor.

3 En lloses sobre recolzaments aïllats (pilars), les esvelteses donades es refereixen a la llum més gran.

Taula 69.5.1.2.a Coeficient m pel càlcul de longitud d'ancoratge

Resistència característica del formigó (MPa)	m	
	B 400 S B 400 SD	B 500 S B 500 SD
25	1,2	1,5
30	1,0	1,3
35	0,9	1,2
40	0,8	1,1
45	0,7	1,0
≥ 50	0,7	1,0

Taula 69.5.1.2.b. Valores de β pel càlcul de la longitud d'ancoratge

TIPUS D'ANCORATGE	TRACCIÓ	COMPRESIÓ
Prolongació recta	-1	1
Pota, ganxo i ganxo en U	0,7 (*)	1
Barra transversal soldada	0,7	0,7

(*) Si el recobriment de formigó perpendicular al pla de doblat es superior a 3 ϕ . En cas contrari β=1

Taula 69.5.2.2. Valores de α per càlcul de longitud de cavalcament

Distància entre cavalcaments més pròxims	Percentatge de barres cavalcades que treballant a tracció, con relació a la secció total de acer					Barres cavalcades treballant normalment a compressió en qualsevol percentatge
	20	25	33	50	>50	
$a \leq 10\phi$	1,2	1,4	1,6	1,8	2,0	1,0
$a > 10\phi$	1,0	1,1	1,2	1,3	1,4	1,0

Diagrama d'interacció adimensional 1. Armadura simètrica a dues cares per secció rectangular i d'=0,10h

GT-99 SECCIONES RECTANGULARES SOMETIDAS A FLEXIÓN COMPUESTA

DIAGRAMA PARÁBOLA RECTÁNGULO

ACERO DE DUREZA NATURAL

$$400 \leq f_{yk} \leq 500 \text{ N/mm}^2$$

$$\boxed{d' = 0,10\,h}$$

$$U_{s1} = U_{s2}$$

$$\gamma_c = 1,50 \quad \gamma_s = 1,15 \quad U_c = f_{cd} \cdot b \cdot h \qquad \omega = \frac{U_{s1} + U_{s2}}{U_c}$$

$$\nu = \frac{N_d}{U_c}$$

$$\mu = \frac{M_d}{U_c\,h}$$

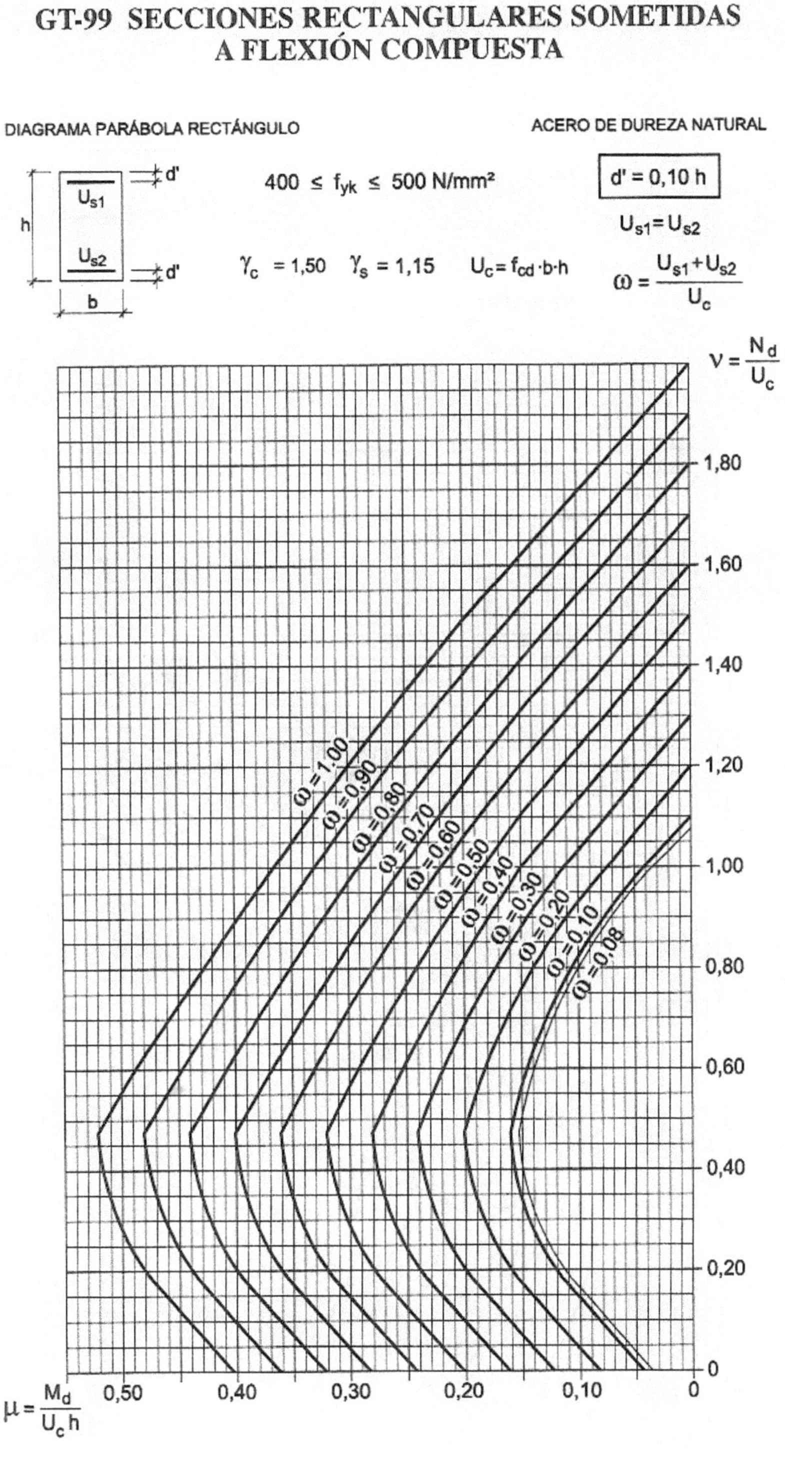

Diagrama d'interacció adimensional 2. Armadura simètrica a quatre cares per secció rectangular i d'=0,05h

GT-102 SECCIONES RECTANGULARES SOMETIDAS A FLEXIÓN COMPUESTA CON ARMADURA EN LAS CUATRO CARAS

DIAGRAMA PARÁBOLA RECTÁNGULO   ACERO DE DUREZA NATURAL

$400 \leq f_{yk} \leq 500$ N/mm²

$\omega = \dfrac{2(U_{s1}+U_{s2})}{U_c}$ $\dfrac{U_{s2}}{U_{s1}} = 1$

$\gamma_c = 1,50$ $\gamma_s = 1,15$ d' = 0,05 h

$U_c = f_{cd} \cdot b \cdot h$ $U_{s1}=U_{s2}=\dfrac{1}{4}\,\omega\,U_c$

$\nu = \dfrac{N_d}{U_c}$

$\mu = \dfrac{M_d}{U_c\,h}$

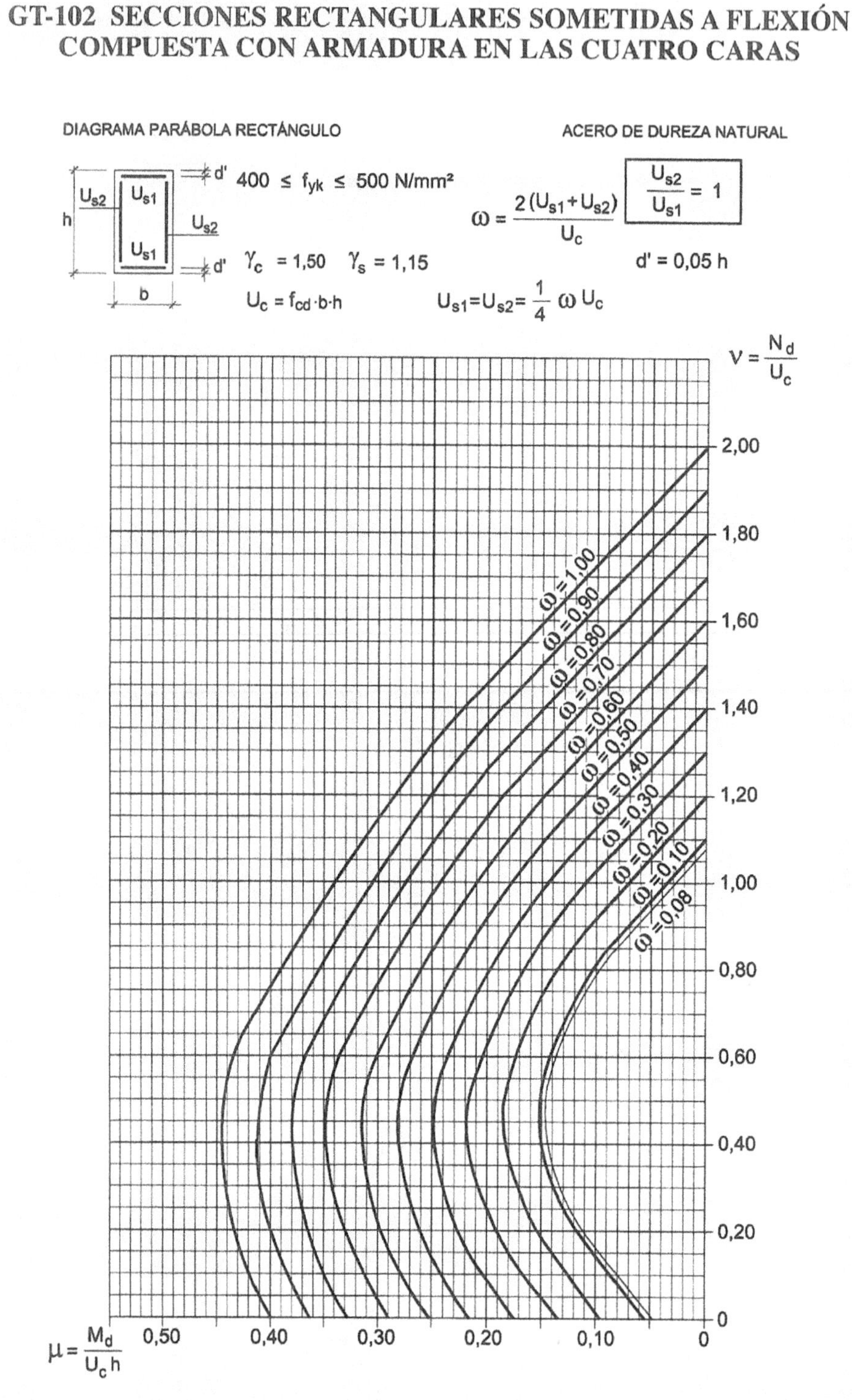

Àbac de roseta per secció rectangular i armadura simètrica a les quatre cares

GT-119 DIMENSIONAMIENTO DE SECCIONES RECTANGULARES SOMETIDAS A FLEXO-COMPRESIÓN ESVIADA

DIAGRAMA PARÁBOLA RECTÁNGULO

ACERO DE DUREZA NATURAL

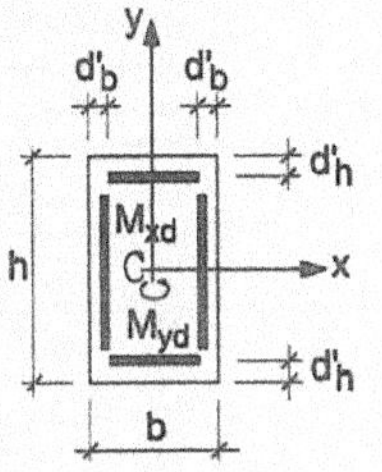

$400 \leq f_{yk} \leq 500$ N/mm² $\gamma_s = 1,15$

$d'_h = 0,10\ h$

$d'_b = 0,10\ b$

$$\omega = \frac{A_s\ f_{yd}}{f_{cd}\ b\ h} \qquad \nu = \frac{N_d}{f_{cd}\ b\ h} \qquad \mu_{xd} = \frac{M_{xd}}{f_{cd}\ b\ h^2}$$

A_s = Área total de armadura

$$\mu_{yd} = \frac{M_{yd}}{f_{cd}\ h\ b^2}$$

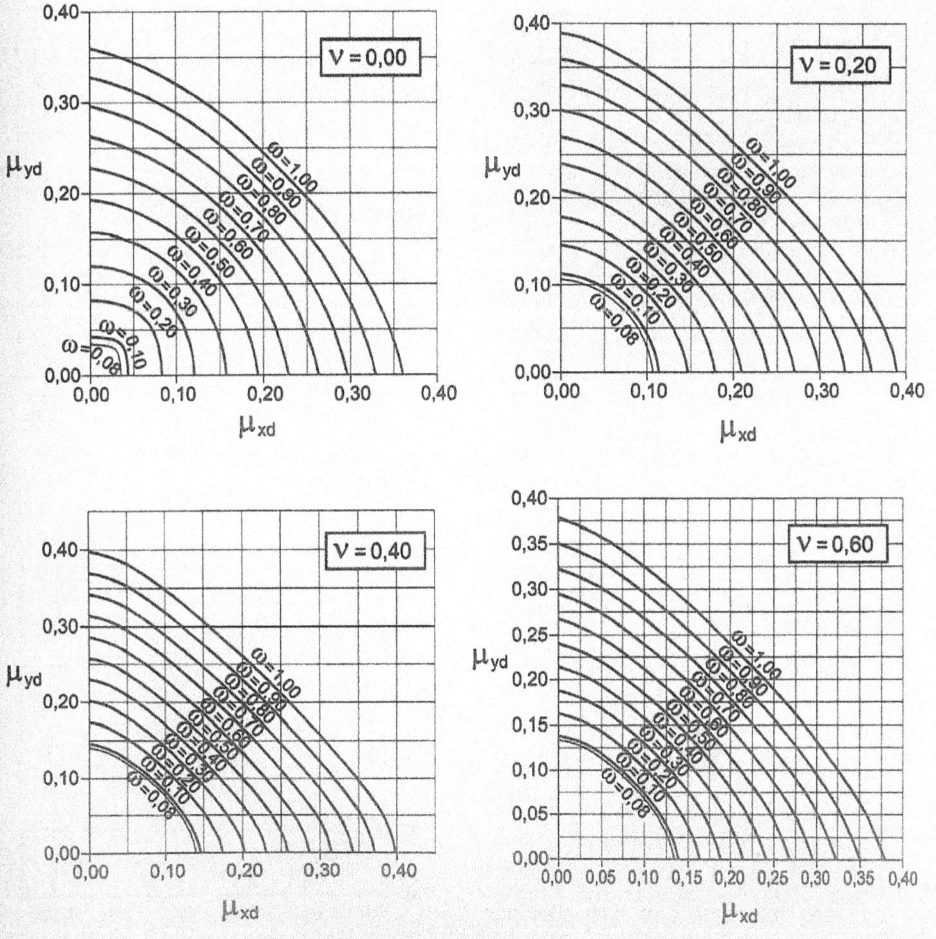

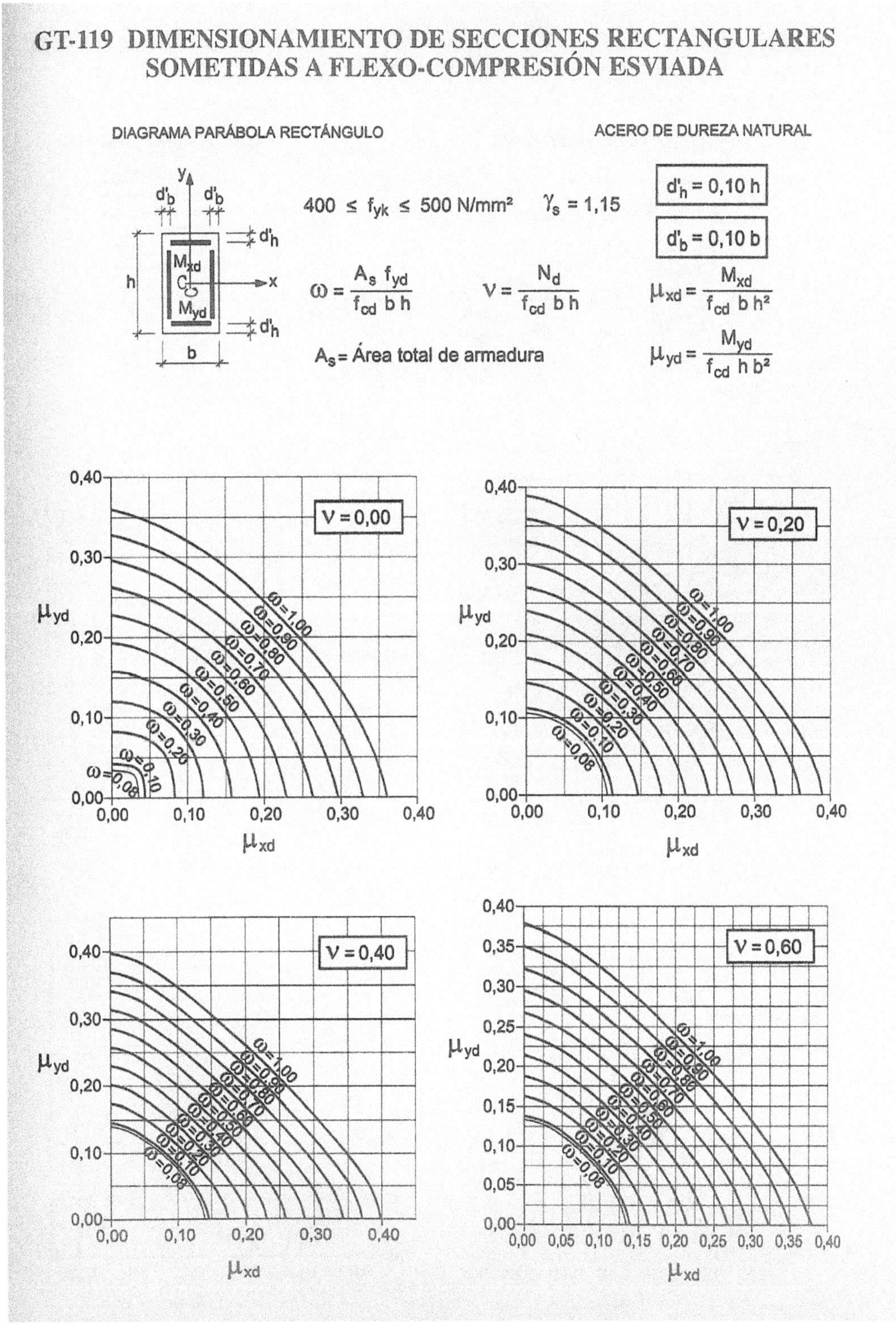

GT-120 DIMENSIONAMIENTO DE SECCIONES RECTANGULARES SOMETIDAS A FLEXO-COMPRESIÓN ESVIADA

DIAGRAMA PARÁBOLA RECTÁNGULO

ACERO DE DUREZA NATURAL

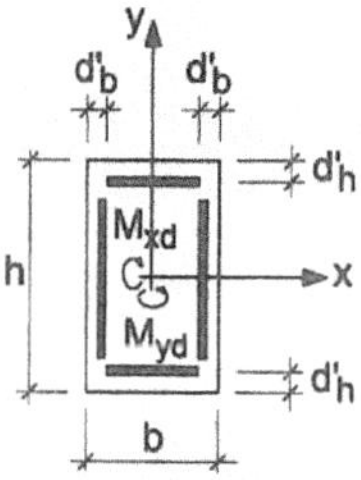

$400 \leq f_{yk} \leq 500$ N/mm² $\gamma_s = 1{,}15$

$d'_h = 0{,}10\ h$

$d'_b = 0{,}10\ b$

$$\omega = \frac{A_s\ f_{yd}}{f_{cd}\ b\ h} \qquad \nu = \frac{N_d}{f_{cd}\ b\ h} \qquad \mu_{xd} = \frac{M_{xd}}{f_{cd}\ b\ h^2}$$

A_s = Área total de armadura

$$\mu_{yd} = \frac{M_{yd}}{f_{cd}\ h\ b^2}$$

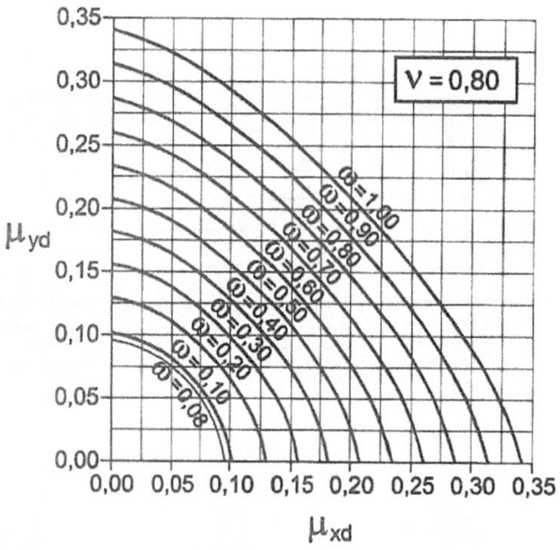

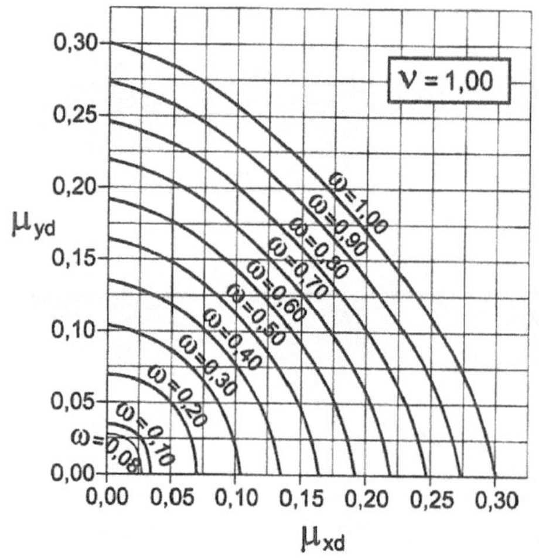

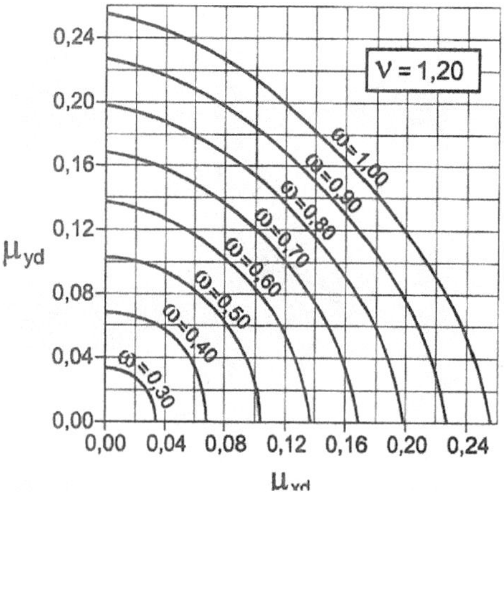

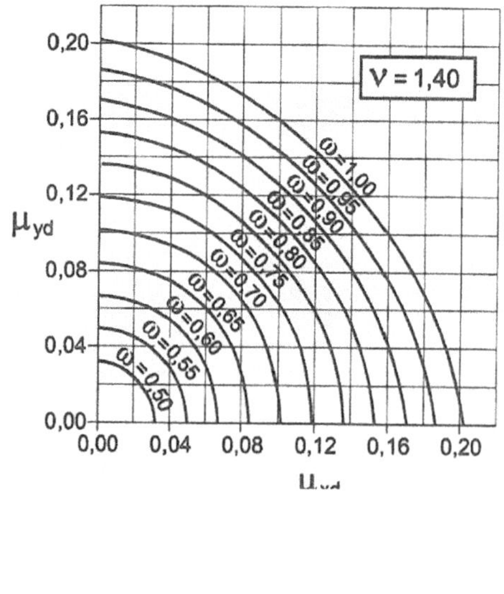

Bibliografia

Calavera, J., *Proyecto y cálculo de estructuras de hormigón en masa, armado y pretensado. Tomo II*, 2º edició, Madrid: INTEMAC, 2008.

Comissió Permanent del Formigó, *Instrucción del Hormigón Estructural EHE.* Madrid: Secretaría General Técnica del Ministerio de Fomento, 2008.

Jiménez Montoya, P.; Meseguer García, A. I Morán Cabré F. *Hormigón armado.* 14a Edició. Barcelona: Gustavo Fili, 2000.

www.ingramcontent.com/pod-product-compliance
Lightning Source LLC
Chambersburg PA
CBHW080527220326
41599CB00032B/6226
* 9 7 8 8 4 9 8 8 0 3 9 0 7 *